ENCYCLOPÉDIE-RORET

—

GALVANOPLASTIE

—

TOME PREMIER

ENCYCLOPÉDIE-RORET

GALVANOPLASTIE

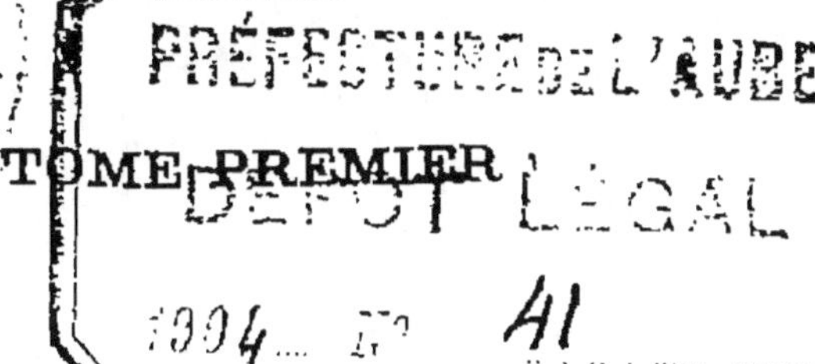

TOME PREMIER

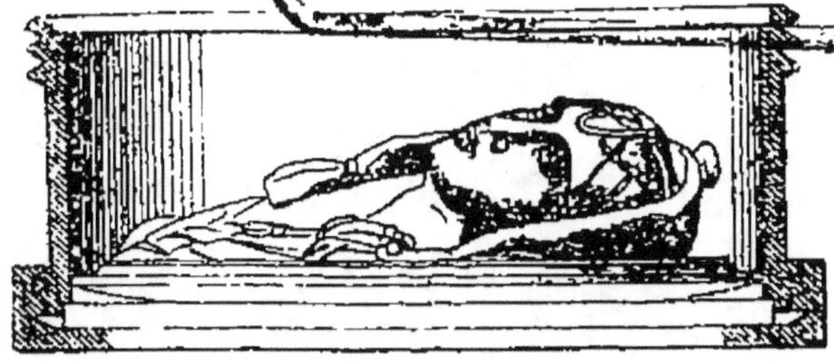

PARIS

ENCYCLOPÉDIE-RORET
L. MULO, LIBRAIRE-ÉDITEUR
12, RUE HAUTEFEUILLE, VIe

MANUELS-ROLET

NOUVEAU MANUEL COMPLET

DE

GALVANOPLASTIE

OU

TRAITÉ PRATIQUE ET SIMPLIFIÉ

DE TOUTES LES MANIPULATIONS

CONCERNANT

Les Dépôts électrolytiques des Métaux

APPLIQUÉES

AUX ARTS ET A L'INDUSTRIE

Par BRANDELY Aîné

Ingénieur-Chimiste, Chevalier de la Légion-d'Honneur

NOUVELLE ÉDITION

Entièrement refondue et mise au niveau des Connaissances actuelles

Par G. PETIT

Ingénieur civil

Ouvrage orné de 81 figures dans le texte

TOME PREMIER

PARIS

ENCYCLOPÉDIE-RORET

L. MULO, LIBRAIRE-ÉDITEUR

12, RUE HAUTEFEUILLE, VIᵉ

1904

AVIS

Le mérite des ouvrages de l'**Encyclopédie-Roret** leur a valu les honneurs de la traduction, de l'imitation et de la contrefaçon. Pour distinguer ce volume, il porte la signature de l'Éditeur, qui se réserve le droit de le faire traduire dans toutes les langues, et de poursuivre, en vertu des lois, décrets et traités internationaux, toutes contrefaçons et toutes traductions faites au mépris de ses droits.

PRÉFACE

De toutes les applications de l'électricité, la galvanoplastie est certainement la plus intéressante, la plus captivante, nous dirons même la plus passionnante, car elle permet à la personne même fort inexpérimentée dans la science électrique comme dans la science chimique, non seulement de transformer les objets les plus divers, d'une nature quelconque, en objets métalliques, mais encore de les créer de toutes pièces. Grâce à la galvanoplastie et par l'emploi de moyens manuels très simples, à la portée de toutes les dextérités, n'importe qui peut devenir bijoutier, graveur, ciseleur, fondeur, voire même sculpteur. Un modèle suffit pour y parvenir.

Ce n'est pas dire évidemment que la galvanoplastie a tué l'art de ces différentes personnalités, au contraire. L'artiste, quel que soit son genre, n'a pas été remplacé par la galvanoplastie, celle-ci n'a fait que lui apporter son aide, et lui permet ainsi de s'adonner davantage à la création de ses conceptions artistiques en lui supprimant en quelque sorte toute la partie purement matérielle de son travail.

Avant la découverte de la galvanoplastie, le sculpteur qui avait fait un bas-relief, le graveur qui avait dessiné une planche, le ciseleur qui avait buriné un objet, tous devaient recommencer ce travail identique à lui-même, dès que l'original avait trop longtemps servi au fondeur, à l'imprimeur, à l'orfèvre. Avec la galvanoplastie, l'original dure toujours et sert indéfiniment à sa reproduction. L'artiste ayant donc exécuté une œuvre, n'a plus à la répéter, travail dans lequel il usait son temps et son génie ; la galvanoplastie se charge, et à très bon compte, de la reproduction de cette œuvre, de la multiplier à un nombre infini d'exemplaires, portant ainsi le nom de son auteur dans toutes les parties du monde et jusque dans les plus humbles chaumières.

On conçoit, qu'en raison de la facilité qu'elle offre pour la reproduction de toutes sortes d'objets, la galvanoplastie se soit rapidement répandue dans le grand public, et le temps n'est pas éloigné encore où tout le monde se livrait plus ou moins à cet art charmant, tout comme aujourd'hui il est peu de personnes qui ne s'occupent de photographie.

Mais après avoir été appliquée à la reproduction d'objets de futilité ou de luxe, la galvanoplastie n'a pas tardé à montrer le rôle tout utilitaire qu'elle pouvait remplir, et c'est ainsi qu'elle est arrivée en peu de temps à constituer une véritable industrie, non des moins importantes ni des moins prospères. C'est elle qui a permis de remplacer la dorure au mercure, qui a coûté la vie à tant d'ouvriers, par la dorure galvanique, tout aussi bonne, tout aussi solide que la première et complètement inoffensive. C'est elle qui a fourni la préservation presque indéfinie des monuments en fonte ou en fer qui ornent nos villes, en permettant de les recouvrir facilement d'une mince pellicule de cuivre, inattaquable aux agents atmosphériques. C'est elle qui permet la reproduction à bon marché des images de nos livres, portant ainsi l'instruction dans les milieux les plus modestes. C'est encore elle qui a supprimé l'emploi des couverts en plomb, ou très chargés de plomb dont les petits ménages se servaient faute des ressources nécessaires pour s'offrir de l'argenterie. Grâce à la galvanoplastie, ces mêmes ménages se servent aujourd'hui de couverts à très bon marché, recouverts d'une pellicule plus ou moins épaisse d'argent que tout le monde désigne sous l'appellation de Ruolz, immortalisant ainsi le nom de l'inventeur du procédé d'argenture qui a réalisé un immense progrès dans l'hygiène.

Enfin, si nous entrons dans un ordre industriel plus élevé, c'est par la galvanoplastie qu'a débuté l'électro-métallurgie par voie humide, qui rend aujourd'hui de si grands services.

On voit par ces quelques mots l'importance considérable qu'il faut attacher à la science galvanoplastique, devenue dans une foule d'industries modernes le corollaire indispensable de leur production. Aussi ne pouvions-nous songer à aborder dans cet ouvrage toutes les branches industrielles dans lesquelles la galvanoplastie a pris place. Nous avons tenté d'en faire une classification aussi rationnelle que possible et multiplié les exemples autant que nous l'avons pu; en un mot, après avoir exposé les grands principes directeurs du travail galvanoplastique, nous avons cherché à en donner des exemples d'applications pris dans le domaine le plus général de l'industrie.

Nous nous sommes inspirés, pour donner d'utiles indications à nos lecteurs, des travaux de nombreux savants ou praticiens, et, parmi ces derniers, nous accorderons une mention spéciale à Brandely, l'auteur de l'édition précédente de ce Manuel. Ce praticien, doublé d'un savant profond, s'est occupé de galvanoplastie dès sa découverte et a contribué, dans une large mesure, à perfectionner ses diverses applications. On lui doit, de nos jours encore, une foule d'excellents procédés qui n'ont subi comme améliorations que celles apportées par les progrès que l'industrie moderne a mis à notre disposition.

Le lecteur trouvera dans cet ouvrage les formules les plus en usage ou celles qui donnent les meilleurs résultats, sans que nous ayons la prétention de les avoir données toutes. Autant que nous l'avons pu, nous avons dégagé le principe même des opérations, afin de permettre à l'opérateur de le modifier, de l'étendre et même de le compléter suivant ses moyens d'action. Nous pensons, en effet, que c'est le seul moyen de ne pas limiter le savoir d'un opérateur, ni d'entraver son esprit d'initiative.

Cet ouvrage est divisé en SEPT PARTIES :

La **PREMIÈRE PARTIE**, après un résumé succinct des principes d'électricité que le galvanoplaste doit connaître, traite des différents générateurs électriques : piles, accumulateurs, dynamos, et des opérations préparatoires ; la **SECONDE PARTIE** donne les recettes et la façon de procéder pour le cuivrage, nickelage, argenture, laitonage, dorure et autres dépôts métalliques ; la **TROISIÈME PARTIE** traite les dépôts métalliques sur matières non conductrices de l'électricité ; la **QUATRIÈME PARTIE**, qui commence le tome second, est consacrée à la galvanoplastie proprement dite, moulages, reproductions, etc.; la **CINQUIÈME PARTIE** donne les applications spéciales de la galvanoplastie à la passementerie, au clichage, à la verrerie, à l'horlogerie, à la coloration et oxydation des métaux et à la photographie; la **SIXIÈME PARTIE** traite de l'électro-métallurgie par voie humide; et enfin la **SEPTIÈME PARTIE** indique les préparations chimiques nécessaires en galvanoplastie, la récupération des métaux précieux, et la préparation des produits chimiques utilisés dans la galvanoplastie.

NOUVEAU MANUEL COMPLET

DE

GALVANOPLASTIE

TOME PREMIER

PREMIÈRE PARTIE

CHAPITRE PREMIER

Notions préliminaires

SOMMAIRE. — I. Historique. — II. Influence du courant. III. Principes généraux d'électricité.

Le mot *galvanoplastie* date de l'origine même de la découverte de cette application de l'électricité, aussi ne saurait-on s'étonner de nos jours qu'il ne réponde pas d'une façon très satisfaisante ni absolument complète au sujet qu'il désigne. Plus tard, en raison de ce que la galvanoplastie mettait en œuvre des produits chimiques, on l'a souvent appelée *electro-chimie*, puis comme son but était d'extraire des métaux des susdits produits, on l'a désignée sous le nom d'*électro-métallurgie*. Nous croyons donc utile, avant d'aller plus loin, de fixer les idées du lecteur à ce sujet.

Ni l'une ni l'autre de ces deux dernières appellations n'est exacte, et la galvanoplastie n'est qu'une branche de l'électro-métallurgie, et même de l'*électro-métallurgie par voie humide*, car il y a aussi l'*électro-métallurgie par voie sèche*, très différente dans ses applications et dans ses résultats de la première. Quant au mot *électro-chimie*, appliqué à la galvanoplastie, il devient complètement erroné de nos jours. Nous dirons donc que la galvanoplastie est un des procédés de l'électro-métallurgie par voie humide, mais elle peut elle-même se subdiviser en trois classes bien nettes que nous établissons comme suit :

1° Formation de dépôts métalliques sur d'autres métaux ou corps conducteurs de l'électricité.

2° Formation de dépôts métalliques sur matières quelconques non conductrices de l'électricité.

3° Galvanoplastie proprement dite, ou reproduction de modèles.

A notre modeste avis, ces trois classes devraient constituer la galvanoplastie au point de vue général, les sous-titres des deux premières continuant à exister, et la troisième classe prenant le sous-titre de *reproduction de modèles*. Mais l'usage, avec lequel il n'y a pas à raisonner, et surtout contre lequel il ne faut pas tenter de lutter, ne l'a pas voulu ainsi et continue à dénommer, sous le nom de galvanoplastie seulement, la reproduction de modèles. Nous essaierons de sacrifier, nous aussi, à l'usage, mais notre lecteur nous pardonnera s'il nous arrive parfois au cours de cet ouvrage de prendre le mot galvanoplastie dans le sens très général que nous lui accordons, et de faire usage aussi des sous-titres que nous venons d'indiquer, qui forment d'ailleurs la grande classification de ce Manuel. Par ce que nous dirons de chacune d'elles, le lecteur appréciera si nous sommes ou non dans le vrai en ne faisant pas de distinction spéciale pour le mot galvanoplastie.

1. HISTORIQUE

Comme pour toutes les inventions sensationnelles, ou dont les applications se sont énormément étendues, il est bien difficile, surtout au fur et à mesure que le temps marche, de dire très exactement à qui revient l'honneur de la découverte de la galvanoplastie. La chose est encore plus délicate lorsque l'invention est d'origine scientifique, car il y a toujours eu des savants de valeur dans tous les pays qui, s'attachant plus spécialement à l'étude d'une question, publient leurs observations, prévoient plus ou moins l'avenir qu'on peut attribuer pratiquement à leur découverte, et passent à d'autres études. Si, plus tard, une découverte pratique est faite, quelquefois par le simple effet du hasard, chacun en fait remonter l'origine, suivant ses opinions ou ses préférences, à tel ou tel homme qui ayant fait et publié une observation importante, a ouvert la voie à d'autres inventeurs. Puis la question de nationalité s'en mêle et chaque pays cherche à revendiquer pour lui l'honneur d'avoir donné le jour au véritable inventeur.

La galvanoplastie ne fait pas exception à cette règle, et si les uns font remonter l'honneur de sa découverte à Jacobi en 1837, il y en a d'autres qui signalent des faits de réelle galvanoplastie exécutés dès 1800. Enfin si l'on en croit les différents pays, la Russie se réclame de Jacobi, l'Angleterre de Daniell, l'Italie de Brugnatelli, la Suisse de de la Rive, la France de Becquerel, pour s'attribuer l'honneur d'avoir donné le jour au véritable inventeur de la galvanoplastie.

Dans cet ensemble de revendications il sera de plus en plus difficile de se prononcer avec justice, et en ce qui nous concerne, nous dirons que les noms que nous venons de citer se sont suffisamment illustrés chacun pour leur part, pour que leur gloire ne soit en rien ternie si on ne leur accorde pas d'une façon définitive et toute particulière l'honneur d'avoir découvert la galvanoplastie.

Faisons donc une revue rapide de tous les documents rétrospectifs que nous possédons à ce sujet et nous pourrons ainsi mieux suivre les origines et les progrès successifs de cette branche de l'électro-métallurgie par voie humide.

Vers la fin de l'année 1800, Louis Brugnatelli, élève et collaborateur de Volta, put constater la réduction, le transport, la précipitation et la cristallisation du métal dissous sur le pôle négatif. Très peu plus tard, en 1802, il indiqua même le choix qu'il fallait faire des solutions métalliques, pour avoir les plus propres à offrir la réduction du métal qu'elles renferment. C'est ainsi qu'il signala entre autres les ammoniures comme convenant le mieux à une application pratique. En 1805, il démontra comment l'ammoniure d'or, dissous dans un dissolvant convenable, pouvait servir à dorer l'argent à l'aide de la pile. Enfin, en 1816 et 1818, il remarqua les propriétés électriques spéciales du sulfate de cuivre, grâce auquel un très faible courant électrique qui en traverse une solution, peut réduire le métal dissous et le recomposer à la surface d'un autre métal.

Voici d'ailleurs, d'après la Bibliothèque de Gagliardo, publiée en 1807, comment Brugnatelli opérait pour dorer des médailles et des petits objets en argent au moyen du courant galvanique :

« Prenez une partie saturée d'or dissous par l'acide hydrochloro-nitrique, ajoutez six parties d'ammoniaque liquide ; la dissolution s'y décompose, et il se précipite un thermoxyde d'or, qui se dissout aussitôt en partie pour former l'ammoniure d'or. On recueille ce mélange dans un vase de verre. Les objets destinés à être dorés sont fixés solidement à un fil d'acier ou d'argent que l'on fait ensuite communiquer au pôle négatif d'une pile voltaïque. L'objet en argent qui doit être doré, plonge entièrement dans le liquide contenant l'ammoniure d'or ; le courant galvanique est fermé par une grosse bande de carton mouillé, qui, de l'ammoniure, passe au pôle positif de la pile. En quelques heures l'argent se trouve entièrement doré par l'action galvanique. La dorure peut être mise en couleur par tous les moyens ordinaires, et on lui fait prendre le plus vif éclat avec le gratte-bossage des doreurs ».

A la date de 1803, Brugnatelli faisait insérer dans le journal *Mechanics Magazine*, la note sui-vante : « J'ai récemment doré d'une manière com-plète deux grandes médailles d'argent en les met-tant en communication par l'intermédiaire d'un fil d'acier, avec le pôle négatif d'une pile de Volta, en ayant soin de les immerger l'une après l'autre dans de l'ammoniure d'or récemment préparé et suffi-samment concentré ».

Ces deux notes sont certainement les mêmes, ou du moins ont trait à la même opération ; or, à la suite d'une expertise judiciaire, le procédé a été apprécié comme suit dans un rapport rédigé par MM. Barral, Chevalier et Henri :

« Le texte de Gagliardo légitime l'objection qu'on a faite au procédé de Brugnatelli de fournir la do-rure dans une espèce de pâte, car, en employant le procédé et les proportions indiquées par l'au-teur, on n'obtient qu'une dissolution partielle. Une partie de l'or reste précipité, comme le tribunal peut le voir par l'échantillon que nous lui mon-trons. Nous faisons aussi passer deux pièces de 2 francs sous les yeux du tribunal pour lui mon-trer la mauvaise couleur de l'or obtenue par l'am-moniure de Brugnatelli décrit par Gagliardo. Tou-tefois, la portion liquide est alcaline, mais d'une instabilité très grande car l'ammoniaque s'échappe très rapidement et l'or se dépose au fur et à mesure de telle sorte que la dorure industrielle est impra-ticable ».

Si nous avons reproduit ces originaux, c'est

pour bien montrer au lecteur la juste part qui revient à Brugnatelli dans la découverte de la galvanoplastie. En résumé, il semble résulter de ce qui précède que Brugnatelli a eu l'intuition d'un procédé de dorure galvanique, qu'il l'a même peut-être réalisé en laboratoire, mais qu'il n'est pas arrivé à en faire une méthode que l'on puisse appliquer industriellement. Il a même été permis à certains de ses détracteurs de mettre en doute d'une façon complète son procédé, tout au moins en ce qui concerne l'intervention du courant électrique, et de déclarer qu'il n'y avait là qu'un procédé de dorure au trempé, mais défectueux. Laissons cette opinion à ceux qui l'ont sincèrement, pour nous il restera à l'honneur de Brugnatelli d'avoir été sincère et d'être certainement l'un des précurseurs de la vraie galvanoplastie, en faisant intervenir dans ses opérations le courant galvanique.

Quelques années après Brugnatelli, en 1825, de la Rive, physicien de Genève, voulant prévenir les maladies graves qu'occasionnait aux ouvriers doreurs le procédé de dorure au mercure, renouvela les essais de son prédécesseur italien. « J'essayai, dit-il, de faire passer le courant d'une forte pile dans une solution d'or, en mettant au pôle positif un fil de platine et au pôle négatif l'objet à dorer ». Il se servait d'une dissolution de chlorure d'or, mais de quelque manière qu'il s'y prît « ces essais ne furent pas heureux », disait-il lui-même. En effet, il ne parvint qu'à dorer le platine, et ses efforts échouèrent quand il voulut opérer sur le laiton et sur l'argent. « L'action chimique qu'exerçait sur ces métaux la dissolution d'or, toujours très acide, les dissolvait eux-mêmes et empêchait l'or d'adhérer à leur surface ».

Nous restons sans nouvelles de l'application du courant électrique aux dépôts ou à la précipitation des métaux pendant environ dix ans, car ce n'est que vers 1836 que le professeur anglais Daniell, remarqua que dans sa pile, dont nous parlerons plus loin, et qui était à base de sulfate de cuivre, il se formait un dépôt de métal sur le conducteur négatif ; il signala le fait mais n'en tira aucune conclusion. Ce ne fut qu'en 1836 qu'un observateur perspicace, Delarue, expérimentant la pile de Daniell, souleva un coin du voile sous lequel il restait inaperçu.

« La planche de cuivre (qui formait le pôle négatif de la pile), dit-il, se recouvre aussi d'une couche de cuivre métallique qui s'y dépose sans cesse, et cette couche de cuivre qui se forme est d'une si grande perfection que, lorsqu'on l'enlève, elle représente fidèlement chaque éraillure de la planche sur laquelle elle s'est déposée ».

Delarue ne fit encore que constater le fait, en le précisant davantage il est vrai, mais sans en faire la moindre application, ni même sans la faire prévoir. Ce n'est que deux ans plus tard que Jacobi appliqua réellement le dépôt du cuivre par le courant de la pile, dépôt qu'il obtenait sur un moule représentant en creux le relief du modèle ; c'était la galvanoplastie telle qu'on l'entend aujourd'hui et que nous avons rangée dans la troisième classe des procédés électro-métallurgiques par voie humide que nous signalions au début de notre Ma-

nuel. De cet événement nous avons une trace offi-
cielle par les paroles suivantes que prononça le
grand savant Arago à l'Académie des sciences :

« M. Demidoff » disait-il « adresse une lettre de
madame de Dournoff, concernant un procédé au
moyen duquel Jacobi est parvenu, en faisant intervenir les courants électriques, à obtenir, par
la voie humide, des lames métalliques qui, suivant
le moule dans lequel on a placé la dissolution sur
laquelle on agit, se présentent sous forme de bas
reliefs, de statues, etc. ».

C'est vraiment de cette date et des essais de Jacobi qu'on peut faire remonter l'origine de la vraie
galvanoplastie. A partir de cette époque les brevets
d'inventeurs se succèdent et dotent à tout moment
l'industrie de moyens nouveaux de production
économiques ou artistiques. Parmi les noms qui
méritent de passer à la postérité, signalons celui
de Henri Elkington qui a rendu possible la dorure
galvanique ; celui de de Ruolz qui, s'il n'a pas in-
venté à proprement parler l'orfèvrerie galvanoplastique comme on le croit généralement, a fourni
les bases fondamentales de sa fabrication au point
que bien que les principes qu'il a émis datent de
1841, ils restent encore appliqués aujourd'hui.
Mais notre compatriote en a tiré plus que de la
gloire, car on peut dire que le public lui a fourni
l'immortalité, en donnant son nom à l'orfèvrerie
galvanoplastique que de nos jours encore nous
appelons couramment du Ruolz.

II. INFLUENCE DU COURANT

Il faut remarquer que, lorsqu'on traite par l'électricité certains composés métalliques en dissolution, le dépôt du métal présente un aspect différent, selon l'intensité du courant. Soit, par exemple, une dissolution de sulfate de cuivre : si le courant est très énergique, le dépôt auquel il donnera lieu prendra l'aspect d'une poudre rougeâtre de cuivre; c'est une sorte de boue métallique, sans consistance et sans éclat. Si le courant au contraire est trop faible, le dépôt affecte une forme cristalline ; on a positivement du cuivre cristallisé formant une surface de paillettes miroitantes, et la couche de métal est très cassante. Si enfin le courant a l'intensité juste nécessaire, le dépôt métallique forme une couche ayant une parfaite cohésion et l'on obtient une lame de cuivre absolument homogène et tout à fait semblable au cuivre que l'on emploie dans l'industrie, sauf qu'il est d'une pureté presque absolue.

Les conducteurs, qu'on appelle aussi électrodes, ont également une grande influence sur les produits de la décomposition. Avec des électrodes inoxydables, ces produits se séparent en général à l'état de pureté. Avec des électrodes oxydables, il ne se passe aucune action au pôle négatif, mais au pôle positif l'oxygène et les acides qui s'y dégagent oxydent et attaquent l'électrode en donnant naissance à divers produits secondaires qui peuvent y rester ou se dissoudre, ou bien encore réagir sur la dissolution et les corps qui s'y trouvent.

C'est ce qui a fait donner le nom d'*électrode soluble*, terme que nous retrouverons souvent par la suite, à tout conducteur positif formé d'une plaque de métal oxydable qui se dissout au fur et à mesure que passe le courant électrique décomposant le liquide ou *électrolyte*. Ainsi, reprenant l'exemple précédent, quand on décompose du sulfate de cuivre en plongeant dans sa dissolution deux lames ou plaques de cuivre reliées aux pôles de la pile, la plaque négative se couvre de cuivre métallique, tandis que l'oxygène et l'acide sulfurique, mis en liberté par la décomposition, se portent sur la plaque positive, l'attaquent et forment avec elle du sulfate de cuivre. Le poids de la plaque négative augmente donc au fur et à mesure que la positive diminue. Il est bien évident que le métal de cette dernière ne passe pas directement sur la première ; le mécanisme de l'opération, quoique bien simple, est un peu plus complexe. En résumé, la plaque positive prend le cuivre dont elle se couvre dans la solution du sulfate de cuivre, mettant ainsi en liberté, comme nous venons de le dire, de l'oxygène et de l'acide sulfurique qui, à leur tour, attaquent la plaque positive, reforment du sulfate de cuivre, dont la négative prendra une partie pour se couvrir, et ainsi de suite régulièrement. De telle sorte que si l'on arrête l'opération à n'importe quel moment, le liquide aura la même composition qu'au début, et la lame négative aura augmenté en poids de la même quantité que la positive aura diminué.

On voit, d'après cela que, si l'on prend pour électrode soluble une lame du même métal que celui qui existe dans la dissolution soumise au courant électrique, cette lame se dissoudra au fur et à mesure que la dissolution se décomposera. Nous avons insisté sur cette propriété, car nous verrons qu'elle est mise largement à profit dans les opérations galvanoplastiques.

Il résulte de ce que nous venons de dire que le courant électrique joue un très grand rôle en galvanoplastie, qu'il en est en quelque sorte l'agent principal, il est donc essentiel que le galvanoplaste, amateur ou professionnel, sans être un électricien dans toute l'acception du mot, ait des notions suffisantes en électricité pour pouvoir se rendre compte de ce qui se passe exactement dans les opérations qu'il se propose de réaliser. Ces notions étaient fort vagues dans l'origine de la galvanoplastie et, s'il existait déjà des lois fondamentales concernant le courant électrique, lois qui ont servi de base aux théories modernes, elles n'étaient guère connues que des savants. Aussi, presque tous ceux qui faisaient de la galvanoplastie il y a quelque temps, n'opéraient guère que d'une façon tout à fait empirique, réussissaient par suite d'une grande expérience ou d'une parfaite habileté, et lorsqu'ils échouaient, étaient fort embarrassés de déterminer la cause de leurs insuccès.

Aujourd'hui, la science électrique est arrivée à un degré tel d'avancement qu'elle possède sa théorie complète, tout comme la chaleur, la lumière et autres sources d'énergie. Le galvanoplaste doit donc en posséder les éléments essentiels pour agir plus sûrement et en toute connaissance de cause, ce qui nous conduit à exposer les principes généraux de l'électricité,

III. PRINCIPES GÉNÉRAUX D'ÉLECTRICITÉ

L'électricité a d'abord créé un langage nouveau dont il est bon de connaître le sens exact pour n'être pas effrayé de cet idiome dont les spécialistes usent d'une façon si délibérée, mais qui, en raison de son origine même, reste fort incompréhensible aux malheureux profanes. Les mots : potentiel, volt, ampère, watt, ohm, etc., ne disent rien par eux-mêmes et ont besoin d'une explication que nous allons tenter de donner aussi simplement que possible. Ces mots, qui tirent leur origine du nom de physiciens célèbres, servent à désigner les unités pratiques d'électricité. Cette dernière, en effet, étant comme nous l'avons dit, une source de force, a besoin dans la pratique d'être mesurée, tout comme on mesure la puissance d'un cours d'eau, par les différences de niveau qu'il présente, par le volume d'eau qu'il débite, par la vitesse de ce débit, etc. Si nous considérons, en effet, une rivière, nous voyons l'eau s'écouler plus ou moins rapidement et nous nous rendons compte immédiatement que ce mouvement est tributaire d'une foule de circonstances qui le font varier. La rivière présente-t-elle à certains endroits une surface très grande, l'eau y paraît calme, presque immobile ; si à d'autres endroits son lit se rétrécit, le mouvement de l'eau nous apparaît beaucoup plus rapide ; si à d'autres endroits encore la pente est rapide, il nous semble voir l'eau se précipiter ; enfin si le lit est encombré de rochers ou d'autres obstacles, nous voyons l'eau s'y heurter, éprouver en quelque sorte une résistance, souvent même revenir en arrière, repoussée par ces obstacles. Toutes ces circonstances du régime du courant liquide se mesurent en mètres cubes pour les volumes qui s'écoulent, en pressions pour les différences de niveau, en kilogrammes pour les efforts exercés sur les obstacles, etc. Il en est de même pour le courant électrique. On a reconnu, sans le voir, et c'est précisément l'œuvre immortelle des physiciens dont nous donnons les noms plus haut, que ce courant produit une série d'effets, et l'on a voulu mesurer ces effets, ce qui a conduit à créer des unités spéciales rapportées à celles déjà établies en mécanique générale, et qui sont le centimètre pour la longueur du chemin parcouru, le gramme pour le poids ou la masse, et la seconde pour le temps ; rapport indiqué en abrégé sous le symbole C. G. S. (centimètre-gramme-seconde).

Nous ne nous attarderons pas sur l'origine et l'usage de ce genre d'unités, cela nous entraînerait à des considérations de théorie pure, ce qui n'est pas le but de cet ouvrage essentiellement pratique, et nous revenons de suite à l'explication des termes que nous entendons journellement dans le langage électrique.

Pour que nos explications aient quelque valeur, le courant électrique étant invisible, intangible et impondérable, nous sommes obligés de lui donner un corps qui nous permette de faire des analogies avec ce que nous pouvons voir, toucher et peser. Nous prendrons pour cela l'exemple classique fourni par M. Hippolyte Fontaine, et qui est le suivant :

Supposons deux réservoirs d'eau, A et B, com-

muniquant par un conduit C et placés à des niveaux différents (fig. 1), et étudions l'ensemble
des faits qui se produisent si l'on fait couler l'eau
du vase A dans l'eau du vase B par l'intermédiaire
du tube C.

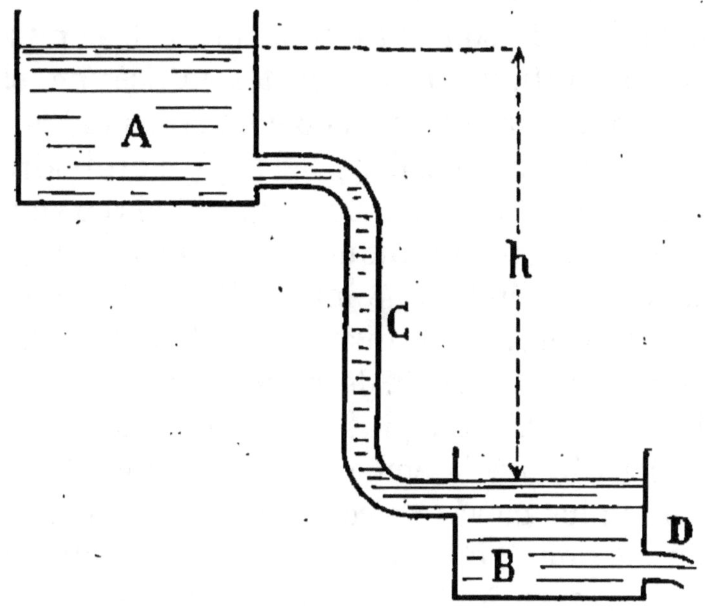

Fig. 1. Exemple de M. Hippolyte Fontaine.

1° Les deux vases n'étant pas au même *niveau*,
le liquide du vase A s'écoulera dans le vase B.

2° L'écoulement se fera d'autant moins vite que
le tube C sera plus petit de diamètre, en un mot,
qu'il offrira plus de *résistance* au passage de l'eau.

3° L'écoulement se fera d'autant plus vite, le
tube C restant d'un même diamètre, que la *différence des niveaux h* sera plus grande, c'est-à-dire
que la masse liquide de A aura plus de *pression*,
plus de *tension*.

4° Le *débit* par la tubulure D du réservoir B variera aussi suivant les circonstances dans lesquelles l'eau arrivera de A en B ; bien que la tubulure D reste toujours la même, elle donnera plus ou moins d'eau suivant qu'il en passera une *quantité* plus ou moins grande par le tube C.

Cet exemple va nous permettre d'étudier ce qui se passe dans le courant électrique et de comparer les unités pratiques et les termes utilisés en électricité aux termes que nous connaissons déjà.

Quand nous disons, dans le langage ordinaire, le niveau du réservoir A, nous ne spécifions en somme rien de défini, nous indiquons seulement d'une façon abstraite l'état d'une masse d'eau située en A: Si, au contraire, nous disons que la *différence* des niveaux entre A et B est de h, nous voyons de suite qu'il y a un niveau plus élevé que l'autre et il nous vient immédiatement à l'esprit que l'eau du niveau le plus élevé A s'écoulera naturellement en B, comme nous ne voyons pas la possibilité d'une marche inverse, à moins d'une intervention mécanique.

Il en est de même dans le courant électrique, où le mot *potentiel* correspond au mot de niveau, et comme pour l'eau, quand nous disons le potentiel d'un courant électrique, nous ne spécifions rien de défini, nous indiquons seulement un genre d'état. Mais si nous disons qu'il y a entre les deux points d'un même courant électrique une *différence de potentiel* donnée, nous précisons exactement un état de choses, qui entraîne une série plus ou moins grande d'effets, parmi lesquels le plus important est le suivant : le courant électrique circule en partant du potentiel le plus élevé pour se rendre au potentiel le moins élevé; ce que les électriciens désignent par le mot composé de force *électro-motrice*, c'est-à-dire force tendant à faire circuler le courant électrique, tout comme la différence de niveaux entre nos deux réservoirs A et B fait circuler l'eau du premier réservoir dans le second.

Donc, en résumé, le mot *potentiel* veut dire en électricité niveau, et *différence de potentiel* ou force *électro-motrice*, différence de niveau, capable d'engendrer l'écoulement ou la circulation du courant électrique.

Nous nous sommes particulièrement étendus sur l'explication de ce mot, qui revient à chaque instant dans la langue que parlent les électriciens parce que, comme toute abstraction, sa définition est très délicate, et aussi parce que nous avons maintes fois constaté la difficulté qu'éprouvaient les débutants à saisir le sens de ce mot.

Maintenant, au point de vue de mesure, la différence de potentiel ne dirait encore rien, pas plus que la différence de niveaux aux deux extrémités d'une rivière, si l'on ne rapportait pas les niveaux à une unité déterminée. Car, lorsqu'on dit qu'un fleuve est au niveau zéro à son embouchure dans la mer, c'est par suite d'une pure convention qui a fait adopter, pour le zéro des niveaux des nappes liquides répandues sur la terre, le niveau de la mer. Ainsi, un lac profond de quelques mètres situé sur une montagne de 700 mètres, par exemple, est au niveau 700, c'est-à-dire à 700 mètres au-dessus du niveau de la mer. Or, le niveau de la mer n'est pas zéro si on le compare au centre de la terre. De même en électricité, il a fallu prendre un zéro pour le potentiel, et l'on a convenu de considérer la terre comme au potentiel 0. Ce n'est pas plus exact que la mer pour zéro des niveaux, car comparé à un autre astre, par exemple, ou même au centre de la terre, le potentiel de la surface terrestre peut ne pas être zéro. Mais comme la terre est le conducteur électrique le plus à notre portée, que par son contact nous ne nous sentons en rien électrisés, on a supposé que son potentiel est zéro, et c'est à ce niveau électrique qu'on compare ceux des courants que nous produisons artificiellement.

Les autres termes désignant les unités électriques sont plus faciles à définir. Pour cela, reprenons notre exemple de la figure 1 et supposons qu'au lieu d'eau nous ayons de l'électricité. En raison de la différence de potentiel il se produira un mouvement d'électricité de A vers B qu'on a désigné sous le nom de courant électrique ; ce mouvement sera d'autant plus rapide que la différence de potentiel ou force électromotrice sera plus grande ; l'unité de la force électromotrice s'appelle *volt*.

Comme pour l'eau, le conduit C présentera une certaine résistance, mais ici cette résistance variera non seulement suivant le diamètre du conduit, mais encore suivant la nature du conduit, ce qui amène à dire qu'il y a des corps bons et d'autres mauvais conducteurs d'électricité. L'unité de résistance s'appelle *ohm*.

De même que, suivant les circonstances, il peut passer des quantités variables d'eau par le tube C, de même pour le courant électrique il peut en passer par le conduit des quantités variables ; l'unité de quantité électrique est le *coulomb*.

L'unité d'intensité du courant électrique se nomme *ampère*, et l'intensité du courant fournie par une source d'énergie électrique se désigne aussi sous le nom de débit.

L'unité de puissance électrique est le *watt* ; c'est la puissance électrique d'un courant ayant une intensité de 1 ampère sous une force électromotrice de 1 volt. Rapporté à la puissance du cheval-vapeur, le watt équivaut à 1/736 de cheval-vapeur, autrement dit, il faut 736 watts pour faire la puissance d'un cheval-vapeur. Or, on emploie fréquemment en industrie comme unité mécanique, le cheval-heure, qui représente le travail effectué en une heure ou 3,600 secondes par une machine de 1 cheval.

Le cheval-heure est par conséquent égal à

$$75 \text{ kilogrammètres par seconde} \times 3,600 \text{ secondes}$$
$$= 270,000 \text{ kilogrammètres.}$$

De même, on emploie comme unité de travail électrique le watt-heure, dont la valeur est égale au travail effectué pendant une heure par un watt. Or le watt vaut 0,102 kilogrammètre par seconde, le watt-heure vaut donc :

$$0.102 \text{ kilogrammètre par seconde} \times 3,600 \text{ secondes}$$
$$= 367,2 \text{ kilogrammètres}$$

Ces unités fondamentales se divisent en multiples et sous-multiples. Les multiples sont les suivants :

Mega ou meg, désignant		1.000.000	d'unités
Myria	—	10.000	—
Kilo	—	1.000	—
Hecto	—	100	—
Deca	—	10	—

Les sous-multiples sont :

Deci	désignant	1/10 d'unité
Centi	—	1/100 d'unité
Milli	—	1/1.000 d'unité
Micro ou micr	—	1/1.000.000 d'unité

Disons cependant que l'usage n'a pas consacré ces multiples et sous-multiples pour toutes les unités. C'est ainsi qu'on ne dit que rarement myriavolt, kilovolt ou hectovolt; on préfère dire 10,000, 1,000 ou 100 volts ; de même pour les sous-multiples. Par contre, on dit couramment hectowatt et kilowatt.

Enfin, comme dans tous les langages, il s'est créé plusieurs mots pour désigner la même unité ; c'est ainsi que la force électromotrice se désigne souvent sous le nom de *tension* et quelquefois même de *pression*; que la puissance électrique est désignée sous le nom de force, ce qui fait dire que telle machine a une force de 10 kilowatts. Ces locutions reconnues fausses à l'origine, au point de vue strict du langage, finissent par prendre droit de cité et s'admettent même par les spécialistes.

Il nous resterait encore bon nombre d'unités électriques à signaler, mais ce sont des unités dérivées de celles que nous venons de signaler et dont nous ne parlerons pas ici, puisque nous voulons simplement initier nos lecteurs aux principes élémentaires d'une science qui absorbe aujourd'hui un domaine des plus vastes.

Ces préliminaires posés, nous allons pouvoir indiquer comment on les applique d'une façon courante en industrie.

Nous venons de voir que la puissance d'un cheval-vapeur correspond à 736 watts ; par conséquent, quand une machine électrique a une puissance de 10 kilowatts ou de 10,000 watts, cette puissance correspond à 10,000/736 ou 13,5 chevaux-vapeur.

Inversement, si l'on a une machine à vapeur d'une puissance de 10 chevaux-vapeur et qu'on veuille savoir à combien de watts correspond cette puissance, la réponse sera donnée par la multiplication :

$$736 \text{ watts} \times 10 \text{ chevaux-vapeur} = 7360 \text{ watts}$$
$$\text{ou 7 kilowatts, 360}$$

On voit que le nombre 736 est très voisin de 750, qui est les trois quarts de 1,000, ce qui permet de dire d'une façon approximative qu'un cheval et un quart correspond à un kilowatt. Cette observation n'est pas sans valeur lorsqu'on veut se rendre compte rapidement de la puissance mécanique d'une source électrique ; ainsi étant donnée une machine électrique de 900 kilowatts de puissance, on peut dire immédiatement qu'elle correspond à une puissance de 1,200 chevaux-vapeur.

Si l'on connaît l'intensité ou le débit (nombre d'ampères) d'une source d'électricité et sa force électromotrice ou tension (nombre de volts), on peut déduire sa puissance électrique en multipliant le débit par la tension. C'est une opération que l'on a souvent occasion de faire en pratique, car la spécification des machines électriques se fait souvent en disant qu'elles donnent tant d'ampères sous une tension de tant de volts ; une simple multiplication des chiffres donne le nombre de watts et par suite la puissance.

Ce dernier exemple nous met en présence de deux facteurs : ampères et volts, qui, multipliés, donnent des watts; on voit donc qu'on peut avoir exactement le même nombre de watts avec des nombres d'ampères et de volts différents. C'est en effet ce qui se présente dans la pratique : deux machines ayant exactement la même puissance en watts peuvent être très différentes comme débit (ce qu'on exprime souvent par le mot ampèrage) ou comme tension (ce qu'on exprime souvent par le mot voltage).

Ces quelques notions que nous donnons sans aucune démonstration, puisque nous ne faisons pas ici de théorie, mettent nos lecteurs à même, non seulement de nous suivre dans le cours de ce chapitre, mais même de suivre les questions générales d'électricité pratique; et maintenant que nous connaissons le vocabulaire spécial à l'électricité, nous allons examiner la production de cette force qui nous rend de si grands services.

C'est, dit-on, à Thalès de Milet, qui vivait 600 ans avant J.-C., qu'il faut remonter pour trouver la première constatation d'une production électrique; c'est lui, en effet, qui reconnut le premier que l'ambre acquiert par le frottement la propriété d'attirer les corps légers tels que brins de paille, débris de feuilles sèches. L'action attractive exercée de cette façon a été attribuée à un agent spécial, auquel on a donné le nom d'électricité, nom tiré du mot grec *électron*, qui veut dire ambre. Telle fut en quelque sorte la première machine électrique ; nous n'examinerons pas les progrès successifs qu'elle a réalisés depuis, et nous passerons de suite à l'examen des principaux producteurs de l'électricité actuellement en usage dans la pratique. Ces producteurs peuvent se anger en deux classes principales : 1° les producteurs électro-chimiques ; 2° les producteurs électro-mécaniques.

CHAPITRE II

Producteurs électro-chimiques

Sommaire. — I. Piles primaires ou piles. — II. Piles secondaires ou accumulateurs.

Les producteurs électro-chimiques, ainsi que l'indique leur nom, se subdivisent eux-mêmes en deux sections qui prennent le nom de *piles primaires*, qu'on appelle simplement *piles*, et *piles secondaires*, qui ont pris le nom plus répandu d'*accumulateurs*.

I. PILES PRIMAIRES OU PILES

Le principe de la pile est le suivant : si dans un vase V (fig. 2) on place un liquide, par exemple de l'eau avec un peu d'acide sulfurique et une lame de zinc A, comme le liquide attaque le zinc, cette action développe une différence de potentiel entre les deux corps. Le potentiel du liquide étant le

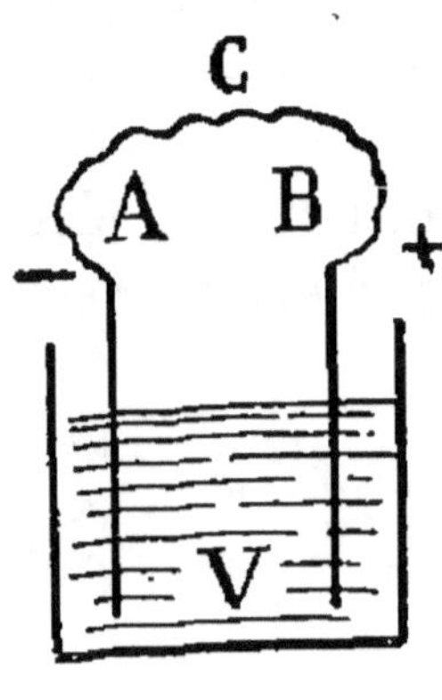

Fig. 2.
Pile théorique.

plus élevé, de ce fait il se produit un courant électrique, et par ce que nous avons appris relativement au potentiel, il y a force électromotrice qui tend à faire circuler le courant du liquide V vers la lame de métal A. Si l'on plonge dans le même vase une autre lame B d'un métal non attaquable par le liquide, une lame de cuivre, par exemple, celle-ci constituera un conducteur qui se mettra dans toutes ses parties au même potentiel que le liquide.

Si nous réunissons maintenant les deux lames A et B par un fil conducteur C, les potentiels des deux lames tendent à s'égaliser au travers du conducteur; mais comme, d'autre part, l'attaque constante de la lame de zinc par l'eau acidulée détruit l'égalité du potentiel en maintenant le plus faible dans la première, il se produit un courant passant dans le conducteur, et il suffit de l'y recueillir au passage pour l'utiliser, comme nous le verrons plus tard.

Dans la pratique, comme dans l'exemple que nous venons de choisir, il est rare que l'une des lames soit absolument inattaquable; ici, par exemple, le cuivre est, lui aussi, légèrement attaqué, mais comme l'action chimique est moindre que du côté du zinc, la différence de potentiel est moindre, entre le liquide et le cuivre; par conséquent, le courant s'établira bien comme nous venons de le dire. On conçoit dès lors que si nous avions mis dans le liquide deux lames de même métal ou deux lames attaquées *exactement* avec la même énergie, il n'y aurait pas différence de potentiel, par suite pas de courant.

Telle est, dans sa forme la plus simple, la pile ou mieux l'élément de pile dans laquelle les lames prennent le nom d'*électrodes* ou *pôles* et le liquide celui d'*électrolyte*. La lame non attaquée ou le moins attaquée s'appelle électrode ou *pôle positif;* inversement, l'autre lame prend le nom d'électrode ou *pôle négatif*, appellations auxquelles nous aurons souvent recours et qui s'indiquent par les signes $+$ et $-$, ainsi que nous le faisons sur la figure.

L'élément de pile tel que nous venons de le décrire est donc non seulement un producteur d'électricité, mais aussi un conducteur, et alors, tout comme le tube C de la figure 1, il doit présenter une certaine résistance au passage du courant; c'est ce qu'on appelle la *résistance intérieure* d'un élément ou d'une pile; et l'ensemble : 1° de la force électromotrice, 2° de la résistance intérieure, prend en pratique le nom de *constantes de la pile*, ceci par analogie à ce qui se dit souvent d'une machine à vapeur dont, pour faire une puissance donnée, on indique les constantes, qui sont : vitesse en nombre de tours à la minute, pression de la vapeur à admettre, limite de détente, etc.

Mais, de même qu'une machine à vapeur peut donner des puissances différentes en faisant varier une ou plusieurs de ses constantes, de même on peut modifier les constantes d'une série d'éléments ou batterie de piles.

Ainsi, étant donnés deux éléments de pile (fig. 3) pareils à celui que nous avons déjà envisagé, réunissons le pôle positif du premier élément au pôle négatif du second par le conducteur C; nous aurons établi le même potentiel aux deux pôles; si maintenant nous réunissons le pôle négatif du pre-

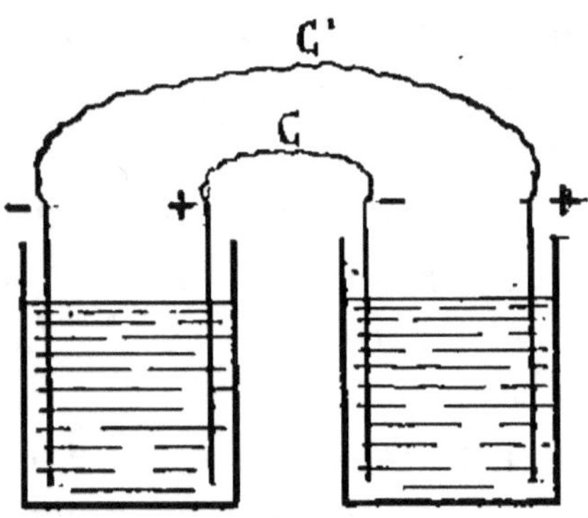

Fig. 3. Pile en tension.

mier élément au pôle positif du second par le conducteur C', nous créons dans le second élément une différence de potentiel, entre le zinc et le cuivre, équivalente à celle que nous avons déjà obtenue dans la première réunion par C; la différence de potentiel entre le zinc et le cuivre extrêmes sera donc double de celle qui existe dans un seul élément; ce que nous avons fait pour deux éléments pourrait se faire pour trois, quatre, etc., et la force électromotrice totale serait trois, quatre, etc., fois celle d'un élément; c'est ce qu'on désigne en disant que les éléments de la pile ou que la pile est montée en *série* ou en *tension*.

Prenons maintenant une autre disposition, celle indiquée par la figure 4, où nous avons relié ensemble : 1° les deux pôles positifs des éléments par le conducteur C'; 2° les deux pôles négatifs par le conducteur C; 3° enfin où nous avons réuni le conducteur CC d'une part avec le conducteur C'C' d'autre part, à l'aide du conducteur C". Si par la pensée nous abaissons l'élément supérieur jusqu'à ce qu'il s'applique sur l'élément inférieur, nous nous trouvons en résumé devant un seul élément, mais dont les lames ont une surface double ; or, comme la force électromotrice dépend exclusivement de la réaction chimique, cette force électro-

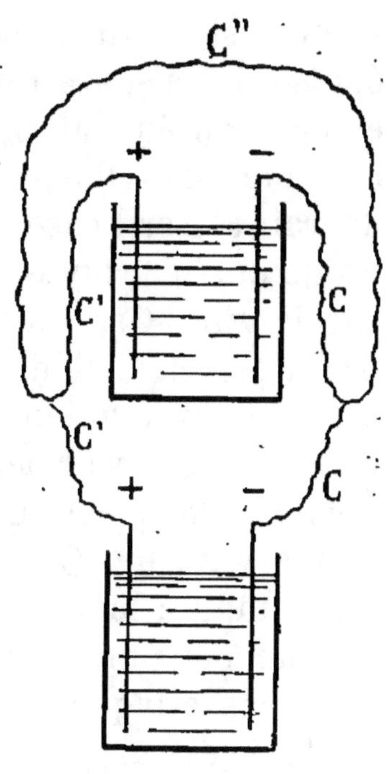

Fig. 4.
Pile en dérivation.

motrice n'a pas changé et engendre un même courant électrique ; seulement, comme celui-ci trouve une surface de passage double par les lames, il rencontre une résistance moitié moindre.

Ainsi que pour la première disposition, on pourrait installer de la même façon trois, quatre, etc., éléments, et l'on aurait une pile présentant trois, quatre, etc., fois moins de résistance; ce dispositif est dit en *dérivation* ou en *surface*.

Il est évident que la pile telle que nous venons de la décrire ne peut pas fournir du courant électrique d'une façon continuelle, puisque nous avons dit que ce courant résulte de l'action chimique de l'eau acidulée sur le zinc et que cette action elle-même est limitée, car, lorsque tout l'acide est épuisé, il ne saurait plus y avoir d'attaque de zinc et par conséquent plus d'action chimique. Donc, au point de vue purement théorique, le courant devrait cesser brusquement au moment où le liquide ou électrolyte n'est plus à même de réagir sur le zinc. Or, il n'en est pas tout à fait ainsi en pratique, et si l'on suit, à l'aide d'appareils spéciaux, la production du courant, on reconnaît que celle-ci va en se ralentissant, alors que très visiblement la réaction chimique continue avec la même vigueur. Que se passe-t-il ? La réponse est très simple : le zinc qu'on emploie n'est pas chimiquement pur, il contient d'autres métaux qui ne sont pas attaqués aussi énergiquement par l'eau acidulée et qui, par conséquent, forment sur le zinc même une série de petites piles, puisqu'il y a deux métaux dans lesquels la force électromotrice agit en sens contraire de celle qu'on cherche à produire. Voilà pour le côté du zinc. Du côté du cuivre, il se présente aussi un phénomène parfaitement visible ; il se couvre de bulles gazeuses qui sont des bulles d'hydrogène, puis il se couvre aussi de zinc métallique ; tout cela dû à la réaction chimique qui se produit. Mais alors le cuivre lui-même forme de son côté une série de petites piles à forces électromotrices agissant en sens contraire de celui du courant qu'on cherche à produire, d'où nouvelle résistance. Comme cet ensemble de petites piles, tant du côté du zinc que du côté du cuivre, mettent en évidence une infinité de pôles positifs et négatifs nouveaux ou accessoires, on a exprimé cette action ou cet état de la pile en disant qu'elle s'est *polarisée*, qu'il y a *polarisation*.

Les principes que nous venons de fournir sur le fonctionnement des piles nous permettent maintenant de parler de ce sujet sans entrer alors dans d'autres explications que la description de la pile elle-même ; nos lecteurs se rendront compte de leur fonctionnement en se reportant à la pile de principe qui nous a servi à expliquer sa théorie, qui reste la même pour tous les modèles.

Nous ne donnerons évidemment pas ici toutes les piles qui existent, il y aurait en effet matière à écrire un fort volume sur la question ; nous nous bornerons à donner les quelques types les plus usuels et les plus répandus.

Pile Volta

La première application pratique de la pile, et à la fois la plus simple, est due au célèbre physicien italien Volta, qui la conçut en 1800. La pile imaginée par Volta, et qui est encore classique de nos jours, consistait en une rondelle de cuivre sur laquelle il plaçait une rondelle de zinc, et sur cette dernière un morceau de drap imbibé d'eau acidulée ; la réaction se produisait suivant ce que nous avons dit plus haut dans l'établissement du principe de la pile, et c'est parce que cette réaction était très faible que Volta a eu l'idée d'accumuler sur une certaine hauteur la même série des trois rondelles, qu'il a obtenu un courant plus fort ; l'ensemble de l'appareil formant une véritable pile de rondelles, le nom de *pile* est resté aux producteurs électro-chimiques d'électricité.

C'est en raison de cette découverte, qui a immortalisé le nom de Volta, que pour perpétuer sa mémoire le terme de *volt* a été adopté pour désigner l'unité pratique de force électromotrice.

La pile de Volta, fort appréciée encore de nos jours pour permettre l'étude des générateurs d'électricité électro-chimique, n'est plus utilisée pratiquement à cause de son encombrement et surtout aussi à cause de ce qu'elle se polarise très rapidement.

Pile Bunsen

Cette pile est certainement une de celles qui ont joui de la plus grande faveur et qui est le plus employée aux travaux industriels très variés, tels que la galvanoplastie, petit éclairage, etc. Elle comprend (fig. 5) un grand vase cylindrique V en verre, ou en grès vernissé, dans lequel se met l'électrolyte formé d'un mélange d'acide sulfurique et d'eau marquant 6° au pèse-acide ; dans ce liquide plonge un cylindre en zinc Z ouvert largement suivant sa hauteur, de

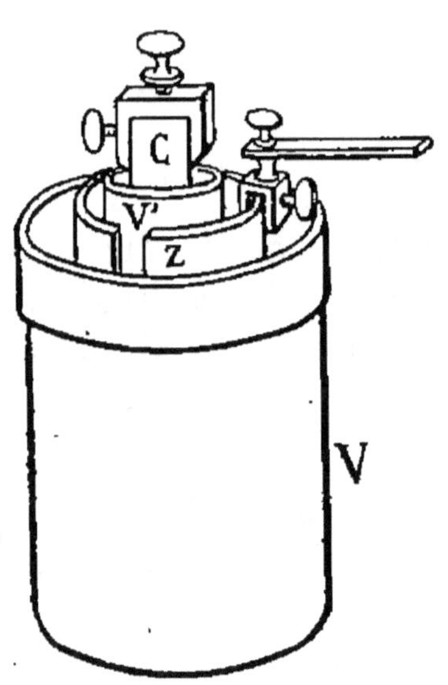

Fig. 5. Pile Bunsen.

façon à ce que le liquide acidulé baigne bien l'intérieur et l'extérieur du zinc. Au milieu de ce dernier se place un vase poreux V' en porcelaine dégourdie contenant de l'acide azotique du commerce jusqu'au tiers environ de sa hauteur ; enfin au centre de ce vase poreux, on place une plaque C en charbon graphitique. Le zinc forme l'électrode négative de la pile et la plaque de charbon l'électrode positive. Cette pile est dite à dépolarisant, et le dépolarisant est précisément l'acide azotique, lequel s'empare de l'hydrogène qui se forme dans la réaction, et forme de l'eau et de l'acide hypoazotique.

Cet élément de pile présente une force électromotrice de 1,8 volt avec une résistance intérieure de 1/4 d'ohm. On l'emploie encore très fréquemment dans les laboratoires, et aussi dans des installations extérieures, car elle présente l'inconvénient de nécessiter l'emploi d'acides très corrosifs, et, pendant son fonctionnement, elle dégage de fortes quantités d'acide hypoazotique dont les vapeurs rutilantes sont désagréables et dangereuses à respirer.

Pile type Poggendorff
ou à bichromate de potasse

Nous disons intentionnellement *type Poggendorff*, car ce genre de pile a été construit par un grand nombre de physiciens qui, tous, ont apporté quelques modifications, souvent très heureuses, au type primitif. Cette pile (fig. 6) a son électrolyte formé par un mélange d'acide sulfurique et de bichromate de potasse ; le dépolarisant, ici, est l'acide chromique auquel donne lieu ce mélange et qui s'empare de l'hydrogène qui se forme et par lequel il est réduit. Au point de vue construction, elle se compose d'un vase en verre sphérique terminé à sa partie supérieure par un long col étroit. Ce dernier est fermé par un couvercle qui porte, fixées d'une façon quelconque, deux lames de charbon graphitique, lesquelles descendent jusque près du fond du vase, trempant constamment dans un liquide formé de 160 grammes d'acide sulfurique à 66° du commerce, 80 grammes de bichromate de potasse, le tout additionné d'eau jusqu'à faire le volume d'un litre. Au milieu du bouchon est fixé un tube en cuivre dans lequel peut glisser à frottement dur, une tige de cuivre portant à son extrémité inférieure une lame de zinc. Quand on ne se sert pas de la pile, la tige est remontée jusqu'au haut, et le zinc ne trempant point dans le liquide, il n'y a pas d'action chimique, par suite pas formation de courant ni usure de la pile. Quand au contraire on veut produire du courant électrique, on abaisse la tige de façon à ce que tout le zinc soit en contact avec le liquide ; celui-ci attaque le zinc et le courant se produit. Les charbons aboutissent à une borne ou prise de courant, et la tige supportant le zinc à une autre

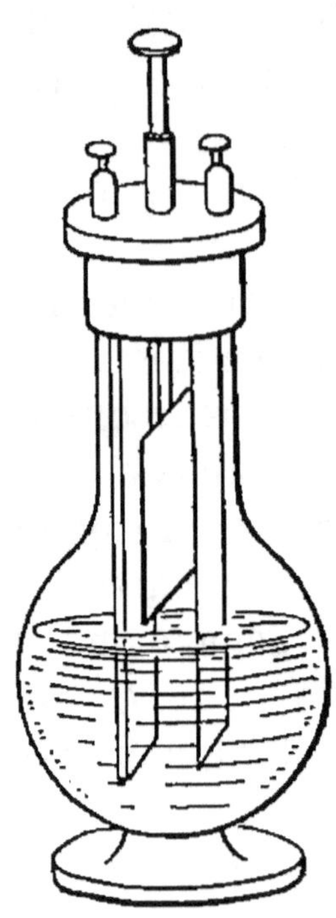

Fig. 6. Pile type Poggendorff.

borne. La première est le pôle positif, la seconde le pôle négatif. Il n'y a plus qu'à munir ces bornes d'un fil conducteur pour faire écouler le courant ou, comme l'on dit en électricité, *fermer le circuit*.

La force électromotrice d'un élément du type Poggendorff est de 2,2 volts et sa résistance de 1 ohm environ. Ces constantes assez remarquables font qu'on se sert de ce genre de piles quand on a besoin de sources puissantes d'énergie électrique sous un petit volume ; par contre elles s'épuisent vite, mais offrent encore l'avantage de ne donner aucun dégagement de vapeur, d'être à peu près hermétiques et par conséquent d'un maniement facile.

Pile Leclanché

Cette pile (fig. 7) est à dépolarisant solide. Elle se compose d'un vase en verre V dans lequel on met une dissolution de sel ammoniac dans de l'eau ordinaire ; dans cette solution trempent : 1° un bâton cylindrique de zinc Z, qui forme le pôle négatif de la pile ; 2° un vase poreux, qui contient un mélange de charbon et de bioxyde de manganèse pulvérisés, au centre duquel est placé un charbon de cornue qui forme le pôle positif de la pile. Le bioxyde de manganèse

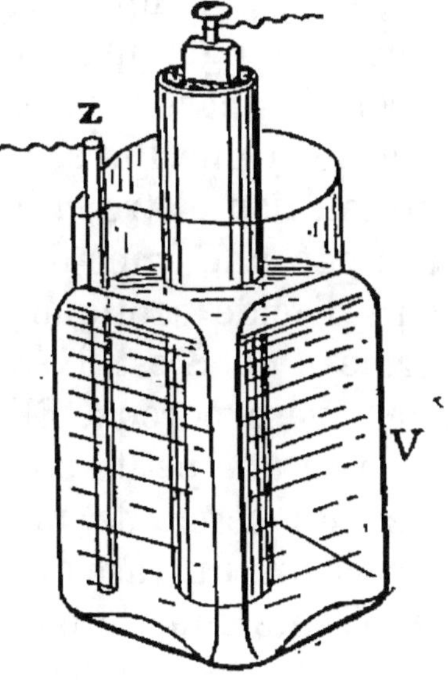

Fig. 7. Pile Leclanché.

joue le rôle de dépolarisant, en ce sens qu'il absorbe l'hydrogène formé pour se transformer en sesqui-oxyde de manganèse.

La force électromotrice d'un élément Leclanché est de 1,4 volt ; sa résistance intérieure de 3 à 5 ohms. Grâce à ce que cette pile ne contient que des matières inoffensives et de bas prix, elle s'est rapidement répandue dans les usages domesti-ques.

Les installations de sonneries électriques sont presque exclusivement alimentées par des piles Leclanché, qui, d'ailleurs, ne réclament aucuns soins pendant des mois entiers.

Pile de Grove

Nous n'indiquerons que brièvement cette pile qui, bien que fort peu usitée aujourd'hui, a joui pendant longtemps d'une assez grande faveur, et a encore ses partisans convaincus. Cette pile ne dif-fère de la pile Bunsen que par l'électrode positive qui, au lieu d'être en charbon de cornue, est for-mée par une lame de platine, métal inattaquable dans l'acide azotique. Cette lame qui affecte la forme d'un S est fixée à un couvercle qu'on pose sur le vase poreux. Elle est souvent encore soute-nue par une petite potence en laiton qui fait corps avec un cercle de même métal placé à la partie supérieure du vase extérieur. Cette lame de platine représente donc le pôle positif de la pile.

La pile Grove a les mêmes avantages que la pile Bunsen, mais elle a aussi les mêmes inconvénients auxquels s'ajoute le prix élevé de la lame de platine.

On a bien essayé ces temps derniers de remplacer le platine par l'aluminium, mais les résultats obtenus n'ont pas été très encourageants, croyons-nous. L'idée de substituer le platine au charbon avait sa valeur au moment où Grove l'a mise à exécution ; à cette époque, en effet, le charbon servant d'électrode était relativement cher, rare et peu solide. Son défaut de solidité faisait qu'on en cassait souvent, ce qui entraînait à des dépenses qui finissaient par être élevées, si l'on ajoutait au coût propre de l'objet la perte du temps, l'arrêt d'une opération, etc. Ces arguments, en faveur du platine, n'ont plus la même valeur aujourd'hui que les électrodes en charbon se fabriquent de toutes pièces et s'obtiennent à très bas prix et avec des qualités tout à fait supérieures.

Pile de Smée

La pile de Smée mérite une mention spéciale, d'abord parce qu'elle n'est qu'à un seul liquide, ensuite parce qu'elle est très en usage de nos jours encore dans la galvanoplastie appliquée spécialement au clichage. Son principe la rapproche énormément de la pile théorique dont nous avons indiqué le principe au début de ce chapitre et représentée schématiquement par la figure 1, c'est-à-dire qu'elle comprend une électrode métallique attaquable par le liquide acide et une autre électrode également métallique mais rendue inattaquable. Dans l'origine, Smée se servait comme première électrode d'une lame de zinc, et comme seconde électrode d'une lame de platine qu'il recouvrait d'une mince couche d'oxyde noir de ce métal à l'aide d'un courant électrique et d'une dissolution très étendue de chlorure de platine. On pourrait d'ailleurs obtenir le même résultat en déposant par le même moyen de l'oxyde de platine sur de l'argent, du cuivre, du fer ou même du charbon.

Une observation fort importante de l'auteur, et qui est encore suivie aujourd'hui, c'est que la lame platinée doit être rugueuse; ce principe émis depuis l'origine de la pile par son inventeur, était en réalité l'application de règles électriques qui devaient être nettement définies plus tard et sur lesquelles nous ne nous appesantirons pas ici, la question étant du domaine de la théorie pure.

Nous donnons, figure 8, la vue de la pile Smée

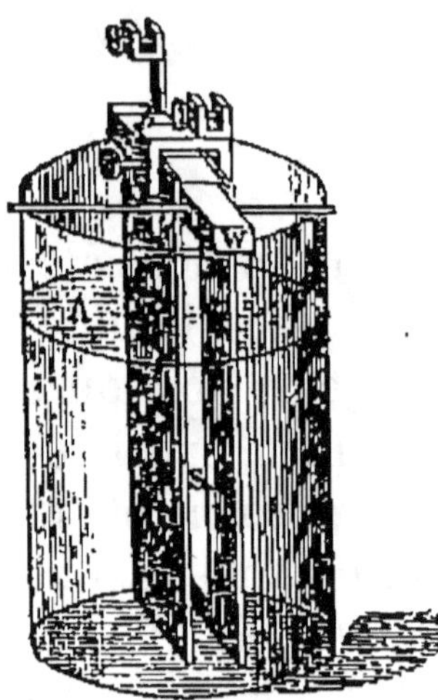

telle que son auteur l'a conçue. Elle se compose d'un vase en verre A sur les bords duquel repose une traverse W en matière non conductrice de l'électricité, en bois par exemple; pour assurer une complète stabilité à cette pièce sur les bords du vase, elle est munie d'une tige quelconque placée en croix avec la première, ce qui fournit ainsi quatre points d'appui.

Fig. 8. Pile Smée.

La pièce W porte au milieu de son épaisseur la lame platinée qui aboutit à une pièce en laiton que l'on voit à l'arrière-plan de notre dessin. Les deux lames de zinc sont simplement appuyées contre la pièce en bois W à laquelle elles sont assujetties par une pince spéciale *b*. La première pièce en laiton et cette pince servent de bornes pour attacher les fils conducteurs. Le liquide de la pile, que l'on désigne souvent encore sous le nom de liquide excitateur, se composait de 7 parties d'eau et 1 partie d'acide sulfurique à 66°.

La pile de Smée, encore très utilisée de nos jours pour la clicherie galvanoplastique, reste, en principe, ce qu'elle était au début, sa forme seule a changé. La pile moderne se compose généralement d'un vase rectangulaire en verre ou mieux en grès vernissé, de deux lames en zinc parfaitement amalgamées, et d'une lame en platine ou en argent platiné ou même en cuivre argenté et platiné; celle-ci est placée au milieu du vase et les lames de zinc de chaque côté d'elle et à égale distance. La lame platinée, quelle qu'elle soit, doit toujours être, suivant les recommandations de l'inventeur, bien rugueuse. Quant au liquide, c'est toujours de l'acide sulfurique étendu d'eau, sauf qu'aujourd'hui on fait cette dilution au 1/10, c'est-à-dire 9 parties d'eau pour 1 partie d'acide sulfurique à 66°. Ce mélange doit être fait d'avance afin qu'il ait le temps de refroidir, car au moment du mélange il s'échauffe très fortement et risquerait de briser le récipient de la pile, surtout s'il est en verre.

Les deux lames de zinc amalgamé sont réunies à une seule borne; la lame platinée, qui est le pôle positif, est reliée à une autre borne. La lame platinée ne doit présenter aucun point de contact, soit dans le vase, soit au dehors avec les lames de zinc.

La pile de Smée est très commode pour les petites industries parce qu'elle ne met qu'un liquide en jeu, par contre elle ne développe qu'un courant de très faible intensité. Cette dernière propriété nécessite par conséquent de mettre plusieurs éléments en série; mais alors on prend la disposition suivante, très pratique et que tout le monde peut réaliser facilement :

On prend un bac rectangulaire doublé de plomb, plus long que large et dans le sens de sa largeur on place alternativement une plaque de zinc, une plaque platinée, une plaque de zinc, etc. ; pour éviter que ces plaques n'arrivent à se toucher entre elles, on peut placer dans l'intervalle qu'elles forment et au fond de la cuve des cales en verre ou même simplement de gros verres à boire ordinaires. A chacune des lames platinées est soudée ou fixée d'une façon quelconque une lame de cuivre mince qui sert de fil conducteur, et aux lames de zinc une bande de zinc. Toutes les bandes de cuivre sont réunies d'une façon quelconque (appuyées par enroulement ou serrées à l'aide d'une pince en laiton) sur une tige en laiton ou en cuivre placée sur un des côtés longs de la cuve et bien isolée de cette dernière par des petits supports en verre, en porcelaine ou simplement en bois. Cette tige réunissant toutes les lames de cuivre forme le pôle positif de la pile, à son extrémité une borne permet de fixer un fil conducteur. On agencera exactement de la même façon les bandes de zinc avec une tige placée sur l'autre côté de la cuve et on aura le pôle négatif.

Ce dispositif très simple, peu coûteux et peu encombrant présente encore le grand avantage de permettre de faire varier à sa guise l'intensité de la pile, en faisant varier le nombre de lames immergées dans le liquide acide.

Pile Daniell

Bien qu'elle soit une des plus anciennes de l'ordre chronologique dans lequel se sont succédé les différents producteurs électro-chimiques d'électricité, la pile inventée par le physicien anglais Daniell est encore très employée et l'on peut presque dire que c'est la pile fondamentale de l'industrie galvanoplastique. Du fait de son emploi à peu près universel, elle a subi des modifications très nombreuses que nous signalerons brièvement en nous étendant de préférence sur celles qui ont été plus particulièrement intéressantes ou appréciées.

Telle que l'a imaginée Daniell sa pile présentait la disposition que nous reproduisons figure 9. Elle se composait d'un vase cylindrique en cuivre A, d'un vase poreux B également cylindrique, soit en terre, soit en porcelaine dégourdie, soit encore en toute autre matière se prêtant à l'effet d'endosmose ou d'exosmose, par conséquent pouvant être de la baudruche, du parchemin, de la toile serrée, etc. ; enfin d'un cylindre en zinc C. Le vase en cuivre est percé au centre de son fond et reçoit un tube recourbé sortant de l'appareil, comme le représente notre dessin. Le zinc est relié à un fil conducteur D et le cylindre extérieur en cuivre à un fil conducteur D'; ce dernier cylindre porte à sa partie supérieure une trémie en cuivre, dont le fond est percé de nombreux trous et dans laquelle on met du sulfate de cuivre en cristaux.

Pour faire fonctionner cette pile, on met dans le vase en cuivre A une solution saturée de sulfate de cuivre; on place le zinc dans le vase poreux et dans ce même vase on verse une dissolution saturée de sel marin. Les deux solutions doivent être exactement au même niveau. Quant au fonctionnement de cet appareil il est le suivant : la dissolution de

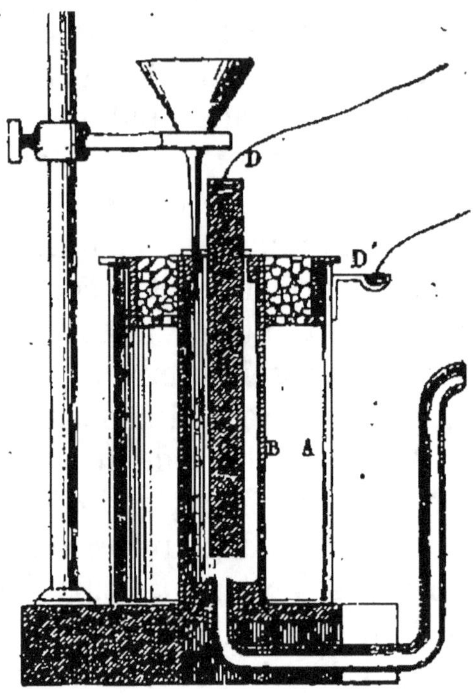

Fig. 9. Pile Daniell.

sel marin attaque le zinc; cette attaque, par suite d'une action chimique due à l'affinité, dépose une quantité correspondante de cuivre empruntée à la solution du sulfate de ce métal, mettant en liberté une certaine quantité d'acide sulfurique qui, par osmose, passe dans le vase poreux et va attaquer le zinc à son tour. Mais comme la solution du sulfate de cuivre s'appauvrit de ce fait, elle devient moins dense, passe à la partie supérieure du vase où, rencontrant la trémie pleine de cristaux, elle en dissout et reprend son degré de concentration première. Le phénomène se continue ainsi très longtemps, dégageant un courant électrique régulier mais de très faible intensité.

La première modification à la pile Daniell a été apportée en vue de la simplifier et par suite de la rendre d'un prix moins élevé; nous donnons, figure 10, l'aspect qu'elle prit alors. Elle se composait d'un cylindre en zinc Z formé d'une feuille épaisse enroulée incomplètement de façon à être bien baignée sur toute sa surface intérieure et exrieure par la dissolution de sel marin placée avec le zinc dans le vase poreux P. Ce dernier se plaçait alors au centre d'un cylindre en cuivre C de même forme que le cylindre en zinc, le tout immergé dans une solution saturée de sulfate de cuivre contenue dans un vase en grès vernissé ou en verre V; un conducteur m formait le pôle positif et un autre n le pôle négatif. Cette dis-

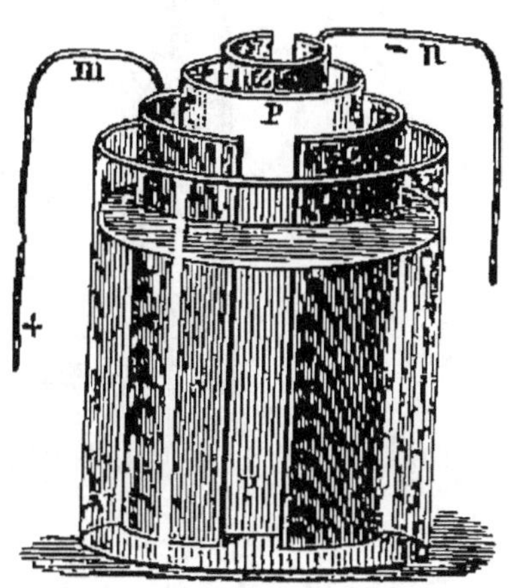

Fig. 10. Pile Daniell modifiée.

position, on le reconnaîtra, était très simple, mais elle avait l'inconvénient de ne pas permettre à la solution de sulfate de cuivre appauvrie de se régénérer.

Une nouvelle modification vint obvier à cet inconvénient. Elle consista à entourer la partie supérieure d'une trémie en cuivre percée de trous, descendant un peu au-dessous du niveau du liquide dans le vase V, et remplie de cristaux de sulfate de cuivre. On assurait ainsi la richesse constante, en sulfate de cuivre dissous, de la solution contenue dans le vase V. Nous donnons la représentation de cette pile dans notre dessin, figure 11.

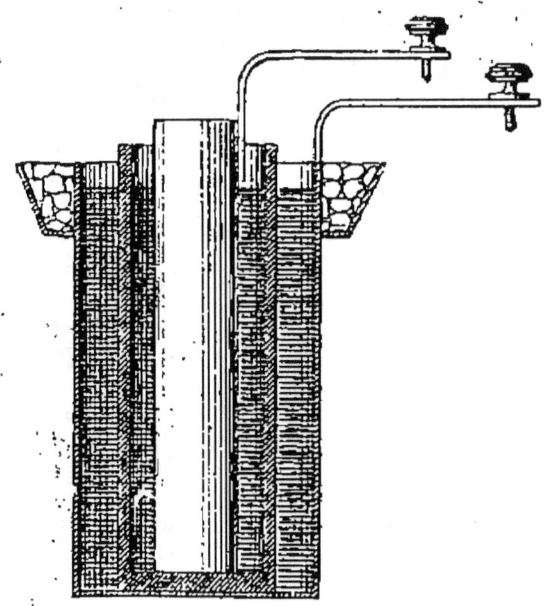

Fig. 11. Pile Daniell modifiée, vue sans
son vase extérieur V.

Cependant, pour que la pile ait une action constante, il faut que les deux liquides restent identiques à ce qu'ils étaient au début. Or, nous voyons que pour le sulfate de cuivre c'est chose faite. Reste le chlorure de sodium (sel marin). Comme nous l'avons vu un peu plus haut, dans la description des phénomènes chimiques qui se produisent, le zinc est attaqué par l'acide sulfurique mis en liberté dans la décomposition du sulfate de cuivre, et il se forme alors du sulfate de zinc dont la dissolution est beaucoup plus dense que celle du chlorure de sodium et qui se réunit par conséquent au fond du vase poreux. Il suffit de l'en retirer, ce qu'on fait facilement avec un petit siphon en verre, et l'on remplace le liquide enlevé par une nouvelle quantité de sel marin dissous.

Disons qu'on a souvent remplacé, ce qu'on fait aujourd'hui encore, la trémie par un sac en grosse toile ou tout autre tissu plein de cristaux de sulfate de cuivre et qu'on laisse tremper dans la solution qui s'enrichit ainsi au fur et à mesure du fonctionnement de la pile.

Signalons en passant, parmi les nombreuses modifications, celle qui consiste à donner à l'ensemble de la pile une forme rectangulaire, moins encombrante que la forme cylindrique, et dont nous donnons une vue figure 12.

Enfin nous citerons au nombre des modifications celle qui a consisté à changer la place des éléments constitutifs, en un mot à renverser la pile, car elle a conduit à la pile Daniell, courante aujourd'hui, et qui

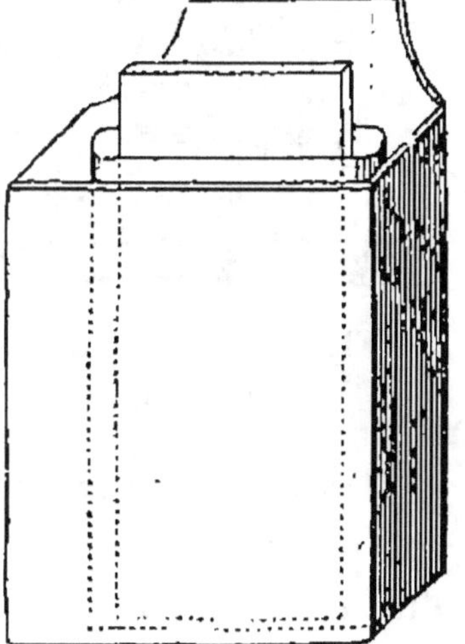

Fig. 12. Pile Daniell rectangulaire.

présente des avantages assez considérables pour que nous lui consacrions une mention spéciale.

La pile Daniell actuelle est donc inversée, et

comprend un vase en grès vernissé ou en verre qui contient :

1° La solution de chlorure de sodium (sel marin);

2° Le cylindre en zinc largement ouvert et terminé par un conducteur en cuivre ;

3° Le vase poreux, dans lequel on place non pas un cylindre en cuivre mais simplement un ruban droit, qui se prolonge au dehors pour former conducteur, et qui est immergé dans une dissolution saturée de sulfate de cuivre. Cette dissolution est maintenue constamment à saturation, grâce au dispositif suivant et que représente notre dessin figure 13. Au-dessus du vase poreux, qui ici, nous le répétons, contient la dissolution de sulfate de cuivre, on place un ballon en verre muni d'un col de longueur suffisante pour baigner de quelques

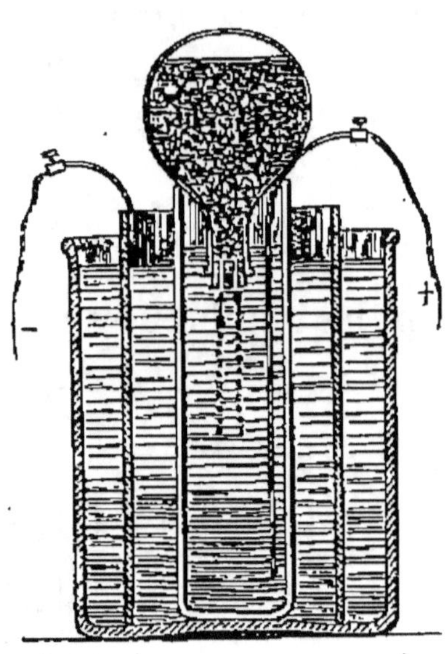

Fig. 13. Pile Daniell
actuelle.

centimètres dans le liquide cuivrique. Ce ballon est partiellement empli de cristaux de sulfate de cuivre et d'eau. On bouche le col à l'aide d'un bouchon présentant deux encoches, placées à l'extrémité d'un même diamètre.

Au début, tout reste en l'état, l'eau du ballon dissout le sulfate de cuivre et s'en sature; mais dès que la pile fonctionne. comme du sulfate de cuivre disparaît de la solution contenue dans le

vase poreux, il s'y produit une véritable gradua-
tion : le liquide le plus pauvre en sulfate de cuivre
arrive en haut du vase, il pénètre alors dans le
ballon où, trouvant encore un liquide saturé, par
conséquent plus dense, il gagne la partie supérieure du ballon. Mais en même temps, le liquide
saturé du ballon, en vertu de sa densité plus
grande, descend dans le vase poreux. Comme ce
mouvement est continuel, la dissolution du vase
poreux reste toujours à saturation. Cette disposition fait souvent donner le nom de pile à ballon à
ce genre de producteur électro-chimique.

La pile Daniell, quel que soit le modèle, reste
longtemps active, mais elle a un très faible débit.
La force électromotrice d'un élément Daniell est
très voisine de 1 volt.

Pile Lalande et Chaperon

Cette pile est à un seul liquide, qui n'est plus
un acide, mais un alcali ; elle est d'origine très récente. Le premier modèle comprend une cuve rectangulaire en tôle qui, servant de pôle positif, contient une solution concentrée de potasse (eau, 65,
potasse caustique 35). Au fond de la cuve est placée une couche d'oxyde de cuivre provenant du
grillage des battitures de ce métal. Par-dessus est
placée une lame en zinc qui occupe à peu près toute
la surface du rectangle de la cuve, sans toucher à
cette dernière, aussi s'applique-t-elle sur des iso-
lateurs en porcelaine ou en verre placés aux quatre
coins. La feuille de zinc se relève sur un de ses
côtés pour arriver au niveau supérieur de la cuve,

où une pince en laiton forme la borne du pôle négatif. Le tout est recouvert d'une couche de pétrole ou de paraffine fondue, pour préserver la potasse du contact de l'acide carbonique de l'air, qui la transformerait rapidement en carbonate.

Le fonctionnement de cette pile est dû à l'électrolyse (décomposition par l'électricité) de l'eau de la dissolution potassique ; l'oxygène qui se porte sur le zinc forme de l'oxyde qui se dissout à l'état de zincate de potasse, et l'hydrogène qui se porte sur la tôle réduit l'oxyde de cuivre en cuivre métallique.

Dans sa forme nouvelle, cette pile se présente à peu près sous la forme d'une bouteille, et par suite prend moins de place.

Sa force électromotrice ne dépasse pas 1 volt.

Elle ne saurait rendre de grands services à la galvanoplastie, du moins d'une façon courante, mais si nous l'avons signalée, c'est qu'elle présente une propriété très remarquable, celle de ne fonctionner ou de ne donner lieu à un effet chimique que lorsqu'elle est en circuit fermé, c'est-à-dire seulement au moment où on l'utilise. Cette propriété la rend précieuse pour les personnes qui n'auraient à faire de la galvanoplastie que d'une façon intermittente, laissant longtemps la pile inutilisée.

Quant à son avantage, qu'on fait souvent ressortir, de ne pas exiger l'emploi d'acide, il est tout à fait relatif, attendu qu'il est aussi dangereux ou désagréable de manier des solutions aussi concentrées de potasse, que les acides courants du commerce.

Considérations générales sur les piles

Par la description que nous venons de donner des différentes piles, et nous avons choisi les modèles les plus employés en galvanoplastie, c'est en général un appareil assez simple et que tout le monde peut facilement établir, en déployant un peu de soins, d'attention à la recherche du but à atteindre. A ce dernier point de vue, il est impossible de donner des indications précises, à moins d'envisager chaque cas particulier que peut présenter la pratique, ce qui nécessiterait une étude très longue et tout à fait spéciale, qui ne serait pas à sa place dans ce Manuel. Force nous est donc de nous borner à des considérations d'ordre général que nous puisons dans le cours de l'éminent professeur Eric Gérard, qui a formé la pléiade de nos électriciens modernes, et non des moindres.

Nous avons vu que dans toutes les piles on obtenait le courant électrique, grâce à une réaction chimique sur un métal, ou sur un métal et un sel métallique. Il y a déjà sous ce rapport une indication à préciser.

Parmi les métaux les plus répandus, les plus usuels, le zinc se montre le plus positif, aussi est-ce celui que nous voyons le plus largement employé dans la constitution des piles pour jouer le rôle de corps oxydable. On pourrait, à la vérité, remplacer le zinc par des corps d'un prix moins élevé, tels : le fer, le plomb, etc. ; mais l'économie ainsi réalisée serait largement atténuée par la diminution d'activité de la pile ; et la partie la plus coûteuse de celle-ci consiste dans les matières utilisées comme dépolarisants.

Le zinc pur n'est pas attaqué par une solution d'acide sulfurique, à moins qu'il ne soit mis en contact avec un corps moins positif baignant dans le liquide.

Comme nous l'avons vu plus haut, le zinc du commerce est toujours assez impur et produit la polarisation des piles dans lesquelles il entre. L'expérience a montré qu'on peut empêcher cette action par l'amalgamation du zinc. Cette amalgamation s'effectue de différentes façons. La plus simple consiste à tremper la lame de zinc dans une dissolution d'un sel de mercure dans l'eau, tel que le nitrate, additionnée de son volume d'acide chlorhydrique. On peut également amalgamer une plaque de zinc en la frottant avec une brosse en fils de fer préalablement trempée dans du mercure recouvert d'une solution sulfurique. Ces procédés, hâtons-nous de le dire, ne donnent qu'une amalgamation toute superficielle et ne peuvent convenir que pour des piles destinées à fonctionner peu de temps, dans un travail intermittent d'amateur. Il est bon dans ce cas de renouveler l'opération au bout d'un certain temps de fonctionnement de la pile.

Pour la galvanoplastie courante, dans laquelle les piles fonctionnent longtemps de suite, jusqu'à leur épuisement, il faut employer des zincs coulés et amalgamés dans la masse. A cet effet, on chauffe en vase clos quatre parties de mercure avec quatre-vingt-seize parties de zinc jusqu'à fusion, et on coule la masse fondue dans des moules appropriés à la forme des plaques de zinc qu'on veut obtenir. Il est bon d'opérer sous la hotte d'une cheminée à fort tirage pour s'abriter des vapeurs mercurielles toujours toxiques. Ce mode de préparation double à peu près le prix du zinc, mais elle en réduit beaucoup l'usure en circuit fermé, c'est-à-dire quand la pile fonctionne, et rend cette usure à peu près nulle en circuit ouvert, c'est-à-dire quand on n'utilise pas la pile. Il existe encore un autre procédé aussi simple que peu coûteux, qui consiste à faire tremper la lame de zinc dans un godet rempli de mercure et placé au fond de la pile. Le zinc s'unit alors graduellement au mercure sous l'effet du courant, et l'action chimique se porte sur la couche amalgamée. On peut même, dans certains cas, quand le dispositif de la pile s'y prête, rendre le procédé encore plus économique en se servant de déchets de zinc et les baignant dans le godet. Quant au mercure, comme il n'est pas touché par la réaction chimique, il n'y a pas à le remplacer. Voilà pour le pôle négatif de la pile.

Quant au pôle positif, il doit avoir la plus grande surface possible, et doit être constitué par un corps sur lequel le liquide dans lequel il trempe reste sans action. On fait très fréquemment usage pour cela du charbon, qu'on fabrique couramment aujourd'hui, lequel répond à la condition stipulée ci-dessus et présente en outre l'avantage d'avoir une surface rugueuse sur laquelle ne peuvent pas s'attacher les bulles d'hydrogène qui, lorsqu'elles envahissent toute la surface de l'électrode positive, anéantissent l'action de la pile. On peut encore se servir d'une plaque métallique pourvu qu'elle soit inattaquée par la solution acide, et pour répondre à cette condition il n'y a guère que le platine comme l'a utilisé Grove dans sa pile, ou un métal quelconque recouvert d'une couche de platine comme nous en avons vu l'application dans la pile Smée. L'avantage du métal sur le charbon, c'est d'être meilleur conducteur, ce qui, dans certains cas, peut justifier sa préférence sur le charbon, beaucoup meilleur marché.

Le liquide employé à l'attaque du zinc est généralement de l'eau acidulée du dixième au vingtième d'acide sulfurique. Pour bien faire il ne faut utiliser que l'acide sulfurique *dit au soufre* dans le langage du commerce des produits chimiques. Il coûte un peu plus cher mais économise les zincs; comme il ne présente aucune différence d'aspect avec l'acide tiré des pyrites, on doit l'acheter dans les maisons de confiance. L'acide sulfurique des pyrites, même très pur, et on le livre aujourd'hui aussi limpide que de l'eau, contient toujours des produits arsenicaux qui attaquent le zinc, même amalgamé. On peut aussi se servir d'acide chlorhydrique dilué dans l'eau ; c'est un produit de prix très bas, dont le maniement est beaucoup moins dangereux que celui de l'acide sulfurique, et enfin qui, attaquant le zinc, forme du chlorure de zinc beaucoup plus soluble que le sulfate et tendant moins à former des *sels grimpants*, sur lesquels nous reviendrons plus tard. En outre, dans l'attaque du zinc par l'acide chlorhydrique, il se produit une plus grande quantité de chaleur que dans l'attaque du zinc par l'acide sulfurique, ce qui peut présenter certains avantages en galvanoplastie, comme nous aurons occasion de le voir, Par contre, cette réaction de l'acide chlorhydrique sur le zinc, donne lieu à des dégagements de chlore gazeux qui sont non seulement désagréables et incommodants, mais encore délétères, et par suite nuisibles à la santé des opérateurs. L'acide chlorhydrique est donc systématiquement rejeté, comme liquide excitateur, des piles destinées à fonctionner dans des ateliers fermés, où le chlore dégagé, en dehors de sa nocivité pour les ouvriers, attaque tous les objets métalliques et peut ainsi causer encore des dommages matériels fort graves.

Les dépolarisants qui entourent la plaque positive d'une pile doivent toujours être des corps capables d'absorber l'hydrogène au fur et à mesure qu'il se produit, et au moment même de sa production, c'est-à-dire l'*hydrogène naissant*, comme l'on dit en langage chimique. Sont dans ce cas les sels facilement réductibles, les peroxydes et, en général, toutes les substances riches en oxygène et en chlore. Parmi les matières les plus employées citons le peroxyde de manganèse (pile Leclanché), le plomb, l'oxyde cuivrique et l'hydrate ferrique, l'acide nitrique (pile Bunsen), l'acide chromique (pile type Poggendorff), l'eau de chlore, l'eau régale, le chlorure d'argent et le sulfate de cuivre (pile Daniell). Pour les piles énergiques, on choisira les matières telles que l'acide nitrique et l'acide chromique, dont la décomposition entraîne une faible dépense d'énergie. L'acide nitrique et l'eau régale ont l'inconvénient de dégager des vapeurs rutilantes (acide hypoazotique) et du chlore, dont nous avons déjà signalé les mauvais effets.

Au nombre des produits dépolarisants que nous venons d'énumérer, il en est d'insolubles et qui doivent être employés à l'état solide. Si cette circonstance est peu favorable à l'activité des réactions, elle présente d'un autre côté l'avantage de ne nécessiter l'emploi que d'un seul liquide dans la pile, ce qui rend en général d'une conservation plus facile les éléments destinés à fournir du courant à intervalles plus ou moins éloignés. Si l'on emploie un dépolarisant en solution (sulfate de cuivre dans la pile Daniell) ou liquide (acide nitrique dans la pile Bunsen), on est obligé de faire usage de cloisons poreuses qui ont l'inconvénient de coûter assez cher et d'accroître très sensiblement la résistance intérieure des éléments, car le passage de l'électricité ne se fait que par les canaux capillaires que présente la cloison.

Comme cloison poreuse on n'emploie guère aujourd'hui que de la porcelaine dégourdie à laquelle les fabricants donnent les formes courantes les plus usitées dans les piles, mais que l'on peut faire exécuter facilement sur des modèles d'un genre nouveau, pourvu toutefois qu'ils puissent se modeler et se cuire sans difficulté. On mesure le degré de porosité par la quantité de liquide suintant au travers dans un temps déterminé. Aussi le praticien fera-t-il toujours bien de définir cette porosité avant de monter ses piles de manière à savoir le degré qui lui donne la plus grande satisfaction à l'usage et, par conséquent, à la réclamer régulièrement dans ses nouvelles commandes. Ces vases, quelle que soit leur forme, sont toujours assez fragiles, et l'on ne saurait trop recommander de les manier avec toutes les précautions voulues. S'ils peuvent se briser par le choc dû à une maladresse, ils se cassent aussi, pourrions-nous dire, tout seuls, par suite des cristallisations qui se produisent au sein de la pâte dans ses pores aux endroits où le vase n'est pas immergé dans le liquide; ils peuvent encore se briser par suite des dépôts métalliques, tels que les dépôts de cuivre des piles au sulfate de cuivre, qui se forment dans les parois de la cloison en contact avec le pôle positif. Dans le premier cas, il faut surveiller le vase en porcelaine dégourdie et le nettoyer assez souvent, ce qui consiste à le faire tremper dans l'eau froide ou dans l'eau tiède; celle-ci dissout les cristaux qui se sont formés; il n'y a plus qu'à faire sécher le vase et il sera prêt à reprendre son service comme un vase neuf. Dans le second cas, il ne faut pas laisser les dépôts métalliques prendre de l'épaisseur et l'on doit les enlever dès qu'ils commencent à être visibles.

Aujourd'hui, que l'on fabrique normalement des charbons de toutes qualités pour les différents usages de l'électricité, on fait aussi les vases poreux en charbon; ils ont l'avantage de former le pôle positif et d'enfermer le produit dépolarisant. Cet usage de vases poreux en charbon reste encore plus dispendieux que celui des vases en porcelaine dégourdie, qui se fabriquent en grandes quantités et dont les prix, suivant les dimensions, sont en réalité très peu élevés.

On peut facilement faire la cloison poreuse en d'autres produits que ceux que nous venons de signaler; ainsi, dans des piles faites par des moyens de fortune avec des matériaux quelconques qu'on peut se procurer partout, on remplacera non sans succès le vase poreux en porcelaine par une simple vessie de porc ou de bœuf. C'est évidemment là une matière facile à se procurer et d'un prix très réduit; elle conviendra très bien au point de vue électrique, son seul inconvénient est de n'avoir pas une grande solidité, par conséquent d'exiger un renouvellement assez fréquent lorsque la pile est soumise à un travail de longue durée. A défaut de vessie, on peut prendre du parchemin, et dans cet usage on a un avantage, c'est de pouvoir faire la cloison poreuse de la forme qu'on désire. Dans cet ordre d'idées, on peut mettre à profit une matière fort répandue de nos jours et qui n'est autre chose qu'un papier parcheminé qui a dû sa création à l'industrie sucrière quand'on lui a appliqué les procédés par osmose.

La pile, comme nous le disions au début de ce paragraphe, est donc bien un appareil facile à réaliser et à ce titre mérite sa place dans bien des industries où l'on ne dispose pas de force motrice pour actionner des machines électriques dont nous parlerons plus loin. Chaque industriel en peut modifier la forme non seulement au point de vue de son goût personnel, mais suivant l'emplacement dont il dispose. Enfin, suivant ce que nous avons dit au début de ce chapitre, elle permet, selon le nombre d'éléments employés et la méthode de les grouper, de faire varier presque à volonté l'intensité du courant électrique ou sa force électromotrice. Nous disons intentionnellement le mot *presque*, car si l'on voulait des courants électriques de très forte intensité, il faudrait un nombre tellement considérable d'éléments que leur emploi ne serait plus pratique et deviendrait surtout très dispendieux. Et puisque nous avons prononcé le mot dispendieux, disons brièvement ce que coûte le travail de la pile; il est bien entendu qu'on ne saurait donner ce coût d'une façon absolue, puisqu'il dépend du prix du zinc, cuivre ou autres métaux, prix essentiellement variables même d'un jour à l'autre; du prix des acides, qui subissent aussi quelques fluctuations. Cependant, en prenant une pile au zinc et en supposant le prix de ce métal à 50 francs les 100 kilogr., et l'acide sulfurique à 10 francs les 100 kilogr., ce sont là des prix très moyens et qui font ressortir la dépense en énergie produite à environ 3 francs le cheval-heure, alors qu'à Paris les secteurs électriques distribuent le courant électrique aux environs de 0 fr. 75 le cheval-heure; or, ces secteurs font d'abord un bénéfice sur ce prix de vente, et leur situation à Paris est certainement la plus défavorable au point de vue du prix de revient.

II. PILES SECONDAIRES OU ACCUMULATEURS

Supposons un élément de pile (fig. 14) dans lequel les deux lames qui trempent dans l'eau acidulée soient toutes deux en cuivre, nous constituons ainsi ce qu'on nomme un *voltamètre*, et nous avons vu plus haut que dans un tel élément la force électromotrice est zéro. Faisons maintenant passer, à l'aide d'une pile P, un courant dans ce voltamètre, qui suivra le sens indiqué par les flèches ; nous verrons le liquide se décomposer et des bulles gazeuses se porter sur chaque électrode ; si même nous recueillions ces bulles, nous reconnaîtrions qu'elles sont constituées par de l'oxygène et de l'hydrogène. Arrêtons l'action de la pile et remplaçons brusquement celle-ci par un galvanomètre G (fig. 15) ; nous reconnaîtrons qu'il passe un second courant dans le galvanomètre, dirigé en sens contraire du premier. Sous l'action de la pile, les deux électrodes (fig. 14) se sont modifiées chi-

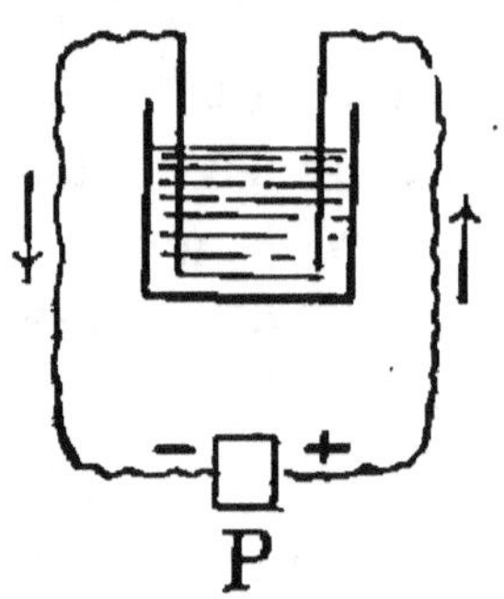
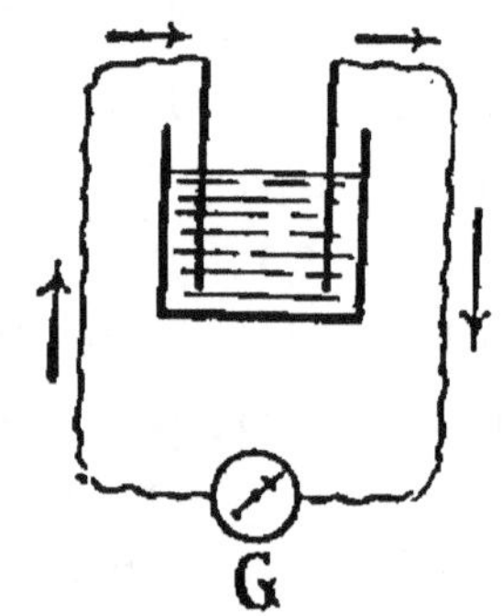

Fig. 14. Voltamètre.   Fig. 15. Galvanomètre.

miquement ou, comme l'on dit, se sont *polarisées*, et le voltamètre que nous avions constitué agit comme une pile donnant un courant qu'on appelle *secondaire*, parce qu'il ne se produit qu'après l'action du premier courant qu'on nomme pour cela *primaire*.

Au bout de quelque temps, le courant secondaire cesse, les deux électrodes sont revenues à leur état primitif, ayant joué pendant cet intervalle le rôle de réservoir d'électricité, restituant, pour ainsi dire, le courant primitif, d'où est venu à l'appareil le nom de pile secondaire ou *accumulateur*.

On voit donc que si l'on veut utiliser un accumulateur, il faut commencer par lui fournir un premier courant qu'on désigne sous le nom de *courant de charge*, et l'on peut disposer ainsi d'un second courant qu'on appelle *courant de décharge*. Comme dans les piles primaires, les accumulateurs ont deux pôles ; le pôle positif est celui par lequel passe le courant de charge, il est relié au pôle positif du producteur d'électricité produisant cette charge ; l'autre est le pôle négatif.

On a reconnu que la polarisation des électrodes se produit surtout à leur surface et qu'elle provient de modifications dans leur nature, modifications plus ou moins profondes, suivant la nature des électrodes ; aussi la durée de la décharge varie-t-elle suivant le degré de modifications et la nature des électrodes, et l'on dit que l'accumulateur a plus ou moins de *capacité*, suivant qu'il donne pendant plus ou moins de temps du courant de décharge.

Comme les piles primaires, les accumulateurs qui ont été créés sont nombreux ; mais ce producteur d'électricité n'est entré dans une voie véritablement pratique qu'après que Planté eut découvert les remarquables propriétés du plomb comme électrode, et les avantages qu'offrait ainsi ce métal. Ce dernier, en effet, est, de tous les métaux usuels, celui qui subit les modifications les plus profondes pendant la charge ; en outre, les éléments qui en sont formés fournissent une force électromotrice très élevée.

Grâce à ces remarques, Planté put établir le premier accumulateur dont nous donnons une vue (fig. 16) et qui était un véritable voltamètre. Dans un vase contenant de l'eau acidulée d'acide sulfurique ordinaire du commerce, il mettait deux électrodes en plomb ; mais, afin de donner à ces électrodes une très grande surface pour obtenir une grande capacité sans fournir un volume trop encombrant, ces deux lames, séparées entre elles par une feuille de caoutchouc, étaient enroulées l'une sur l'autre ; il n'y avait plus qu'à relier chaque lame à un conducteur sortant du vase et le voltamètre était prêt à recevoir le courant de charge.

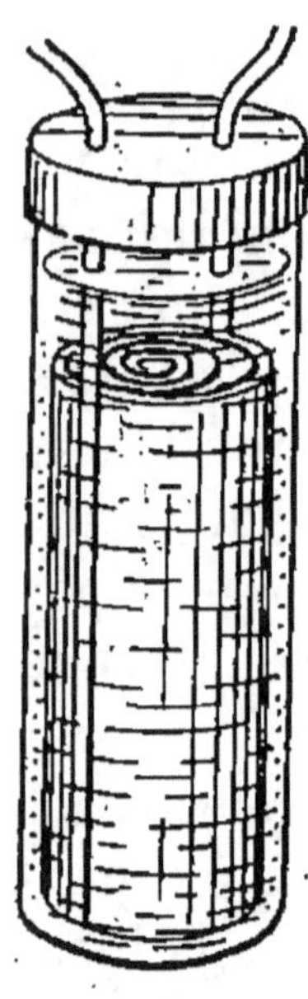

Fig. 16.
Accumulateur
Planté.

Faisons passer ce courant et examinons ce qui se produit. Au bout d'un certain temps, on remarque que l'eau acidulée bouillonne légèrement ou plutôt émet des bulles qui, en crevant à la surface, répandent l'odeur caractéristique de l'hydrogène. Ce phénomène nous apprend que la charge est terminée ou du moins qu'elle ne décompose plus les électrodes, mais bien l'eau acidulée, et ceci absolument en pure perte. Nous arrêtons donc le courant de charge et examinons les électrodes. L'électrode positive est recouverte d'une couche brun rougeâtre qui est du bioxyde de plomb ou oxyde puce ; la négative, au contraire, est devenue d'un gris uniforme, sa surface ne présente que du plomb pur. Si maintenant nous procédons à la décharge, le même examen des plaques à la fin de cette décharge nous montre qu'elles se trouvent, toutes les deux, recouvertes d'oxyde de plomb. Recommençons la charge jusqu'à la formation des bulles et nous retrouverons nos électrodes portant, la positive une couche d'oxyde de plomb et la négative une couche de plomb pur poreux. Or; plus l'épaisseur de ces couches s'accroît et plus l'accumulateur a une grande capacité ; enfin, et c'est là où Planté a fait une autre découverte précieuse, c'est que plus on répète de fois la charge et la décharge, plus les couches en question deviennent épaisses, et plus, par conséquent, l'accumulateur a de capacité. Aussi, a-t-on donné aux couches le nom de *matières actives*, et à la série de charges et de décharges, pour les obtenir, celui de *formation* des accumulateurs.

Malgré le degré déjà très élevé de perfectionnement apporté par Planté à son accumulateur, il présentait un certain inconvénient : c'est qu'en dépit de tous les soins apportés à sa construction, l'enroulement des deux plaques de plomb isolées par la feuille de caoutchouc laissait trop souvent des points de contact entre les deux feuilles métalliques par où passait le courant de décharge, au lieu de se rendre aux conducteurs extérieurs ; autrement dit, il se formait des *courts-circuits* et l'accumulateur se *déchargeait sur lui-même* sans profit.

C'est alors qu'on a imaginé de remplacer les électrodes faites de lames enroulées en spirale par des plaques rectangulaires mises l'une en face de l'autre dans un récipient contenant le liquide acidulé. Il est possible, à l'aide de cette disposition, d'augmenter la surface des électrodes dans une très large mesure, puisqu'il n'y a qu'à les réunir deux à deux, comme nous l'indiquons figure 17, où nous

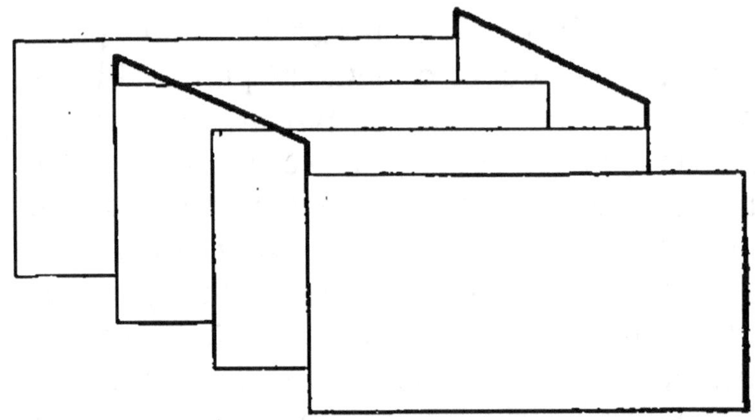

Fig. 17. Accumulateur à plaques rectangulaires.

aurions pu figurer un nombre considérable de plaques. C'est, d'ailleurs, ce dispositif qui est le plus usité et même presque le seul usité à l'époque actuelle.

Quant à la formation des accumulateurs, elle s'est également modifiée depuis Planté, et l'on utilise aujourd'hui trois méthodes distinctes :

1° La formation lente,
2° La formation artificielle,
3° La formation rapide.

La formation lente est celle donnée dès l'origine par Planté et qui s'obtient par des charges et des décharges successives des plaques.

La formation artificielle est également due à Planté, car il a indiqué le premier le moyen de déposer, sur les électrodes, des couches de matières actives par une réaction chimique. Ainsi il plongeait celles-ci, pendant trois jours, dans un bain d'acide azotique étendu et obtenait une formation beaucoup plus rapide des accumulateurs par charges et décharges successives. Son procédé a subi de nombreuses variantes apportées par différents inventeurs, mais dont le principe consiste toujours à former chimiquement de la matière active.

Enfin la formation rapide consiste à prendre l'électrode neuve et à déposer sur sa surface la matière active nécessaire en couche aussi épaisse que possible. A cet effet, il faudrait placer sur l'électrode positive du bioxyde de plomb et sur l'électrode négative du plomb pur pulvérulent. Mais le bioxyde de plomb n'est pas d'une préparation courante dans l'industrie, aussi lui substitue-t-on un mélange en pâte épaisse d'oxyde de plomb, d'eau et d'acide sulfurique. D'autre part, le plomb pulvérulent n'adhérant pas suffisamment sur l'électrode, on le remplace par de la litharge. Les électrodes ainsi préparées, en faisant passer un courant électrique, on transforme l'oxyde de plomb en bioxyde, et on réduit la litharge en plomb métallique en poudre.

Bien que très simple en principe, cette méthode de formation artificielle et rapide des accumulateurs a donné dans l'application maints problèmes à résoudre, plus complexes les uns que les autres.

D'abord, les plaques de plomb, à force de subir des charges et des décharges successives, s'affaiblissaient et se contournaient, ce qui a conduit à les munir de nervures dans les sens de la hauteur et de la largeur, à augmenter leur épaisseur, etc. Puis, on s'est trouvé en présence de la difficulté de recouvrir d'une couche suffisamment épaisse de matières actives ces même électrodes. Dès que l'épaisseur était un peu forte, sous l'influence du courant de charge d'une part, puis de l'action délitante de l'électrolyte d'autre part, toute la matière active se détachait de l'électrode et tombait au fond du vase, l'accumulateur était anéanti. C'est à Reynier qu'est due la première électrode permettant de mieux retenir la matière active; pour y arriver, sa plaque de plomb portait sur toute sa hauteur de longs sillons creusés à l'outil et dans lesquels la matière active se trouvait enchâssée et restait prisonnière. Cependant, ces rainures offrant entre elles une séparation de très faible épaisseur, celle-ci se trouvait rapidement déformée par le passage du courant de charge et de décharge. Aussi l'on peut dire que, depuis cette époque, tous les efforts des inventeurs en matière d'accumulateurs se sont dirigés vers l'obtention de plaques ou électrodes,

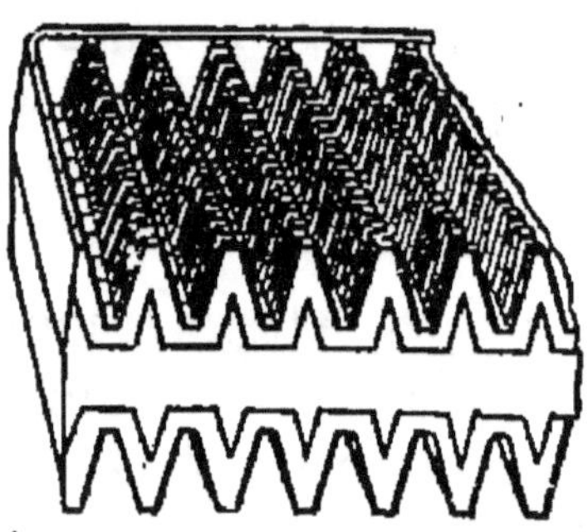

Fig. 18. Coupe de la plaque positive c l'accumulateur Tudor.

d'abord indéformables et ensuite présentant une surface supportant les plus fortes couches possible de matières actives, sans que celles-ci puissent tomber. L'examen de toutes ces dispositions, souvent plus ingénieuses les unes que les autres, nous entraînerait beaucoup trop loin pour que nous songions à le faire même d'une façon très brève ; nous nous bornons donc à indiquer (fig. 18) une coupe de la plaque positive de l'accumulateur Tudor, un des plus répandus dans la pratique industrielle. Ainsi formée, cette électrode retient très bien la matière active et la « Compagnie française des accumulateurs Tudor », qui les fabrique, les garantit pour une durée de dix ans.

Nous donnons (fig. 19) la vue d'une batterie d'accumulateurs de cette Compagnie, afin d'en montrer l'installation d'ensemble. Ainsi qu'on peut le voir, les électrodes sont mises dans de grandes caisses rectangulaires en bois, rendues étanches, soit par un enduit inattaquable à l'eau acidulée, soit même par un revêtement en ébonite (caoutchouc durci). Chaque plaque est glissée verticalement dans la caisse entre deux rainures qui en assurent l'immobilité ; les plaques sont terminées par des pattes venues de fonte avec l'électrode et qui servent de conducteurs, lesquels peuvent être reliés à un conducteur général, par lequel on enverra le courant de charge et sur lequel ensuite on recueillera le courant de décharge. Les caisses sont isolées avec soin du sol par des supports en verre ou en porcelaine reposant généralement sur des pièces ou chantiers de bois isolés, eux encore, par des supports en verre ou en porcelaine.

Tout comme les piles primaires, les accumulateurs peuvent se monter en tension ou en surface. Les accumulateurs industriels, du genre de celui que nous venons de signaler, présentent une fois chargés, une force électromotrice de 2,2 volts par élément en moyenne, et une résistance à peu près nulle. La place qu'ils ont prise dans l'industrie

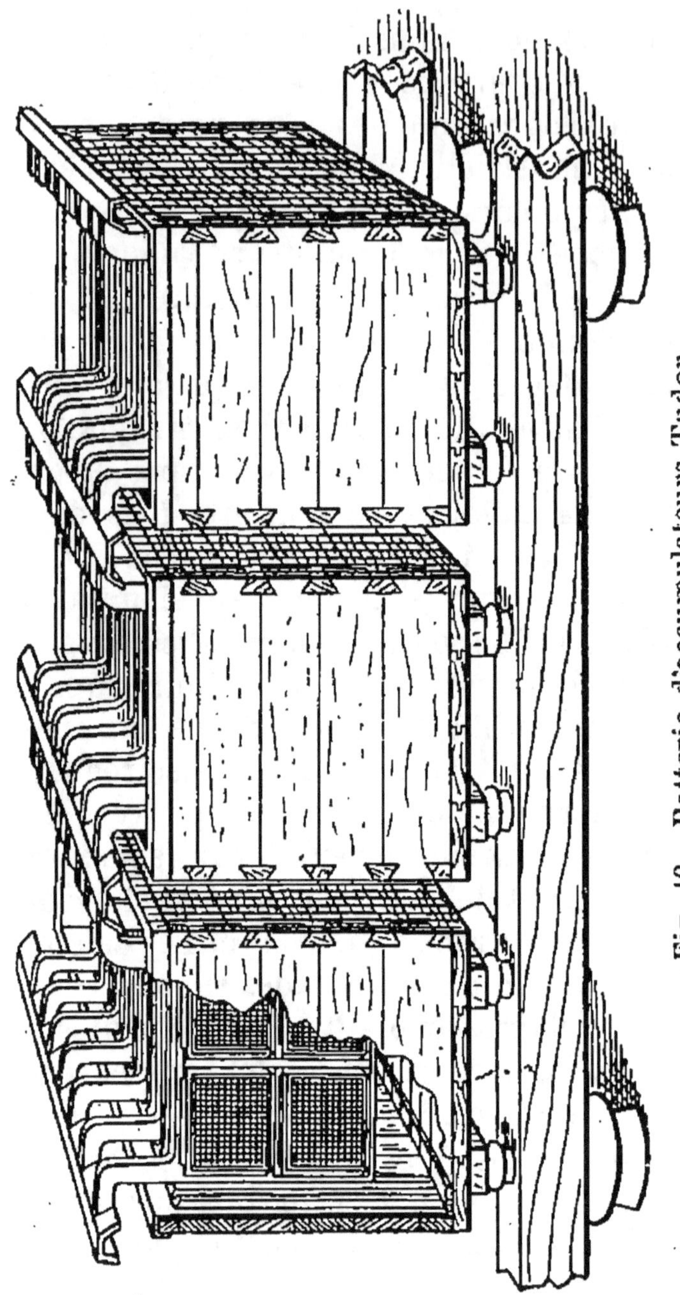

Fig. 19. — Batterie d'accumulateurs Tudor.

pour l'éclairage, la distribution de force et même la traction électrique dit assez que ce sont déjà des appareils très pratiques; leur plus gros inconvénient réside dans le poids considérable que représente une batterie d'une certaine importance, mais à vrai dire cet inconvénient n'est plus très grave dans les installations où ce genre de pile est placé à l'état stationnaire.

Jusqu'à ce jour, nous ne croyons pas que les accumulateurs soient aussi usités en galvanoplastie qu'ils pourraient l'être, non pas qu'ils ne soient pas très aptes à servir cette industrie, mais plutôt parce qu'il faut qu'elle-même soit dans des conditions locales particulières ; ceci nécessite une certaine explication. Pour la manœuvre de charge qu'exige la pile secondaire, il faut avoir une source d'électricité, laquelle ne peut être économique et pratique qu'à la condition d'être fournie par une dynamo. Si le galvanoplaste possède la dynamo, il fait mieux de s'en servir directement pour son travail, comme nous verrons qu'on peut le faire, dans le chapitre suivant ; mais alors cela devient une installation mécanique importante et qui ne peut être justifiée que s'il s'agit d'une usine déjà d'une certaine importance. Cependant, il peut se produire le fait d'un atelier trop important pour se servir de simples piles qui, nous l'avons vu, produisent le courant électrique à un prix très élevé, et pas assez important pour faire l'installation d'une machine dynamo électrique et ses accessoires. Dans ce cas, si l'atelier en question est dans une grande ville possédant une station électrique, ce qui est aujourd'hui le cas à peu près général, l'accumulateur lui rendra de réels services. En effet, il pourra prendre le courant à la station électrique pour la charge de sa batterie d'accumulateurs, et se trouvera ainsi en présence d'un véritable réservoir d'électricité auquel il puisera au fur et à mesure de ses besoins. Quant au prix auquel reviendra le courant dans ce cas particulier, il sera bien inférieur à celui fourni par les piles, et que nous avons estimé approximativement à 3 fr. le cheval-heure ; en effet, si la station fait payer le courant sur le pied de 0 fr. 75 le cheval-heure, prix assez moyen, comme l'accumulateur ne restitue guère que 80 0/0 du courant de charge, le prix du cheval-heure par accumulateur deviendra 0 fr. 90, c'est-à-dire bien inférieur au prix du courant par piles. Si l'on ajoute à l'avantage de prix celui de n'avoir aucune manipulation d'acide à faire, aucune perte de temps, on voit que l'accumulateur peut devenir un instrument fort utile dans un atelier de galvanoplastie. Du reste, dans les grands centres pourvus de stations électriques, leur usage pour ce genre d'industrie tend à prendre un certain développement.

Il est vrai de dire aussi que l'accumulateur est un véritable instrument, qui demande une fabrication soignée à laquelle ne peuvent prétendre que les spécialistes, qu'il réclame de celui qui s'en sert certaines précautions de soins et de surveillance, fournissant de nouvelles sujétions ajoutées à celles de l'industrie qu'il alimente, et qu'enfin c'est un appareil d'un prix assez élevé exigeant une première mise de fonds que seul un atelier d'une certaine importance peut se permettre. Cependant, comme il peut être un excellent agent de travail, nous ne pouvions pas le laisser passer sous silence, ni manquer de donner les indications nécessaires à son bon emploi.

Considérations générales sur les accumulateurs

Ici encore, nous emprunterons une partie de nos renseignements à l'excellent cours professé par M. Eric Gérard. Comme nous l'avons vu dans la description de l'accumulateur Planté, et le cas est le même pour tous les accumulateurs au plomb, l'électrolyte est formée d'une eau acidulée par de l'acide sulfurique, c'est cette solution qui réagit sur la matière active pour la décomposer à la décharge et la recomposer à la charge. On conçoit donc facilement que cette dissolution doit renfermer une quantité déterminée d'acide qui est l'agent chimique véritablement agissant, et il convient d'adopter une proportion d'acide telle, qu'à la fin de la décharge il en reste encore assez dans la solution pour assurer la réaction inverse et pour maintenir la conductibilité du liquide.

L'expérience a montré que la densité de la solution d'acide sulfurique peut varier entre 1,12 et 1,22, c'est-à-dire marquant entre 16 et 26 à l'aréomètre Baumé ; ce qui correspond à des teneurs d'environ 16 et 30 0/0 en poids, d'acide sulfurique normal, ou acide sulfurique théorique. Comme pour les piles primaires, il faut employer pour faire la solution formant l'électrolyte, de l'acide sulfurique au soufre exempt de produits arsénieux qui attaquent le plomb en circuit ouvert. La variation de densité de la solution dépend naturellement de la quantité totale de l'électrolyte ; cet élément est du reste fourni par le fabricant d'accumulateurs. Le consommateur n'a plus qu'à surveiller son électrolyte avec un aréomètre ou pèse-acide. A ce sujet, disons que pour ce service, on construit des aréomètres plats, de façon à ce qu'ils puissent facilement passer entre les éléments des accumulateurs qui, suivant les constructeurs, sont quelquefois assez serrés les uns près des autres pour ne livrer passage qu'assez difficilement aux aréomètres courants, dont le réservoir cylindrique est d'assez fort diamètre.

Quand les accumulateurs sont abandonnés à eux-mêmes, c'est-à-dire lorsqu'ayant subi la charge, ils restent inactifs, inutilisés, il se forme à la surface des matières actives une croûte compacte de sulfate de plomb (matière blanche), ce qui fait dire dans la pratique que l'accumulateur s'est sulfaté; cette matière, peu conductrice, nuit énormément au fonctionnement des éléments. Elle apparaît surtout lorsque les éléments sont déchargés; aussi faut-il toujours avoir soin de charger les accumulateurs qui sont destinés à être laissés au repos pendant quelques semaines, et de les recharger de mois en mois si la période d'inactivité doit se prolonger. La sulfatation apparaît surtout sur les électrodes présentant un contact insuffisant entre les matières actives et leur support.

Etant donné que les fabricants d'accumulateurs vendent à leurs clients des plaques positives et négatives séparément, pour remplacer celles qui pourraient se détériorer par accident, étant donné aussi que, comme nous l'avons dit, une fois qu'on possède le bac et les éléments, la constitution d'une batterie d'accumulateurs devient très simple, il ne faudrait pas utiliser ces circonstances favorables pour mettre dans une auge plus d'éléments que n'en a mis le fabricant, en vue de se constituer une batterie plus puissante. Il faut en effet laisser entre les plaques un espace suffisant pour que le liquide circule bien et que les parties de matières actives ou *pastilles* qui se détachent accidentellement des plaques, tombent librement au fond du bac ; si en effet ces pastilles venaient à rester prises entre deux plaques voisines, elles les mettraient en court-circuit, et la décharge se ferait en pure perte dans l'intérieur même de l'appareil. Il est donc essentiel de ne pas modifier l'écartement donné par le constructeur qui, instruit par l'expérience, réduit généralement cet espace au minimum qu'il est possible de donner sans inconvénients.

Au point de vue de la bonne conservation et du bon rendement des accumulateurs, il est utile d'arrêter la charge et la décharge en temps utile. Comme nous l'avons vu plus haut, l'aréomètre est déjà un instrument donnant cette indication d'une façon précise, mais on le complète par un *voltmètre* qui indique la tension ou voltage qu'il ne faut pas dépasser à la charge, ni au-dessous de laquelle il ne faut pas descendre à la décharge. Les chiffres limites varient suivant les modèles d'accumulateurs mais ils sont fournis par les constructeurs, et il est bon de les respecter, car les dépasser en dessus et en dessous ne ferait que compromettre l'appareil sans profit pour son propriétaire.

On peut remarquer à la vue seule la fin de la charge ; elle est, en effet, indiquée par un état laiteux de l'électrolyte dû au dégagement gazeux abondant des éléments de la décomposition de l'eau. Quelquefois même, les bulles provenant de ces dégagements viennent en grande abondance crever à la surface de l'électrolyte. On dit alors que le liquide bouillonne ; ces faits indiquent la fin de charge. Il ne faut pas cependant les confondre avec ceux qui présentent identiquement le même aspect, mais se manifestent au début même de la charge ; dans ce second cas, c'est que le courant de charge est trop énergique.

Nous ne saurions trop répéter que le bon fonctionnement d'une batterie d'accumulateurs ne s'obtient qu'avec une surveillance méticuleuse des éléments ; aussi doit-on suivre très attentivement les indications fournies par le voltmètre donnant la tension du courant, et l'aréomètre indiquant l'état de l'électrolyte. Si l'on constate qu'une batterie ne présente pas la force électromotrice normale, il faut passer chaque élément en revue à l'aide des instruments ci-dessus. Lorsqu'on est arrivé à l'élément défectueux, on cherche à voir s'il n'est pas tombé un peu de matière active entre deux plaques, les mettant en court-circuit. Si l'on constate le fait, à l'aide d'une baguette en verre, on fait tomber cette petite quantité de matière au fond du bac, et l'accumulateur se trouve remis en état de fonctionner.

Il peut se faire encore qu'on trouve une ou plusieurs plaques soit courbées, soit couvertes de matière blanche (sulfatée) ; on vide alors la cuve, on enlève les plaques, on les redresse, on les gratte avec la tranche d'une lame de verre pour enlever le sulfate qui les recouvre, et l'on reconstitue l'accumulateur en remettant les plaques en place et une provision nouvelle d'électrolyte.

La couleur et l'état de la surface des plaques d'accumulateur sont encore des indices à surveiller. Lorsque les décharges ont été prolongées ou que les éléments sont restés trop longtemps abandonnés à eux-mêmes, les plaques se sulfatent, ainsi que nous l'avons déjà dit, et on y remédie comme nous l'avons fait voir plus haut ; si le mal est plus grave, la surface des plaques présente des boursouflures, signes avant-coureurs de la chute de la matière active, qui peuvent se manifester également par suite d'un défaut de fabrication ou de défaut des plaques.

Lorsqu'un élément a été bien préparé et qu'on l'a soumis à un régime normal de décharges, on peut estimer que les négatifs peuvent durer au moins dix ans. Les positifs fatiguent davantage, et l'on ne peut guère leur accorder une existence supérieure à deux ou trois ans ; après cette période, si l'accumulateur a été bien conduit, les plaques sont encore en très bon état, et il suffit simplement de les garnir à nouveau de matière active, ce qui ne constitue pas une dépense très forte.

Nous avons dit que l'accumulateur pouvait servir de véritable réservoir d'électricité au galvanoplaste qui en fait usage ; il convient donc de donner à ce dernier quelques indications sur la façon dont s'emplit et se vide, pour ainsi dire, ce réservoir, autrement dit quelle allure prennent la charge et la décharge de l'accumulateur au point de vue de la force électromotrice, car cette allure n'étant pas absolument régulière, elle pourrait surprendre l'opérateur et lui faire croire à un mauvais fonctionnement.

Lorsqu'on charge un accumulateur au plomb, sa force électromotrice s'élève d'abord rapidement, puis elle continue à s'élever, mais d'une façon lente ; enfin, vers la fin de l'opération, cette progression de la force électromotrice reprend une allure rapide. Pour donner un certain corps à cette observation, nous citerons quelques chiffres.

Un accumulateur mis en charge au moment où sa force électromotrice est de 1 volt 9 arrivera en une demi-heure à présenter une tension de 2 volts 1, puis il lui faudra près de vingt-deux heures pour atteindre la tension de 2 volts 2 ; après ce temps de progression lente, il mettra deux heures pour avoir la tension de 2 volts 4, et à partir de ce moment, la progression redeviendra lente Nous avons à dessein pris notre exemple dans un accumulateur à charge lente ; mais aujourd'hui on fait couramment des accumulateurs à charge rapide qui présentent des irrégularités analogues dans l'accroissement de la force électromotrice ; aussi, pour s'éviter toute surprise ou incertitude, les galvanoplastes, en acquérant une batterie d'accumulateurs, doivent demander à leur fournisseur le régime de variation de la force électromotrice à la charge, de façon à pouvoir suivre cette opération et à la surveiller en connaissance de cause.

A la décharge on observe des phénomènes analogues. Si après la charge on laisse l'accumulateur au repos, sa tension baisse progressivement, passant de 2 volts 5 à 2 volts 1, par exemple. Si l'on décharge cet accumulateur aussitôt après sa charge, cette chute de force électromotrice s'opère dans l'espace de quelques secondes, puis il s'établit un véritable régime de décharge, et la diminution de tension se fait d'une façon progressive jusqu'à 1 volt 9, puis, très rapidement ensuite, jusqu'à une valeur inférieure ; d'une façon générale, il ne faut pas pousser l'abaissement de la tension au-dessous de 1 volt 85.

Nous bornerons ici nos indications générales sur les accumulateurs, n'ayant eu pour but que de signaler au lecteur les points principaux sur lesquels il devra se faire renseigner par son fournisseur.

CHAPITRE III

Producteurs électro-mécaniques

MACHINES DYNAMO-ÉLECTRIQUES

SOMMAIRE. — I. Dynamo à induit en tambour de la Cie Fives-Lille. — II. Excitation des dynamos pour la galvanoplastie. — III. Piles électro-thermiques.

Nous avons vu que les premières piles imaginées par de savants physiciens avaient l'inconvénient de se polariser et par suite fournissaient un courant de moins en moins énergique, jusqu'à cesser même d'en fournir. Les piles à dépolarisant furent un notable progrès pour l'industrie galvanoplastique puisqu'elles lui assurèrent la fourniture du courant électrique pendant un temps beaucoup plus long et d'intensité bien plus régulière, ce qui les fit même appeler longtemps piles à *courant constant*; dénomination fausse, car la production du courant électrique étant, dans les piles, la conséquence d'une action chimique de différents corps entre eux, cette action va en diminuant jusqu'à s'arrêter; il en est de même du courant, ce qui fait dire que la pile est épuisée. Suivant le genre de la pile, la diminution dans la puissance du courant est plus ou moins rapide, plus ou moins régulière ou se produit d'une façon plus ou moins brusque. Toujours est-il qu'avec une pile, quelle qu'elle soit, le galvanoplaste n'a pas dans la main un courant absolument constant.

Dans les piles secondaires ou accumulateurs nous avons vu aussi que la force électromotrice va en décroissant au fur et à mesure de la décharge, c'est-à-dire de l'emploi du courant au travail de la galvanoplastie.

Il résulte de ces constatations que si, tant que la galvanoplastie ne disposait que de piles, elle a pu produire de très beaux travaux, il lui a fallu rechercher d'une façon d'abord empirique, puis expérimentale, à obvier aux inconvénients, heureusement peu graves dans cette industrie, de l'inconstance d'une source de véritable puissance qui n'était autre chose que l'âme du travail à produire. Aussi, dès que la science appliquée est arrivée à créer des producteurs d'électricité fournissant un courant d'une constance absolue, la galvanoplastie s'est-elle sinon transformée, du moins beaucoup perfectionnée. Ce nouveau producteur, que nous avons indiqué sous le nom de producteur électro-mécanique, n'est autre chose que la machine dynamo-électrique, si répandue de nos jours, pour produire de l'éclairage, pour transporter la force à grande distance, pour actionner nos tramways, etc., etc.

C'est à l'illustre Gramme qu'on doit la première dynamo réellement pratique, réellement mécanique, et l'on peut dire que c'est de son apparition que date la science de l'électricité, qui, devant un fait établi, devant des résultats tangibles, a cherché à en trouver l'explication, a formulé la théorie qui, comme cela se produit toujours, a conduit à d'autres découvertes et à de nouvelles applications. Aussi est-on arrivé de nos jours à construire des dynamos développant couramment, et d'une façon continuelle, des milliers de kilowatts.

Bien que nous nous soyons donné pour règle, dans ce court aperçu d'électricité, de ne pas faire intervenir de théorie, nous devons cependant, pour rendre compréhensible le fonctionnement de la dynamo, remonter à quelques principes théoriques; mais nous nous efforcerons de les expliquer sans notations mathématiques et par le seul raisonnement.

Les machines dynamo-électriques utilisent, pour la production de la force électromotrice, l'action réciproque des aimants et des courants. Quelques mots sur ces actions sont donc indispensables.

On sait que l'aimant est un morceau de fer ou d'acier qui a la propriété d'attirer le fer, et dans un barreau, cette propriété d'attraction se manifeste plus vigoureusement aux deux extrémités, qu'on a désignées sous le nom de pôles de l'aimant. On sait encore qu'un barreau aimanté, abandonné à lui-même dans l'espace, prend toujours la même direction, qui coïncide à peu près avec la ligne nord-sud géographique. C'est sur ce principe qu'est construite la boussole. Le pôle de l'aimant qui se tourne toujours vers le nord a pris le nom de pôle nord, l'autre celui de pôle sud, et la ligne fictive qui joint ces deux pôles s'appelle l'*axe magnétique*.

On a donné le nom de *champ magnétique* à tout l'espace qui environne un aimant et où son action se fait sentir. Il est évident que ce champ magné-

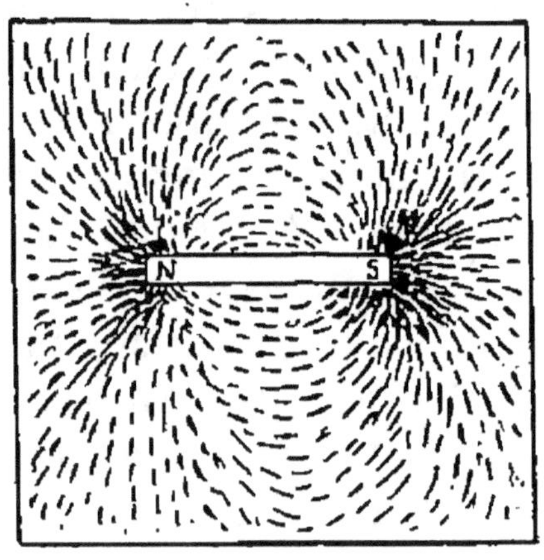

Fig. 20. Expérience classique
pour rendre visible le champ magnétique.

tique est théoriquement illimité; pratiquement, nous lui assignons pour limites les parties où nos moyens d'investigation sont insuffisants pour percevoir l'action de l'aimant. Le champ magnétique est, du reste, rendu visible par l'expérience classi-

que suivante : sur le milieu d'une feuille de carton
léger, on place un barreau aimanté et on verse de
la limaille de fer ; celle-ci, attirée par l'aimant, se
dispose comme l'indique la figure 20 ; c'est ce qu'on
appelle le fantôme magnétique. En analysant de
près le phénomène, on arrive à le figurer d'une
façon schématique, comme nous l'indiquons
figure 21, où les lignes pointillées montrent, par
leur plus ou moins de rapprochement, l'intensité

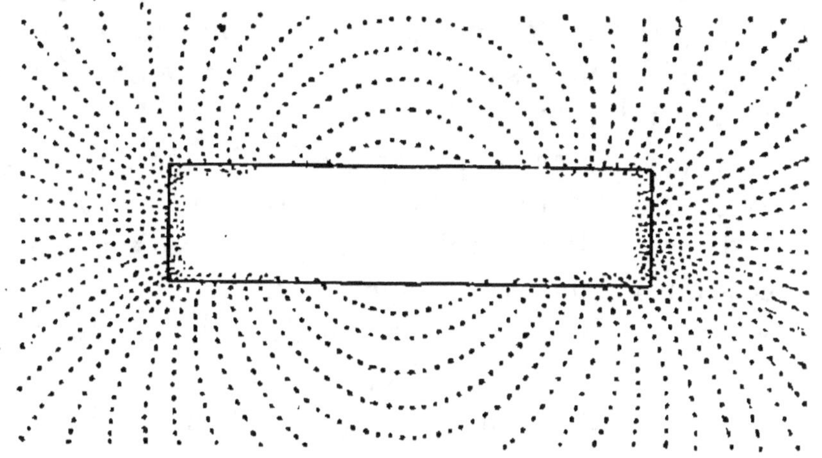

Fig. 21. Lignes de force.

plus ou moins grande d'attraction, ainsi que la direction de celle-ci. Ces lignes, absolument fictives,
sont désignées sous le nom de *lignes de force*.

OErsted, célèbre physicien danois, qui supposa
longtemps que le courant électrique et l'aimantation avaient quelque analogie, découvrit, en 1820,
un fait capital sur lequel repose encore aujour-
d'hui toute la théorie de la machine dynamo-électrique. Il constata, en effet, qu'un fil parcouru par
un courant électrique crée autour de lui un véri-

table champ magnétique. C'est ainsi que si nous reproduisons l'expérience du spectre magnétique, mais en remplaçant le barreau aimanté par un fil qui passe au travers du carton en son centre, si l'on fait circuler un courant électrique dans ce fil et qu'on dépose de la limaille de fer sur le carton, celle-ci se disposera tout autour du fil, et en traçant des lignes comme nous l'avons fait pour l'aimant (fig. 21), ces lignes seront circulaires, fermées sur elles-mêmes tout autour du fil ; dans ce cas ces lignes prennent le nom de *lignes d'induction*, mais en réalité les lignes de force ne sont autre chose que des lignes d'induction.

Ces premières expériences d'Œrsted ont été suivies d'une foule d'autres faites tant par lui que par de ses contemporains que ses travaux avaient passionnés, que par ses successeurs, et la suite de ces essais a donné naissance à l'*électro-aimant* qui, dans sa forme élémentaire, se compose d'un morceau de fer doux autour duquel est enroulé du fil de cuivre isolé.

Si l'on fait passer du courant dans ce fil, le fer doux devient aimant avec toutes ses propriétés. Si, au contraire, on remplace le fer doux par un barreau aimanté, autour duquel on enroule du fil comme précédemment, il circulera du courant dans ce fil sans l'intervention d'aucune source électrique. On dit alors que le fil est parcouru par un *courant induit* ou par un *courant d'induction* provenant de l'action de l'aimant.

Ces principes, que nous avons, à dessein, pris dans leur forme la plus élémentaire, vont nous permettre d'expliquer très élémentairement aussi, bien entendu, le principe du fonctionnement de la machine dynamo-électrique ou dynamo, que nous allons réduire elle-même à sa forme la plus simple. Elle se compose donc (fig. 22) de deux aimants N et S placés vis-à-vis l'un de l'autre, séparés par un certain espace libre que traverseront les lignes de force que nous indiquons en pointillé. Entre les deux aimants, passe un axe O O' sur lequel est fixée

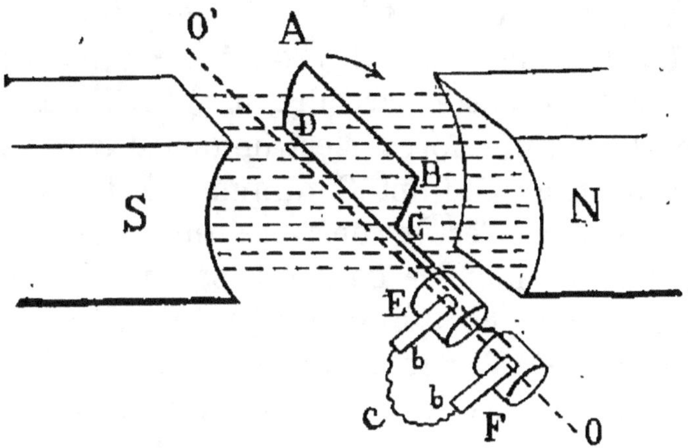

Fig. 22. Dynamo élémentaire.

une boucle A B C D en fil de cuivre isolé, dont une des extrémités C aboutit à un petit cylindre E, et l'autre extrémité à un petit cylindre F, mais cette dernière sans toucher au cylindre E. Les deux pièces E et F sont en cuivre et sur chacune d'elles viennent frotter deux balais b b reliés entre eux par un conducteur c; nous supposons que, sauf les aimants N S, qui sont immobiles, le tout est entraîné dans un mouvement de rotation autour de l'axe O O' et analysons ce qui se passe. La partie A B de la boucle, étant placée au début comme l'indique la figure, ne sera pas rencontrée par les lignes de force, de sorte que l'aimant n'agira pas sur ce fil, mais au fur et à mesure que le fil A B va tourner dans le sens indiqué par la flèche, il va rencontrer un nombre de plus en plus considérable de lignes de force, et comme celles-ci indiquent, ainsi que nous l'avons dit, l'intensité de l'aimantation, l'influence de l'aimant va être de plus en plus grande sur le fil A B, jusqu'à un maximum qui sera obtenu quand il arrivera dans une position à 90° de celle de départ. L'action de l'aimant produisant un courant induit, le fil A B sera parcouru par un courant induit partant d'une force électromotrice zéro pour arriver à un maximum. Continuant à faire tourner le système, c'est le contraire qui se produira ; la force électromotrice dans A B partira du maximum pour aller en diminuant jusqu'à zéro quand la position de A B sera symétrique en bas à celle d'en haut, c'est-à-dire quand le système aura fait 180°. Continuons encore la rotation et nous retrouverons la même série de variation de la force électromotrice qui partira de zéro pour atteindre un maximum après une révolution de 270°, et qui, au contraire, partant de ce maximum arrivera à zéro au bout d'un tour complet, c'est-à-dire après que le fil A B sera revenu à sa position primitive. Ici, cependant, il y a lieu de faire remarquer que dans la demi-révolution la force électromotrice aurait le sens allant de A vers B et C pour être recueillie en E; dans la seconde révolution, le sens de la force électromotrice serait dirigé en sens contraire et l'on recueillerait celle-ci par la pièce F. Mais cette variation continuelle du sens de la force électromotrice est gênante et l'on y obvie par l'artifice suivant : les deux pièces EF sont remplacées par une seule représentée figure 23 et qui se compose d'un tube monté sur une matière isolante; ce tube est coupé sur sa longueur, suivant des génératrices diamétralement opposées; l'une des parties du tube est reliée à l'une des branches de la boucle, et l'autre extrémité de la boucle à l'autre partie du tube; quant aux balais, ils sont placés de telle façon que lorsque le sens du courant change, le balai quitte précisément la partie du tube qui ne va plus recevoir de courant pour passer sur l'autre partie du tube où arrive le courant. On dit alors que les courants recueillis dans le conducteur *c* (fig. 22) sont *redressés*, c'est-à-dire qu'ils passent toujours dans le même sens dans le circuit où l'on doit les utiliser.

Fig. 23.
Tube monté
sur une
matière
isolante.

Il est bien évident que la dynamo, telle que nous venons de la donner, ne fournirait pas une force électromotrice bien grande, quelles que soient ses dimensions. On accroît déjà la force électromotrice en augmentant l'action des aimants, c'est-à-dire en les rapprochant aussi près que possible des boucles qui tournent, en ne laissant d'espace que le strict nécessaire pour permettre la rotation de la partie tournante, et aussi en donnant aux aimants fixes la forme représentée figure 24, de façon à augmenter le nombre de lignes de force rencontrées par la boucle A B C D. On augmente encore la force électromotrice du courant en multipliant le nombre des boucles comme nous l'indiquons sur la même figure; les pièces E et F de notre dynamo élémentaire sont ramenées à la forme donnée figure 23, mais présentant autant de fois deux sections qu'il y a de boucles.

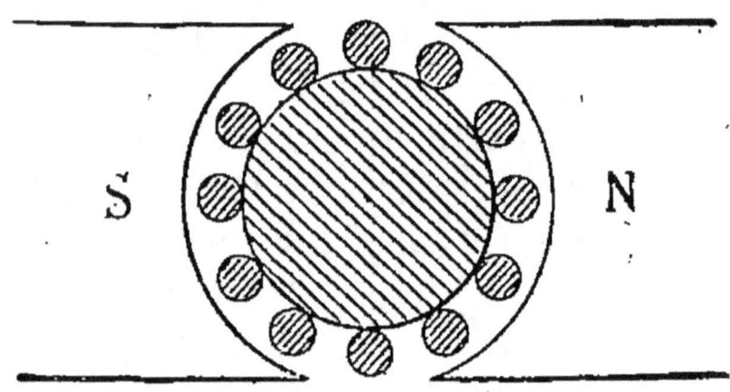

Fig. 24. — Forme donnée aux aimants fixes.

La pièce centrale qui tourne s'appelle l'*induit* de la machine; le centre qui est en fer s'appelle *noyau*; c'est pour cela qu'on désigne l'intervalle entre le noyau et les aimants sous le nom d'*entrefer*; enfin on désigne souvent l'ensemble des boucles sous le nom d'*armature de l'induit*, les boucles elles-mêmes prenant le nom de *bobines induites* ou sections d'induit. Les aimants, qui, à l'origine, étaient des aimants naturels, d'où venait du reste le mot de machine *magnéto-électrique*, sont toujours maintenant des électro-aimants, ce qui les fait désigner souvent dans les dynamos sous le nom abrégé d'*électros*; cependant on dit plus souvent les *pôles* ou les *inducteurs*. Et puisque nous en sommes à donner les noms des différentes pièces d'une dynamo, disons que la pièce formée par le tube coupé auquel aboutissent les boucles s'appelle *collecteur*, et les balais se nomment *balais* ou *frotteurs*. Un induit constitué comme nous venons de l'expliquer s'appelle induit à *tambour*, dont nous détaillerons l'application plus loin.

Mais il existe des induits constitués d'une autre façon. Le noyau en fer, au lieu d'être un véritable cylindre plein, est un anneau ou mieux un tore. Les premières dynamos pratiques exécutées étaient munies de ce genre de noyau, d'où le nom qui leur a été donné de dynamos à *induits en anneau*.

Dans les induits en anneau, le champ magnétique prend la forme indiquée en lignes pointillées sur la figure 25 ; la bobine d'induit se présente sous

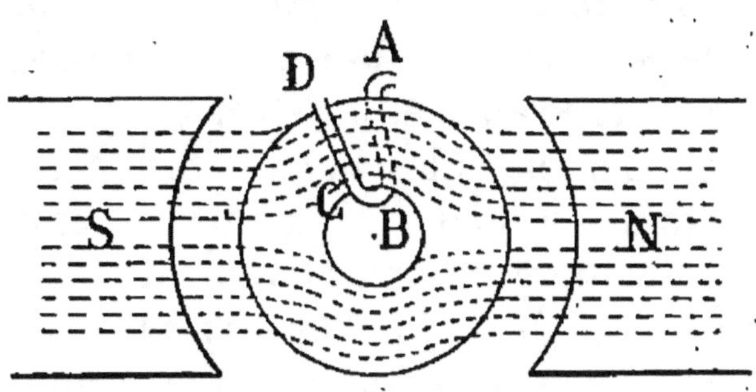

Fig. 25. — Induit élémentaire en anneau.

la forme d'un enroulement A B C D, sur lequel nous pourrions répéter le même raisonnement que celui fait au sujet de la figure 45, sauf que la partie C B, placée dans le vide de l'anneau, n'est théoriquement pas rencontrée par des lignes de force. Nous disons théoriquement, car en pratique il passe bien quelques lignes de force dans l'espace vide de l'anneau.

Nous arrêterons ici l'explication des principes généraux destinés à faire comprendre l'ensemble des phénomènes qui président à la production de force électromotrice et de courant dans les dynamos modernes.

C'est Gramme, avons-nous dit, qui a doté l'industrie de la dynamo électrique, et c'est du jour où il a établi le modèle industriel de sa machine que la science électrique s'est véritablement lancée dans la voie du progrès, qu'elle a parcourue à pas de géant. Du reste, Gramme a toujours perfectionné son œuvre, et la « Société Gramme », qui exploite les procédés de l'illustre inventeur, compte parmi les plus importantes de Paris, où ses ateliers, situés 20, rue d'Hautpoul, produisent aujourd'hui toute la machinerie électrique dont on voit de très nombreux types en France et à l'étranger.

Comme dans toutes les inventions de ce genre, la première machine que construisit Gramme était un véritable jouet comparativement à ce qu'il a produit très peu de temps après ; mais ce jouet, très scientifique d'ailleurs, a été le prototype des grosses machines modernes, et à ce titre mérite de passer à la postérité. Nous allons donc en donner une description sommaire.

Cette machine, que Gramme appela appareil magnéto-électrique, est représentée en élévation (fig. 26) et en plan (fig. 27) ; elle comprend, comme pièce pour ainsi dire capitale, un anneau A A, composé de fil de fer, qui est appelé à remplacer un fer doux d'un seul morceau. Sur cet anneau s'enroule une longue hélice en fil de cuivre recouvert de soie ou de coton. Les deux extrémités de l'anneau en fil de fer sont réunies et soudées ensemble ; il en est de même de l'enroulement de fil de cuivre qui devient ainsi une hélice sans fin. Ainsi constituée, cette pièce, véritable induit, est montée sur un axe

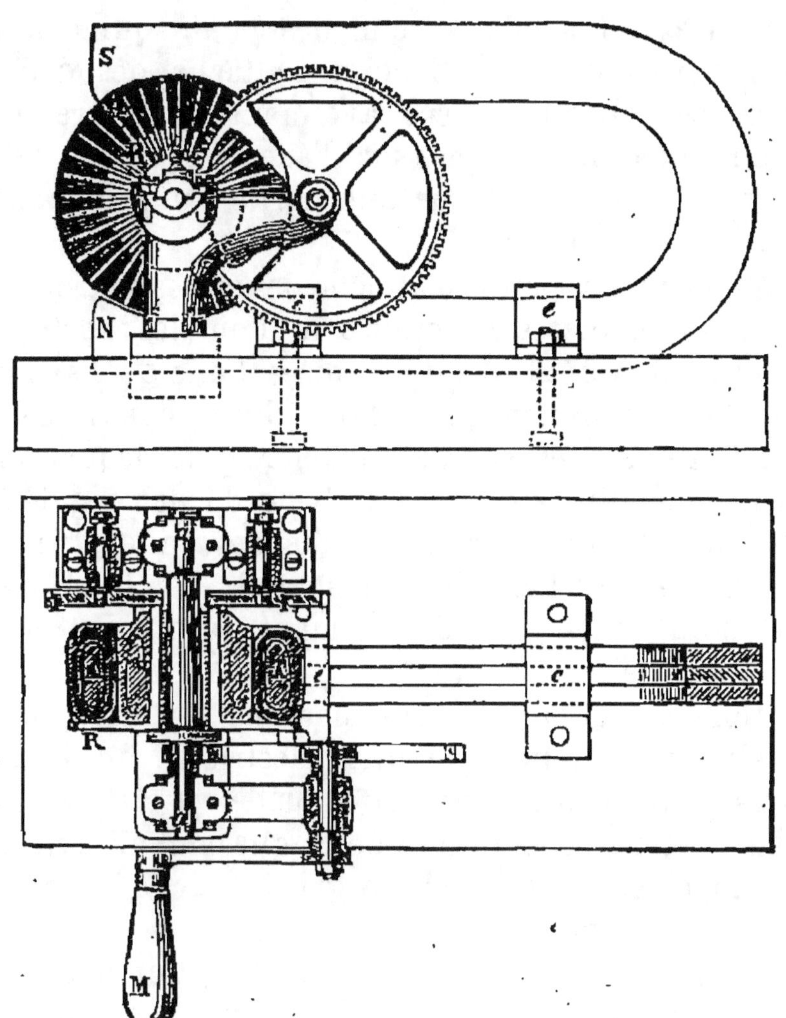

Fig. 26 et 27. Première machine Gramme.

en acier qu'on peut faire tourner à l'aide d'une manivelle M et dont les bouts aa sont supportés par des paliers à coussinets en bronze. Le fil conducteur qui enveloppe l'anneau de fer, quoique d'un seul jet, c'est-à-dire sans fin, a été divisé en plusieurs sections composées chacune d'un nombre déterminé de spires. Le bout terminant une de ces spires est soudé à celui des bouts qui commence à l'autre. A ce point d'attache des deux spires est reliée une pièce rayonnante en cuivre, de la circonférence jusque sur l'axe, où elle se recourbe à angle droit sur une partie du prolongement libre de l'axe.

A chacun des points d'attache des spires se trouve liée une des pièces de cuivre R, dont les parties, recourbées à angle droit et isolées l'une de l'autre par des lamelles en caoutchouc durci, constituent sur l'axe une espèce de manchon sur lequel on vient recueillir le courant à l'aide de deux galets F F, dont les axes tournent dans des paliers fixés sur le palier de l'axe de la machine. Cet induit A évolue entre les pôles d'un aimant permanent S N en forme de fer à cheval.

Telle a été la première machine Gramme, laquelle, pour n'importe quel électricien du jour, constituait bien la dynamo actuelle, et si tous les détails étaient encore loin de ce que pouvait exiger un appareil industriel, les organes étaient au complet, rien ne manquait.

Nous passons sous silence les perfectionnements successifs que Gramme apporta rapidement à cet appareil primitif, pour présenter à nos lecteurs le type courant qui fut définitivement adopté et que, sauf quelques modifications de détails, la « Société Gramme » construit actuellement. La figure 28 donne une vue suffisante de la machine pour que nous puissions avec elle en donner la description explicite. Ce genre de machine est dite *bipolaire*, parce qu'elle comporte deux pôles ou électros, ou inducteurs; ces mêmes machines, modifiées dans

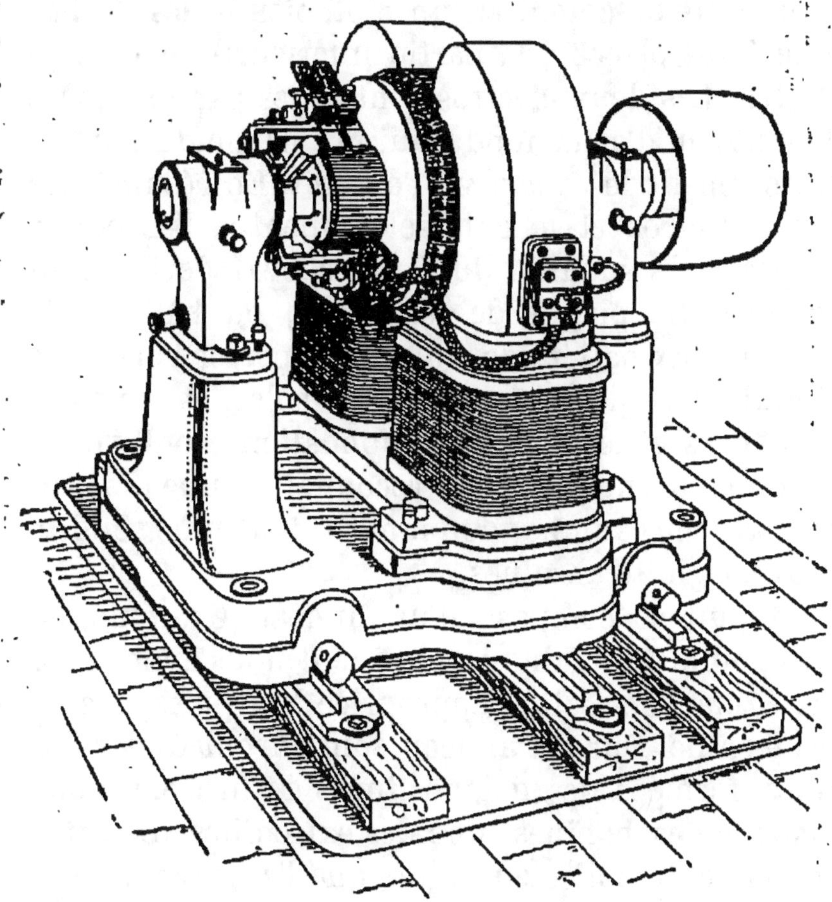

Fig. 28. Machine Gramme perfectionnée.

leur aspect d'ensemble, se font aujourd'hui à 4, à 6, à 8, et même à un plus grand nombre de pôles.

Dans cette machine, l'aimant en fer à cheval primitif est remplacé par deux électros d'une forme spéciale, ayant l'aspect d'une mâchoire enveloppant l'induit. L'aimantation de ces pièces polaires, qui sont soit en fonte, soit en acier fondu, se fait à l'aide d'une bobine de section rectangulaire couverte d'un grand nombre de tours de fils de cuivre recouverts de coton, en un mot bien isolés, la bobine étant placée à la partie inférieure de chaque électro. Les deux électros sont reliés par une pièce de fonte ou d'acier fondu qui fait partie du bâti, et qui s'appelle la *culasse* de l'aimant. En résumé, les deux électros et la culasse donnent à l'ensemble l'aspect très modifié du fer à cheval de l'aimant primitif. La plaque de fondation, ou bâti, porte encore deux paliers destinés à supporter l'arbre de l'induit. Les pièces formant les pôles, la culasse, les paliers et la plaque de fondation, sont venus de fonte en une pièce; on reconnaît là une disposition très mécanique, donnant au tout une solidité et une rigidité absolues.

L'induit se compose d'un anneau Gramme, en tous points semblable à celui dont nous avons déjà parlé, mais de section appropriée à la puissance de la machine. Sur cet anneau sont enroulées des bobines, formées de quelques tours de fil isolé. Pour chacune des bobines, une des extrémités aboutit à une lame du collecteur, alors que l'autre extrémité aboutit à une autre lame diamétralement opposée. Par conséquent, autant il y a de bobines et autant il y a de fois deux lames de collecteur, toutes ces lames étant parfaitement isolées les unes des autres. C'est, en résumé, très perfectionné, le tube en cuivre dont nous avons parlé dans la description de la dynamo théorique (fig. 23). Le collecteur, ou ensemble de toutes ces lames, est porté par une pièce spéciale, dont il est parfaitement isolé, et laquelle est calée sur l'arbre de l'induit. Ce dernier lui-même est relié à l'arbre à l'aide d'un croisillon en bronze, dont les extrémités pénètrent jusqu'au fer de l'anneau par des intervalles réservés à cet effet, lors de l'enroulement des bobines. Ce croisillon est solidement claveté sur l'arbre.

Les frotteurs ou balais sont portés par des pièces appelées *porte-balais*, ces derniers étant eux-mêmes fixés sur une traverse parallèle à l'axe du collecteur et aboutissant à une pièce circulaire qui peut tourner autour d'un axe ménagé sur la face du palier. Cette disposition permet de déplacer tous les frotteurs à la fois et de les amener en contact avec les lames voulues du collecteur ; c'est ce qu'on appelle effectuer le *calage des balais*.

Ce type à deux pôles, qui constitue la série des faibles machines de la « Société Gramme », se fait jusqu'à la puissance de 42 kilowatts, c'est-à-dire tout près de 60 chevaux-vapeur ; et, nous le répétons, c'est un petit modèle, nous voilà loin du jouet d'il y a à peine vingt-cinq ans ! Aussi, comme on le voit sur la figure, l'axe de la machine porte une poulie qui permet d'actionner la dynamo à l'aide d'une machine à vapeur, par l'intermédiaire d'une courroie.

De chacune des deux séries de balais partent des conducteurs qui aboutissent à des bornes fixées sur la plaque de fondation et isolées de celle-ci. C'est à ces bornes qu'on fixera le fil conducteur qui ira porter le courant au loin.

Les dynamos à induit en anneau Gramme furent longtemps classiques, et l'on peut dire que tous les premiers constructeurs de machines électriques faisaient leurs induits en anneau. Cependant, dès 1873, Hafner Altenek proposa une nouvelle forme d'induit, dit induit Siemens, ou en tambour; mais, soit qu'on ne fût pas encore très sûr de la théorie de la dynamo, ou, pour mieux dire, qu'on n'osât pas se prononcer d'une façon nette et précise sur la marche des phénomènes qui se manifestaient dans la machine électrique, l'induit en tambour resta longtemps inutilisé, presque oublié. Néanmoins, il revint en mémoire aux constructeurs, et nous pouvons dire qu'il se vengea de cet oubli en s'imposant de plus en plus dans les nouvelles machines, et aujourd'hui l'immense majorité des dynamos comportent un induit en tambour.

Nous donnons, figure 29, la forme théorique de l'induit en tambour. Dans cet induit, le noyau est plein et généralement formé d'un cylindre composé

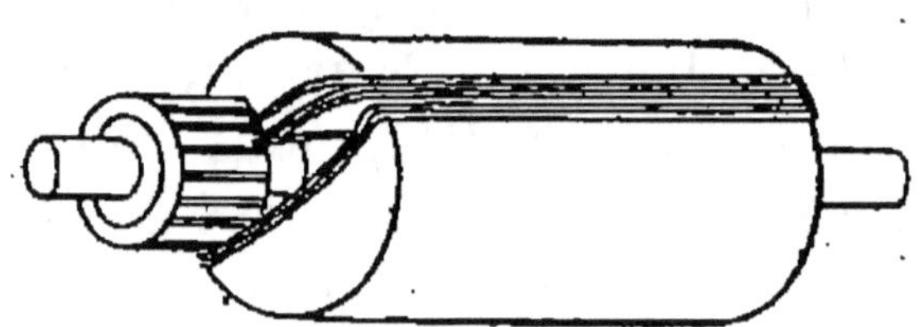

Fig. 29. Induit en tambour.

d'une série de disques en tôle de fer doux, vernissés sur leurs deux faces; c'est, on le voit, l'analogue du fil de fer de l'anneau Gramme.

Sur ce cylindre, on place, suivant une génératrice, un fil conducteur isolé; puis, suivant une génératrice diamétralement opposée, le même fil; enfin, on réunit ces deux fils par un conducteur sur la face antérieure et la face postérieure du cylindre. Dans la dynamo, le cylindre tourne entre deux pôles, comme l'indique notre figure 24. Si nous rapprochons cet induit de l'induit Gramme, nous voyons que les deux conducteurs antérieurs et postérieurs sont hors du champ magnétique, tout comme, dans l'anneau Gramme, la partie de la boucle à l'intérieur de l'anneau ; ces deux conducteurs n'interviennent donc que par leur propre résistance, et seuls sont le siège d'une force électromotrice les conducteurs placés suivant la génératrice du cylindre. L'explication du phénomène d'induction et de la production de la force électromotrice reste donc la même que ce qu'elle est pour l'anneau Gramme.

Comme dans l'anneau Gramme, au lieu d'un seul fil sur une génératrice du cylindre, on en enroule plusieurs constituant ainsi les sections de l'induit. Le restant de la dynamo ne change pas, en principe du moins.

1. DYNAMO A INDUIT EN TAMBOUR
DE LA « COMPAGNIE DE FIVES-LILLE »

Nous donnons, figure 30, une vue d'un modèle des dynamos à quatre pôles de la « Compagnie de Fives-Lille », dont l'excellente fabrication est connue de tout le monde, et qui s'est mise au premier rang des constructeurs français de matériel électrique. Dans ce modèle, l'induit est en tambour, chaque section de l'induit aboutit à une lame du collecteur, formé de cuivre très dur et sur lequel

les balais recueillent le courant ; les balais des dynamos de Fives-Lille sont des frotteurs en charbon
qui présentent le grand avantage de ne pas user
le collecteur, avantage d'autant plus précieux que
le collecteur est une des pièces les plus coûteuses,

Fig. 30.   Dynamo à quatre pôles, de la « Cie Fives-Lille ».

sinon la plus coûteuse d'une dynamo. Quant à l'in-
ducteur, on voit qu'il abandonne la forme de fer à
cheval. Il est, en effet, ici, d'une forme presque
circulaire, présentant quatre épanouissements venus de fonte avec la carcasse extérieure ; ce sont
ces quatre épanouissements qui forment les ai-

mants développant le champ magnétique, grâce aux bobines qui les entourent et en font des électros quand passe le courant.

L'axe qui supporte l'induit repose sur deux paliers à graissage automatique.

La carcasse (carcasse magnétique) extérieure est en deux pièces réunies par des boulons ; cette disposition permet d'enlever la partie supérieure, mettant ainsi l'induit à nu, ce qui en rend la visite facile. Enfin, les frotteurs en charbon sont soutenus par des porte-balais où se rassemble le courant qu'on n'a plus qu'à diriger dans le circuit à alimenter.

Disons, pour terminer, que le modèle indiqué par la figure 30 est une dynamo de la puissance de 35 chevaux et qu'elle pèse 1,000 kilogrammes.

Nous avons expliqué le fonctionnement de la dynamo en la supposant toujours bipolaire, parce que c'est ce modèle dont la galvanoplastie fait le plus grand usage, mais tout ce que nous avons dit pour la machine bipolaire ou à deux pôles, s'appliquerait exactement aux machines à 4, 6, 8, etc., pôles. Avec un nombre quelconque de paires de pôles, nous ferions le même raisonnement que celui que nous avons fait sur la figure 22, sauf que le passage du maximum au minimum de force électromotrice, au lieu de se produire en un quart de tour de la machine, se produit en un huitième, en un douzième, en un seizième, etc., de tour. L'augmentation du nombre de pôles permet donc, pour la même production de force électromotrice, de diminuer la vitesse de la machine, puisque dans une durée moindre de rotation, la force électromotrice passera le même nombre de fois par son maximum.

11. EXCITATION DES DYNAMOS
POUR LA GALVANOPLASTIE

D'après ce que nous savons maintenant des principes de la machine dynamo-électrique, par ce que nous venons d'en dire plus haut, on voit donc que, pour qu'une pareille machine puisse développer du courant électrique que l'on recueillera sur le circuit réunissant les porte-balais, il faut avant tout que les électros développent des lignes de force ou un champ magnétique, ce qui revient à dire que les pôles soient aimantés, propriété qu'on leur communiquera en faisant circuler un courant électrique dans le fil qui entoure les pôles. C'est ce qu'on appelle *exciter* la dynamo ou produire l'*excitation*.

Au début de la construction des dynamos, on produisait cette excitation en faisant passer un courant électrique emprunté à une source étrangère à la machine, à une batterie de piles par exemple ; puis on remarqua d'une façon toute fortuite, très peu de temps après, qu'une dynamo entièrement neuve, qui n'avait jamais fonctionné, pouvait, dès les premiers tours qu'elle effectuait, développer un peu de courant, bien qu'elle n'ait reçu aucune excitation. Cette propriété dont on ne saurait donner une explication d'une exactitude absolue, fut attribuée à ce que toute masse de fer contient en elle-même une certaine dose d'aimantation qu'on appela *magnétisme rémanent* et qu'il suffit de mettre convenablement en évidence, ce que fait la dynamo dans ses premiers tours.

Pour n'être qu'une explication que la science électrique n'admettra peut-être pas toujours comme parfaitement exacte, il n'en résulte pas moins que la constatation de cette propriété ou de ce phénomène, décida de l'avenir pratique de la dynamo. En effet, puisque les pôles contenaient suffisamment de magnétisme ou d'aimantation d'une façon naturelle pour commencer l'aimantation, il suffisait, pour assurer la continuité de cette aimantation, de faire passer dans les bobines d'électros tout ou partie du courant produit par la machine en marche et récolté aux balais. C'est ce que l'on fit et, lorsque tout le courant passe dans les électros, on dit que la machine est excitée en *série* ; lorsqu'une partie seulement du courant est prise pour passer dans les électros, on dit que la machine est excitée en *dérivation*. La dynamo, dès lors, se suffit à elle-même et devient réellement le producteur unique d'électricité, sans avoir besoin d'autre concours que celui d'un moteur quelconque qui la mettra en mouvement. C'est ce qu'on a exprimé souvent en disant d'elle que c'est une machine *auto-excitatrice*.

Le mode d'excitation, en série ou en dérivation, ayant une importance capitale suivant le genre de travail que doit produire la dynamo, nous croyons utile de donner ici quelques explications sur ce point particulier.

Supposons donc une machine bipolaire excitée en série, elle présentera la disposition suivante : le courant récolté à l'un des porte-balais sera envoyé dans l'une des bobines d'électro, puis continuera sa marche pour passer dans la bobine de l'autre électro ; de là, elle pénétrera dans le circuit d'utilisation, qui, pour la galvanoplastie, sera un des pôles du bain, sortira par l'autre pôle et rejoindra le second porte-balais. On voit que par cette disposition le courant circule en entier dans les électros, mais aussi que dans le fonctionnement de ce genre de machine, tout le courant traverse aussi le circuit, or celui-ci offre toujours une certaine résistance. Plus cette dernière augmente et plus l'action du courant sur les électros diminue ; cette diminution peut même devenir telle, que le courant change de sens, ce qui, dans une opération de galvanoplastie, procurerait les plus graves mécomptes.

Pour mieux faire saisir cette explication, supposons que la dynamo ci-dessus soit utilisée à charger des accumulateurs. Au début, ceux-ci étant déchargés, ils n'auront qu'une force électromotrice inférieure à celle de la dynamo, laquelle les chargera sans peine ; mais, au fur et à mesure de la charge, les accumulateurs verront leur force électromotrice augmenter et présenteront de ce fait une résistance de plus en plus grande à la dynamo, laquelle de son côté verra sa force électromotrice baisser d'une façon continue, jusqu'à un moment même où la force électromotrice des accumulateurs l'emportera sur celle de la dynamo, et c'est alors eux qui se déchargeront dans la machine, renversant son sens de marche et la transformant de génératrice qu'elle était, en moteur.

La dynamo excitée en série n'est donc pas applicable à la galvanoplastie.

Examinons maintenant le cas d'une dynamo excitée en dérivation. Dans une machine de ce genre, le courant produit et recueilli à l'un des porte-balais, passe dans le circuit d'utilisation (bain de galvanoplastie), en sort pour rentrer dans l'autre porte-balais. Quant à l'excitation, c'est-à-dire au courant envoyé aux électros, il est pris par un fil fin, relativement au premier, d'un porte-balais, circule par ce fil dans les bobines d'électro et revient à l'autre porte-balais. En nous plaçant dans les mêmes conditions que dans le cas précédent, où le courant trouvant un conducteur plus gros pour aller dans le circuit, s'y rendra en grande partie n'en laissant passer que très peu par le fil fin de dérivation ; la machine sera faiblement excitée, son champ magnétique sera par suite assez faible et de même du courant induit produit et circulant dans le circuit.

Si le circuit vient à former résistance, il passera moins de courant par le gros fil, mais en même temps, le fil de dérivation prendra l'excédent de courant que laisse le conducteur du circuit, il augmentera donc l'aimantation des électros et produira un courant plus fort qui, à son tour, pourra vaincre la résistance offerte par le circuit et en résumé il y aura compensation, laissant ainsi dans le circuit le courant qu'il faut. On voit par cette brève explication que la dynamo excitée en dérivation doit convenir à la galvanoplastie, qui réclame surtout une grande régularité du courant pour donner un bon résultat.

Galvanoplastie. Tome I.   6

En pratique, les choses ne se passent pas tout à fait aussi simplement. Un fil conducteur d'un diamètre déterminé ne peut laisser passer qu'un courant maximum déterminé, par conséquent, dans la construction d'une dynamo excitée en dérivation, on donne au fil de dérivation le diamètre voulu pour le passage du courant maximum possible. Ce fil devient alors trop fort et laissera passer trop de courant quand le circuit n'offrira que peu ou point de résistance. On y obvie facilement en mettant entre le porte-balais d'où l'on prend le courant de dérivation, et la première bobine d'électro, une résistance qu'on peut faire varier à volonté et qu'on appelle *rhéostat*.

Les rhéostats peuvent se construire de toutes sortes de façons. Généralement ils se composent d'une série de fils, en métal mauvais conducteur de l'électricité et qui peut s'échauffer sans dommages. Plus chaque fil est gros de diamètre, moins il offre de résistance au passage du courant, et inversement; on dispose donc ces fils par grosseur sur un cadre, par exemple, et à l'aide d'un levier, d'une manette ou de tout autre intermédiaire conducteur de l'électricité, dont une des extrémités est constamment reliée au fil de dérivation partant de la dynamo et l'autre extrémité pouvant être mise en contact avec l'un quelconque des fils de résistance qui chacun communique avec le fil allant aux bobines d'électros, on voit qu'on peut faire varier à volonté la résistance opposée au passage du courant de dérivation, et par conséquent faire varier à volonté le champ magnétique de la machine.

Nous croyons avoir suffisammnnt expliqué, par ces deux exemples, l'importance que présente le mode d'excitation, et nous dirons, pour terminer sur ce point, que c'est la machine dynamo excitée en dérivation qui convient pour la galvanoplastie.

La galvanoplastie utilise l'énergie électrique ; celle-ci dépend de deux facteurs différents : la force électromotrice (volts) et l'intensité du courant (ampères), et nous avons vu, dans le premier chapitre, aux notions préliminaires d'électricité, que la puissance d'une dynamo s'obtenait en multipliant le nombre de volts par celui des ampères, ce qui donne les wats (unités de puissance). Or, étant donnée une machine construite, on ne peut pas modifier à volonté ces deux facteurs ; ainsi, en augmentant la vitesse d'une dynamo, on augmentera à peu près proportionnellement sa force électromotrice, mais forcément on diminuera l'intensité du courant produit. Il est donc utile que le galvanoplaste connaisse la valeur qu'il doit donner à chacun de ces deux facteurs. Ici, le cas est des plus simples, étant donné que le courant convenable pour la galvanoplastie ne doit pas avoir une force électromotrice dépassant 10 volts ; généralement même, les constructeurs tiennent la tension entre 5 et 7 volts. Prenant ces chiffres comme force électromotrice à adopter, le nombre d'ampères que devra débiter la dynamo restera seul à fixer, et il dépend complètement du genre et de la nature du travail à effectuer,

Aussi, croyons-nous bon de mettre sous les yeux du lecteur un tableau donnant les différentes puissances de dynamos à adopter, suivant la quan-

Nombre d'ampères.	40	90	165	310	410	610	800	1.000	1.500
— de volts.	5 à 7	5 à 7	5 à 7	5 à 7	5 à 7	5 à 7	5 à 7	5 à 7	5 à 7
Nickel déposé à l'heure en grammes.	40	95	180	340	450	670	880	1.100	1.660
Argent déposé à l'heure en grammes.	160	360	660	1.240	1.640	2.440	3.570	4.050	6.075
Cuivre déposé à l'heure en grammes.	45	105	196	360	485	720	950	1.190	1.790
Nombre de tours par minute environ.	2 000	1.500	1.400	1.400	1.300	1.200	1.100	1.000	800
Dimension des poulies en millimètres : diamètre.	50 | à gorge	80	100	130	150	160	200	240	270
largeur.	25 | 63×8	50	60	80	95	110	130	150	200
Force absorbée en chevaux en pleine charge.	0.6	1.1	2	3.7	5.5	7.5	9.5	11.9	17.8
Poids des machines environ.	44	100	150	250	295	474	620	930	1.140

tité et la nature du métal à déposer à l'heure. Nous devons ces indications à l'obligeance de la Société Gramme.

Étant donné qu'une même dynamo ne peut pas servir à tous les usages, il est donc important, lorsqu'on achète une dynamo, non seulement de spécifier exactement au fabricant le travail auquel on la destine, mais encore de lui donner des indications sur le genre de moteur destiné à actionner la dynamo, sur la façon dont s'opérera la liaison entre le moteur et la dynamo (par courroie, par câble, par engrenage, par accouplement direct, par l'intermédiaire d'une transmission, etc.); toutes ces remarques peuvent avoir leur très grande importance pour le bon fonctionnement de la machine électrique.

Outre l'avantage d'avoir, avec la dynamo, un courant constant, ainsi que nous le disions au début de ce paragraphe, la machine électrique offre également sur les piles l'avantage énorme de produire le courant électrique à un prix beaucoup plus bas. Nous n'en citerons qu'un exemple : d'après les observations de la maison Christophle, le dépôt d'un kilogramme d'argent avec la pile coûtait 3 fr. 07; l'emploi de la machine Gramme a ramené ce prix à 0 fr. 94. Autrement dit, la pile fournissait le courant électrique à un prix plus que triple de celui donné par la dynamo. Nous parlons à dessein à l'imparfait, car cette observation remonte presqu'au début de la machine électrique, qui, depuis lors, coûte moins cher et a un rendement beaucoup meilleur.

Il faut ajouter néanmoins que la dynamo exige

une force motrice, une véritable installation mécanique qui n'a sa raison d'être que dans des ateliers déjà d'une certaine importance, et qui ne trouvera de réelle économie que dans une marche régulière et constante utilisant toute la puissance disponible, et cette économie sera d'autant plus notable que la quantité d'énergie utilisée sera plus grande. Cependant, nous croyons que, lorsque les petits moteurs à pétrole auront été encore légèrement perfectionnés, on pourra constituer avec eux de très petites unités électriques qui produiront du courant à bien meilleur compte que les piles. Des essais poursuivis sans relâche dans cet ordre d'idées commencent à donner des résultats fort encourageants pour l'avenir.

III. PILES ÉLECTRO-THERMIQUES

Nous avons cru devoir ranger la pile électrothermique dans le chapitre des producteurs électro-mécaniques, comme leur étant comparables, puisque, comme ces derniers, ils empruntent leur cause de fonctionnement à une force extérieure : la chaleur, qui n'est en somme qu'une des nombreuses manifestations de l'énergie.

Bien que la pile thermo-électrique soit très anciennement connue, bien qu'elle constitue un producteur d'énergie fort simple, supprimant un grand nombre d'intermédiaires, elle n'a réalisé que des progrès très faibles, et son emploi est des plus restreints, et nous croyons qu'on trouverait aujourd'hui bien peu d'industries où elle soit en usage ; par contre, elle a rendu et rend encore de très grands services aux laboratoires de physique.

Si l'on prend deux barres de métaux différents, par exemple une barre de cuivre et une barre de bismuth, qu'on les soude ensemble en deux points et que l'on chauffe une des soudures, il se produit un courant électrique dans le circuit métallique ainsi formé, courant qui se dirige de la soudure chaude vers la soudure froide en passant par le cuivre. C'est l'expérience fondamentale qui a donné naissance à la pile électro-thermique. Depuis, plusieurs physiciens se sont occupés de cette intéressante question, et, essayant l'accouplement de divers métaux, ont formé des piles produisant des effets plus ou moins intenses. De toutes ces piles, nous ne citerons que celle de Clamond, qui présente une disposition la rendant applicable à des usages industriels.

La pile Clamond se compose d'un barreau de fer soudé à un barreau d'un alliage formé de zinc et d'antimoine ; l'ensemble de ces deux barreaux constitue un élément de la pile. Clamond réunit alors en tension dix de ces éléments dont il forma une couronne, puis, superposant une certaine quantité de ces couronnes en les séparant les unes des autres par une rondelle d'amiante, il put réunir ainsi une série de piles en tension qui, ayant leurs extrémités réunies à une borne, permettaient de les monter en tension ou en quantité. Au centre de la couronne se trouvent réunies les soudures d'une des extrémités des barreaux, à la périphérie sont les soudures des autres extrémités ; un foyer unique placé au centre peut donc chauffer toutes les soudures ; et si l'on superpose un certain nombre de couronnes semblables, les unes au-dessus des autres, le même foyer chauffera toutes les soudures intérieures d'une batterie de ces piles. C'est la forme que l'on donne à cette pile, et qui, de fait, est la plus rationnelle et la plus pratique,

Une pile Clamond de 10 couronnes, représentant donc 100 éléments, donne une force électromotrice de 8 volts avec une dépense de gaz pour le chauffage de 180 litres à l'heure. Ses grandes qualités sont dans ce qu'elle n'exige aucun entretien et fournit un courant très constant. Ses seuls inconvénients résident dans le soin qu'il faut apporter au chauffage des soudures qui doit être assez fort pour donner lieu à une force électromotrice appréciable, et pas assez pour fondre les soudures, enfin son rendement est très faible : 2 0/0.

Au point de vue de principe, la pile électro-thermique est certainement ce qu'il y a de plus rationnel, puisqu'elle forme le seul producteur capable de transformer directement la chaleur en électricité ; aussi n'est-ce pas faire œuvre de bien grand prophète en disant qu'il arrivera certainement un jour où l'on saura tirer un meilleur parti de ce principe, et ce jour-là, nous passerons facilement pour des barbares en matière électrique, puisque nous aurons longtemps consenti à transformer d'abord la chaleur en vapeur, la vapeur en mouvement et enfin le mouvement en électricité, ce qui est le cas avec la dynamo actuelle, et qui conduit à un rendement final qui n'est guère supérieur à 6 0/0.

Malgré le principe excellent de la pile électro-thermique, nous le répétons, son usage est peu répandu, même en galvanoplastie qui est à coup sûr l'industrie à laquelle elle se prête le mieux.

Nous arrêterons ici la nomenclature des différents producteurs d'électricité, ayant envisagé surtout ceux dont la galvanoplastie peut faire l'emploi le plus avantageux. Dans ce court résumé nous avons cherché, sans même aborder les principes les plus élémentaires de la théorie électrique, à définir les phénomènes dont le galvanoplaste est le témoin obligé, pensant que la connaissance seulement pratique de ce qui se passe dans ses appareils lui permettra de se rendre compte facilement des anomalies ou des accidents auxquels aucun praticien ne saurait échapper, et par conséquent d'y remédier et d'y obvier, sans être obligé de faire une école trop longue et surtout trop dispendieuse. L'électricité est aujourd'hui une science très développée où tout se calcule et peut se prévoir d'avance, aussi le développement de toute sa théorie ne saurait trouver sa place dans un ouvrage d'ordre essentiellement pratique.

CHAPITRE IV

Installation du matériel de galvanoplastie

—

SOMMAIRE. — I. Piles. — II. Accumulateurs. III. Dynamo. — IV. Pile électro-thermique. — V. Cuves.

I. PILES

L'installation bien comprise du matériel dans un atelier de galvanoplastie contribue dans une large mesure à la réussite des opérations, aussi croyons-nous bon de consacrer quelques pages à cette question. Nous n'entendons pas, bien entendu, poser ici des règles absolues, mais plutôt des principes généraux que le praticien fera bien de suivre, mais qu'il devra aussi savoir modifier suivant ses besoins spéciaux, suivant la disposition du local qu'il occupe, le genre de travail dans lequel il est spécialisé, etc., etc.

Les piles, origine de la création galvanoplastique, prennent forcément le premier rang du matériel qui doit nous occuper, c'est donc par elles que nous allons commencer. Leur emplacement dans l'atelier doit être choisi assez près des cuves ou bains dans lesquelles se font les opérations, de manière à limiter la longueur des conducteurs, non seulement pour en économiser le prix, mais encore pour éviter les pertes de force électromotrice qui sont d'autant plus grandes que le conducteur est plus long. Toutes les fois que la chose sera possible, on fera bien de placer les piles sous la hotte ou à proximité de la hotte d'une cheminée à bon tirage, pour que les émanations des vapeurs d'acide soient entraînées au dehors et ne se répandent pas dans l'atelier, où elles seraient gênantes pour le personnel et où, si faibles qu'elles soient, elles finiront par détériorer tous les objets métalliques. Il est bon aussi de les disposer sur un récipient capable de retenir le liquide acide qui viendrait à s'en écouler, soit par débordement, soit par suintement, soit même à la suite de la casse accidentelle d'un vase constituant un des éléments de pile. A cet effet, le meilleur récipient sera un plateau en grès vernissé tel qu'on en emploie beaucoup aujourd'hui pour faire les éviers de cuisine. A défaut de ce genre de plateau, on pourrait adopter un plateau en fonte émaillée, ou même une simple cuvette de dimensions suffisantes, faite en bois et entièrement garnie de plomb, sans soudure à l'étain. Le plomb, en effet, est le métal ordinaire qui résiste à peu près le mieux à l'action des différents acides. Il est inattaquable à l'acide sulfurique concentré ou dilué, très peu attaquable par l'acide chlorhydrique froid, et peu attaquable encore par l'acide azotique froid.

Cette façon de disposer les piles évitera bien des accidents et bien des dégâts qui peuvent être quelquefois importants. Lorsqu'une pile aura laissé répandre de son liquide dans la cuve, il sera bon, dès la fin de la journée ou à tout autre moment propice, de vider la cuve et de la laver, en un mot de la remettre en état et ne pas y laisser séjourner le liquide acide, surtout lorsqu'elle sera constituée par du bois recouvert de plomb.

Le montage des piles en batterie doit faire l'objet des soins spéciaux du galvanoplaste. Nous avons vu au paragraphe des piles que les électrodes sont terminées par un conducteur formé d'une lame de cuivre ou simplement d'un fil de ce métal. Les *connexions*, c'est ainsi qu'on désigne dans le langage électrique la liaison des conducteurs entre eux, doivent être faites avec une grande attention. Ainsi, lorsque ces conducteurs sont constitués par des fils, beaucoup de praticiens et même d'électriciens de profession se contentent, pour réunir deux conducteurs semblables, d'entortiller les fils ensemble. Cette pratique est mauvaise pour plusieurs raisons : 1° lorsque, comme dans les batteries pour la galvanoplastie, on est appelé à faire et défaire souvent des connexions, les torsions et distorsions répétées du conducteur finissent par le casser ; 2° on n'est jamais assuré d'avoir un contact parfait et surtout un contact sur une surface suffisante. Ce dernier détail a son importance et mérite une explication : nous avons dit dans les notions d'électricité que le courant se mesurait en tension aussi bien qu'en quantité; or par une section donnée de conducteur, il ne peut passer qu'une quantité donnée de courant, donc si dans la connexion on n'assure pas une surface de contact voulue, le courant trouvera de la résistance à son passage et ne circulera pas convenablement; 3° enfin les connexions faites en tordant les fils l'un sur l'autre se démontent plus lentement, ce qui peut être un inconvénient quand on veut ou qu'il faut agir vite.

Pour toutes ces raisons nous ne saurions jamais trop engager les praticiens comme les amateurs à ne jamais employer pour connexions que des pièces spéciales qui existent dans les modèles les plus variés, répondant à toutes les dispositions imaginables et dont le prix très bas est rapidement récupéré par l'économie de temps qu'ils permettent de réaliser.

Nous donnons, figure 31, quelques modèles de ces pinces de connexions, qui permettent déjà de faire quelques combinaisons variées de liaison

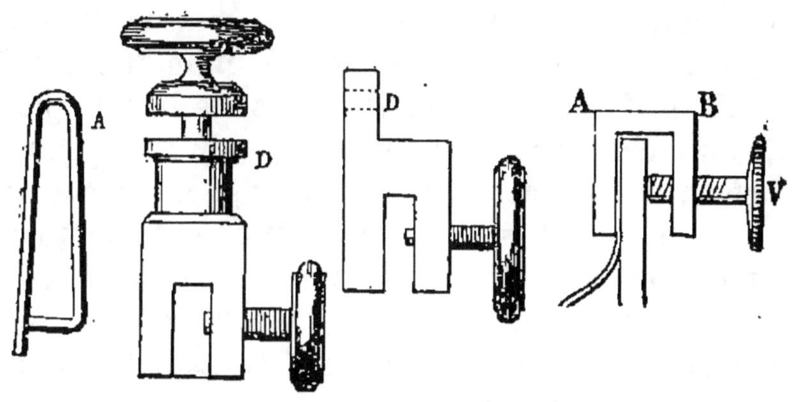

Fig. 31. Pinces de connexions.

entre conducteurs. Ainsi la pince D à gauche de notre dessin peut servir par sa partie inférieure à embrasser le charbon ou autre électrode d'une pile, tandis que sa partie supérieure permettra de fixer un fil qui sera un conducteur général du courant, ou un fil reliant l'électrode d'un premier élément de pile à celle d'un second élément pour un montage en tension ou en quantité. Nous avons dit exprès un fil, car ce genre de conducteur nous amène à faire l'observation suivante. Beaucoup de personnes se contentent de faire autour de la vis supérieure quelques tours avec le fil et de serrer la vis. Cette pratique est mauvaise car elle ne met en contact le fil sur la pince que par une ligne très peu large, laissant donc un faible passage au courant ; de plus cela tortille le fil, ce qui finit par le casser et prend plus de temps quand il faut l'enlever. Pour bien faire il faut opérer de la façon suivante : à l'extrémité du fil on fait une boucle suffisamment ouverte pour livrer passage au corps fileté de la vis, puis à l'aide de coups de marteau on aplatit cette boucle sur une enclume ou tout autre corps dur. Quand on fera le montage il suffira donc d'embrasser la vis par cette boucle plate et, lorsqu'on serrera la vis, il y aura une large surface de contact. Pour le montage d'éléments ensemble, le fil sera avantageusement remplacé par une bande de métal (cuivre) percée d'un trou, pour le passage de la vis et dont la surface sera suffisante pour assurer un bon contact lorsqu'on aura serré cette dernière.

Un contact, pour être bon, doit donc présenter la plus grande surface possible, mais pour être complètement bon il faut que les surfaces en soient très propres, que le métal s'y trouve bien à vif ; en conséquence il faudra surveiller ce point, ne jamais laisser les connexions grasses ou souillées de vert-de-gris ou autre matière ; un simple frottement avec du papier de verre ou de la toile émeri donnera le résultat souhaité.

S'il est important, comme nous venons de le voir, que les connexions soient facilement montables et démontables dans l'accouplement des éléments de pile entre eux, il en est de même des connexions reliant les deux pôles extrêmes de la pile ou de la batterie de piles au conducteur général se rendant au bain. Il faut, en effet, que ce dernier puisse être rapidement mis en relation avec la pile, et plus rapidement encore enlevé de cette relation ; en un mot nous dirons que la connexion doit être un véritable robinet électrique dont l'ouverture ou la fermeture doit pouvoir se faire presque instantanément.

C'est à proximité des piles que le galvanoplaste doit avoir les produits divers qui lui servent à les charger : eau, acides, cristaux de sels métalliques, etc... Quand le genre de pile dont il fait usage, exige l'emploi d'acides dilués dans l'eau, et surtout quand c'est de l'acide sulfurique, la dilution doit être faite à l'avance comme nous l'avons déjà dit en traitant des piles. Le matériel servant à cette manipulation doit être du verre, de la porcelaine ou du grès vernissé, et de préférence ce dernier, parce qu'il est plus solide, moins cher et que les objets qu'il sert à faire peuvent s'obtenir, en général, dans des dimensions souvent fort grandes. Par contre, nous déconseillons l'emploi de vases en fonte ou en tôle émaillée, car il arrive, malgré les soins apportés à la fabrication de ces objets, que l'émail présente fréquemment des petites parties, souvent même de simples points ne recouvrant pas le métal ; il se produit alors une attaque à cet endroit par les liqueurs acides, attaque qui détériore le récipient et abîme la solution acide en lui fournissant un élément ferrugineux.

Parmi les différents instruments dont devra disposer le galvanoplaste, tels que balances, vases gradués, etc., nous recommandons l'aréomètre ou pèse-acide qui lui permettra de prendre constamment la densité de ses solutions, auxquelles il pourra, de cette façon, donner toujours la même composition. Ces instruments s'établissent dans toutes les formes, et nous préconiserons ceux dont la tige graduée sera assez grande pour porter les subdivisions de degrés. D'ailleurs le praticien devant avoir des solutions toujours à très peu de choses près identiques, il n'aura pas besoin d'un aréomètre à échelle très étendue et pourra par exemple adopter pour l'acide sulfurique dilué un pèse-acide variant de 15 à 30 degrés, ce qui donnera des divisions assez étendues pour indiquer les subdivisions par dixième. Nous ne parlons pas de la balance qui est indispensable et qui s'impose.

Les piles installées avec les soins que nous venons d'indiquer, le galvanoplaste doit encore les monter de façon à pouvoir les mettre hors d'état de fonctionner et par conséquent de s'user, quand il a fini de s'en servir. Il trouvera les dispositifs les plus ingénieux et les plus pratiques chez les bons fabricants d'appareils pour la galvanosplatie, mais il peut encore les réaliser lui-même aussi efficaces et moins coûteusement.

Par exemple s'agit-il d'une batterie de piles Bunsen ; nous avons vu à la description que c'est l'attaque du zinc qui produit le courant, il suffira donc d'enlever les zincs de tous les éléments pour arrêter la batterie et ne pas l'user inutilement. A cet effet, une disposition très simple sera de relier rigidement tous les zincs à une tringle de bois ou autre mauvais conducteur, et lorsqu'on veut arrêter la marche de la batterie, on soulève cette tringle de bois jusqu'à ce que les zincs ne touchent plus le liquide acide ; en la fixant dans cette position bien exactement au-dessus de celle qu'elle occupait dans les vases, les zincs ne s'attaquent plus, la pile ne s'use pas et le liquide qui mouillait les zincs s'écoulera dans leurs vases respectifs. Les dispositifs peuvent varier à l'infini, mais reposent presque tous sur le principe qui consiste à enlever le métal attaqué de la solution qui l'attaque, et qui s'applique à toutes les piles de cette catégorie. Nous n'examinerons donc pas chacune de ces piles en particulier.

Si le temps de repos imposé à la pile doit être assez long, plusieurs jours, il séra bon, une fois les zincs enlevés, de les rincer à l'eau pour qu'ils ne se couvrent pas de sel (sulfate de zinc) cristallisé qui abîmerait le zinc d'abord et le liquide excitateur après. Si le temps de repos doit être plus long encore, outre le lavage des zincs, il sera bon de vider les vases poreux de leur acide nitrique qu'on mettra dans un flacon bouché à l'émeri, pour servir à un montage ultérieur. Quant à la solution d'acide sulfurique, il sera bon de la jeter, sa perte ne constitue pas une dépense comparable avec les inconvénients qui peuvent résulter de la conservation du liquide dans les pots.

Comme tous appareils, les piles demandent des soins d'entretien, pour fournir toujours un bon service ; un trop long fonctionnement apporte forcément des inconvénients qui nuisent à la bonne marche, et allons les examiner aussi rapidement que possible.

Le vase poreux peut devenir défectueux par suite du bouchage de ses pores par les différents sels provenant de la réaction chimique (sulfate de zinc dans la pile Bunsen, sulfate de cuivre dans la pile Daniell, etc.). Ces sels sont solubles dans l'eau, il suffit donc de laisser le vase poreux tremper dans l'eau pure froide ou légèrement tiédie, puis de faire une série de rinçages pour enlever toute trace de sel. Ce nettoyage doit rendre au vase sa porosité première, ce dont on peut s'assurer d'après ce que nous avons dit au sujet des essais à faire à ce point de vue. Il peut arriver aussi, après un long temps de marche, que le défaut de porosité soit dû non seulement aux sels en question dont on se débarrasse comme nous venons de le dire, mais encore à la présence des poussières diverses de l'atmosphère. Dans ce dernier cas, le remède est plus difficile à appliquer, et le mieux, à notre avis, est de remplacer les vases par de nouveaux. Il est un procédé qui réussit encore quelquefois et qui consiste à faire bien sécher le vase poreux, puis de le soumettre à une très forte température, de façon à brûler toutes les poussières. Il n'y a plus qu'à laisser refroidir et à rincer. Mais nous le répétons, la réussite de l'opération est assez aléatoire, et l'on casse généralement plus de vases que l'on n'en sauve, à moins d'être dans un laboratoire où l'on dispose de moyens d'action à la fois sûrs et énergiques tels que fours à moufle ou autres appareils de chauffage perfectionnés.

Le métal formant l'électrode attaquée, outre

qu'il s'use, auquel cas on le remplace, peut aussi être mis hors d'état de fonctionner parce que, abandonné à lui-même, il se sera recouvert de cristaux qui, protégeant sa surface, la rendent inattaquable. Ici encore, c'est le lavage à l'eau tiède ou même chaude, avec un brossage énergique qui aura raison du défaut.

Enfin, le vase dans lequel se produit l'attaque peut aussi présenter certains inconvénients qu'on reconnaîtra facilement, mais nous mentionnerons celui connu sous le nom de *sels grimpants*, terme que nous avons déjà prononcé et qui exige une explication. Il arrive souvent pour les piles que dans le vase contenant l'électrode attaquée, il se porte sur les parois et jusqu'au bord supérieur du sel qui cristallise ; ce sel tend à monter tout à fait en haut du vase, d'où le nom de sel grimpant, et même à se répandre sur l'extérieur du vase et l'envelopper complètement si l'on ne s'y oppose pas. Le fait ne se produit pas uniformément, c'est ainsi qu'on peut avoir deux éléments identiques placés même côte à côte et dont l'un présentera des sels grimpants, tandis que l'autre n'en portera pas trace. Lorsqu'on constate cet inconvénient, il faut vider le vase qui y est sujet, le nettoyer et tremper son ouverture dans de la paraffine fondue, de façon à en enduire les bords sur quelques centimètres de hauteur. Dans son fonctionnement ultérieur, la pile ne présentera plus le mal en question, car les cristaux ne pourront pas s'attacher à la paraffine et retomberont naturellement dans le fond du vase.

Les causes qui amènent les sels grimpants sont aussi nombreuses que variées, nous ne les examinerons pas, nous dirons seulement leur mauvaise influence. On comprend en effet que lorsqu'ils se manifestent dans une solution saline qui doit avoir toujours la même teneur en sel, ils affaiblissent ainsi cette teneur et la pile ne peut plus fonctionner normalement. Un autre inconvénient au moins aussi grave consiste dans ce fait que, quand ces sels grimpants sont très développés et vont jusqu'à sortir du vase (ce qui est très fréquent), ils forment quelquefois siphon et déversent au dehors le liquide utile de la pile.

En un mot, nous terminerons ce qui concerne l'entretien des piles en disant que soit après un long fonctionnement, soit même après un long repos, il est bon d'en remettre tous les éléments à l'état de neuf. Et ce que nous disons des éléments constitutifs proprement dits de la pile ou de la batterie de piles s'applique aux accessoires, tels que les pinces de connexions et les conducteurs qu'un long service sous l'action des émanations de vapeurs acides finit par couvrir de vert-de-gris, corroder les pas de vis, salir les surfaces de contact, etc. A ce sujet, même, il est une recommandation que nous ne saurions passer sous silence, celle de ne jamais graisser les filets de vis des pinces de connexion. C'est en effet par ces surfaces que se fait le transport du courant, et l'huile ou la graisse constitue toujours un isolant, un *diélectrique*, dont il faut se préserver. Si à la suite d'un service prolongé ou d'un effort trop considérable ces vis tiennent trop fort et que pour les desserrer on fasse intervenir un corps gras ou du pétrole, ce qui réussit souvent, il faudra avoir grand soin, avant d'utiliser les pièces, de les débarrasser complètement du corps gras, de les essuyer à fond, et d'avoir les vis comme leurs taraudages absolument nets, mettant bien en contact deux surfaces métalliques.

Ainsi que nous l'avons dit au début de ce chapitre, nous n'avons considéré dans ces observations sur l'installation et l'entretien des piles que les grandes généralités de la pratique, mais nous pouvons dire aussi que les cas particuliers pourront facilement être ramenés à ces généralités que le galvanoplaste ne doit pas ignorer.

Tous les praticiens de la galvanoplastie sont d'accord pour reconnaître que le succès des opérations dépend beaucoup de la régularité du courant engendré par la pile ou les batteries de piles ; mais comme ce courant est la conséquence d'une réaction chimique, laquelle va forcément en s'affaiblissant au fur et à mesure que les produits chimiques mis en présence perdent de leur énergie, c'est-à-dire d'une façon continue, il semble qu'il y a impossibilité absolue à obtenir avec les piles cette régularité du courant. Cela n'est cependant pas tout à fait vrai, comme va le prouver l'explication suivante : Supposons que nous ayons une batterie d'éléments Bunsen et que cette batterie soit capable de nous fournir un courant beaucoup plus intense que celui dont nous avons besoin, nous aurons là un moyen tout trouvé de régulation. Pour cela nous installerons notre batterie avec ses zincs pouvant s'enlever tous ensemble comme nous avons vu plus haut qu'on pouvait le faire. Au début de l'opération, nous descendrons la planchette à laquelle sont fixés les zincs de façon à ce que ceux-ci ne trempent que très peu dans l'eau acidulée. L'attaque se fera assez active, mais limitée, d'où limitation dans la force du courant, puis quand nous constaterons un certain affaiblissement du courant nous descendrons un peu plus les zincs de façon à augmenter la surface d'attaque et par conséquent à augmenter ainsi le courant. Nous disposerons donc d'une certaine régulation jusqu'à ce que nous soyons arrivés à immerger les zincs jusqu'au fond du vase. A partir de cet instant il nous faudra nous résigner à utiliser un courant allant constamment en s'affaiblissant, ou mettre en jeu une autre batterie qui viendra se joindre à la première et avec laquelle nous opérerons le réglage comme il vient d'être dit.

Mais, dira-t-on, comment suivre exactement ce décroissement, et surtout comment s'en assurer? Le seul moyen est d'interposer dans le circuit par une dérivation, un *voltmètre*, appareil qui indique la tension en volts, et un *ampèremètre*, instrument qui donne le débit de la pile en ampères. Ces instruments de mesure sont courants aujourd'hui et l'on peut se les procurer partout; ils sont livrés sous la forme de boîtes rondes plus ou moins grandes, présentant quelque analogie avec le manomètre; le voltmètre est du reste pour la tension du courant, ce que le manomètre est pour la pression de la vapeur.

Nous n'entrerons pas dans les détails de construction de ce genre d'appareils, ce qui nous entraînerait trop loin, et nous ne pouvons que conseiller au lecteur de consulter les cours spéciaux

d'électricité s'ils veulent approfondir cette question, du reste fort intéressante, des appareils de
mesures électriques. Ces appareils ne sont pas absolument indispensables dans la galvanoplastie
avec les piles, mais ils peuvent être très utiles,
principalement dans la production industrielle, où
il faut pouvoir suivre exactement la marche des
opérations pour ne pas risquer de déboires.

Les amateurs ou les petits industriels pourront
trouver une utile indication de la force du courant
des piles ou des batteries de piles à l'aide d'un appareil beaucoup plus simple et qu'à la rigueur ils
pourront établir eux-mêmes, nous voulons parler
du galvanomètre que nos dessins (fig. 32 et 33)
montrent en élévation et en plan.

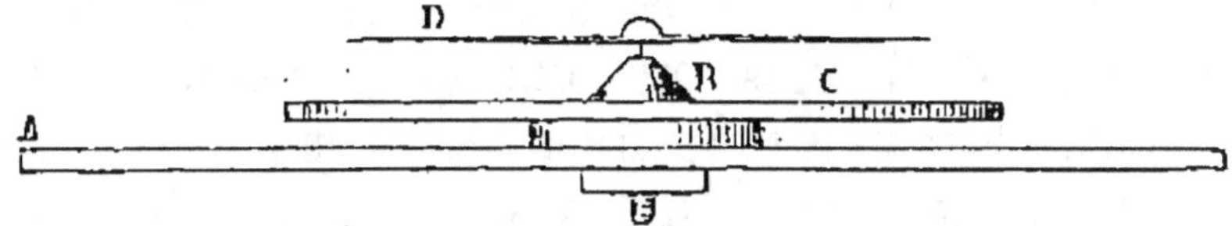

Fig. 32. Galvanomètre (élévation).

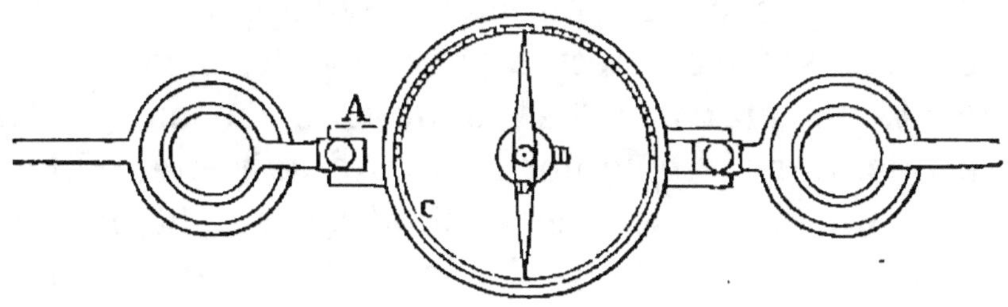

Fig. 33. Galvanomètre (plan).

Cet appareil se compose d'un disque en cuivre C
divisé en degrés gravés sur une zone, à l'extérieur
du rayon. Au centre s'élève une petite tige conique

en cuivre, terminée par une pointe très fine en acier. Sur cette pointe pose une aiguille en acier D aimantée. Afin qu'elle puisse se maintenir sur cette pointe, l'aiguille porte en son centre une petite chape en acier B, et mieux en agate ou en rubis, dans laquelle est pratiquée un tout petit trou.

A la rigueur, le disque peut ne porter de divisions que sur la moitié du cercle. L'une des extrémités de la division indique le nord, l'autre extrémité, le sud. Ces deux extrémités du cercle, diamétralement opposées et en regard l'une de l'autre, commencent et finissent la partie divisée.

Sous le disque est fixée une bande métallique A et le dépassant de chaque côté de quelques centimètres. Sur ces parties excédentes, sont montées de petites colonnes ou pinces de connexion spéciales, permettant de fixer le fil venant du générateur d'électricité d'un côté, tandis que de l'autre il se prolonge jusqu'au bain. La tige métallique passant sous l'aiguille, peut donc être considérée comme partie du conducteur. Lorsqu'on veut, avec ce petit appareil, reconnaître la puissance du courant, on place le disque de telle façon que l'aiguille, dont le pôle nord est ordinairement bleui, s'arrête après quelques oscillations sur la division initiale qu'on a marquée d'un zéro, par exemple, puis on établit la communication. Aussitôt que le courant passe, l'aiguille oscille, se portant d'un coup assez loin du point initial, puis adopte une position fixe, et après revient très graduellement et lentement vers le zéro. Cette première allure prouve la décroissance du courant. Si, en même temps

qu'on a suivi les mouvements de l'aiguille, on a
surveillé la marche galvanoplastique, on a pu remarquer par exemple que cette opération s'exécu-
tait dans les meilleures conditions, au moment où
l'aiguille était à la division 40, par exemple; qu'au-
dessus le courant était trop fort et au-dessous trop
faible, on régularisera ce courant comme nous l'a-
vons appris à faire un peu plus haut, de façon à ce
que l'aiguille du galvanomètre ne s'écarte que très
peu du degré reconnu le meilleur pour le travail.

Dans les conditions que nous venons de relater,
le galvanomètre n'est pas un instrument de mesure, c'est plutôt un indicateur, sa mesure n'est
donnée que par comparaison et par la seule expérience de l'opérateur, mais à ce titre seul il peut
déjà rendre des services fort appréciables. Enfin,
comme nous l'avons dit au début, c'est un appareil
que tout le monde peut faire soi-même. Une boussole convenable peut le former; ou encore il suffit
de se procurer une aiguille aimantée, article que
l'on trouve aujourd'hui chez presque tous les opti-
ciens, un cercle en papier ou carton très mince for-
mera le cadran divisé; un bouchon de liège avec
une aiguille implantée dedans, la pointe en haut,
donnera le pivot, une bande de cuivre munie de
ses deux pinces de connexion achèvera l'appareil
indicateur.

II. ACCUMULATEURS

L'accumulateur, constituant un appareil producteur d'électricité assez complexe dans sa construction et son établissement, exige pour son ins-

tallation plus de soins encore que les piles. Sa place dans l'atelier de galvanoplastie doit faire l'objet d'un soin spécial; il faut le tenir, autant que possible, en dehors de l'atelier proprement dit, de manière à ce qu'il soit à l'abri des grosses poussières, inévitables dans un endroit où l'on manipule de la sciure et où circule un personnel relativement nombreux; ces poussières pouvant tomber dans le bac et mettre en contact deux plaques consécutives, contact dont nous avons appris à connaître les inconvénients. Le local qui lui est assigné doit être plutôt frais sans être froid, l'air doit y circuler très librement et y être sec. Pour le soir ou la nuit, l'éclairage doit être assuré par une ou plusieurs lampes à incandescence, il est prudent de ne pas s'approcher des bacs avec une lumière à feu nu. A certains moments, en effet, à fin de décharge, l'action chimique qui s'opère dans les bacs d'accumulateurs, donne lieu à des dégagements d'hydrogène, gaz essentiellement inflammable. Les dangers résultant de ce fait ne peuvent pas être très graves, à moins de conditions spécialement défavorables, mais en matière de sécurité, il est préférable, croyons-nous, d'exagérer les précautions plutôt que de négliger la moindre.

Comme nous l'avons dit, lorsque nous avons traité spécialement des accumulateurs, ils doivent avoir leurs bacs particulièrement bien isolés du sol, il est bon aussi que leur montage permette de pouvoir circuler tout autour, que ceux-ci soient surélevés par des chantiers de façon à ce que l'on puisse constater le moindre indice de fuite, dès qu'il se produit un petit suintement. Lorsqu'une fuite se produit, il faut l'aveugler aussi rapidement que possible et, dès que le travail le permet, vider le bac et procéder à la réparation, qui varie suivant l'enduit qui forme le revêtement intérieur. Quand celui-ci est en ébonite, la réparation est plus difficile, parce que l'ébonite est un caoutchouc durci par des procédés spéciaux et, seuls les fabricants de cette matière peuvent la reconstituer en partie. Mais si la fissure n'est pas très prononcée, on peut la boucher avec un peu de cire à cacheter ou de la gutta-percha en bâton que l'on fait fondre et qu'on applique comme de la cire à cacheter. On peut encore réussir assez bien avec une dissolution épaisse de caoutchouc dans du sulfure de carbone, de la benzine ou du tetrachlorure de carbone.

Quand l'enduit intérieur est fait par une peinture isolante, et que la fuite s'est produite parce que celle-ci s'est écaillée ou fendue, on y remédie en appliquant au pinceau, sur l'endroit détérioré, une ou plusieurs couches d'une peinture faite avec du brai dissous dans du sulfure de carbone ou mieux dans de la benzine. On tient cette peinture aussi épaisse qu'on le veut en forçant la dose de brai. Il n'est pas mauvais d'y incorporer un peu d'huile de lin très siccative. La dessiccation est plus longue que lorsque l'enduit ne contient que du brai et de la benzine, mais cet enduit est plus élastique, moins cassant et par suite plus durable. D'ailleurs, quand on emploie ce mode d'imperméabilisation des bacs d'accumulateurs, il est bon de ne pas se borner à peindre leur intérieur seulement. Une ou plusieurs couches placées sur l'extérieur, constituera une excellente mesure de précaution contre les fuites.

Enfin nous dirons que, quand des accumulateurs sont destinés à un atelier de galvanoplastie, nous préférons voir l'imperméabilisation des bacs obtenue par une couche de gutta-percha. Le galvanoplaste, en effet, est fort habitué à se servir de cette matière, ainsi que nous le verrons plus loin, il en a constamment d'assez fortes quantités à sa disposition, et pourra ainsi réparer ses bacs d'accumulateurs avec la plus grande facilité.

Les appareils accessoires qui font partie d'une installation d'accumulateurs sont assez nombreux. Nous en connaissons déjà une partie : le pèse-acide et le voltmètre qui servent à vérifier l'état de l'appareil ; mais il en est d'autres encore que nous nous bornerons à signaler par leur nom et en désignant le service qu'ils sont chargés d'assurer.

Il y a d'abord le *disjoncteur automatique* placé entre la batterie d'accumulateurs et le fil qui amène le courant de charge ; cet appareil a pour but de couper automatiquement l'arrivée du courant de charge dès que les accumulateurs ont pris la tension qu'ils ne doivent pas dépasser. Ces appareils sont très variés de forme et de dimensions, chaque constructeur ayant son modèle.

Les instruments ou appareils qui viennent ensuite accompagnent les accumulateurs dans la distribution de l'électricité. Nous avons comparé la batterie d'accumulateurs à un véritable réservoir contenant de l'électricité, c'est dire implicitement qu'il contient une provision de courant, que le galvanoplaste n'utilisera qu'au fur et à mesure de ses besoins. Il faut donc pouvoir d'abord régler l'écoulement du courant, c'est ce qu'on arrive à obtenir par l'appareil dit *commutateur* qui permet de lancer dans le circuit le courant d'un, de deux, etc., éléments des accumulateurs; c'est en quelque sorte un robinet qu'on ouvre plus ou moins. Mais pour se guider dans cette réglementation il faut pouvoir suivre constamment la marche du courant, ce qui s'obtient à l'aide d'un voltmètre et d'un ampèremètre; enfin on peut encore craindre qu'un accident quelconque n'amène subitement un courant trop fort aux bains, on met donc avant son arrivée, à celui-ci, un appareil de sécurité qui sera un disjoncteur automatique, coupant le courant dès que celui-ci atteint une valeur supérieure à une limite déterminée; ce pourra être encore un simple *coupe-circuit fusible* qui remplit le même but.

Comme tous ces appareils doivent être consultés ou manœuvrés en même temps, on a soin de les grouper sur un même panneau vertical bien en vue et qui prend le nom de tableau de distribution. Un simple coup d'œil jeté sur le tableau permet de se rendre compte de la marche du courant et d'en modifier la puissance au gré des besoins à l'aide du commutateur. Réciproquement, si une opération dans un ou plusieurs bains manifeste certaines anomalies, on regarde le tableau et l'on reconnaît de suite la cause du mal, auquel il devient facile de porter remède. Le soir, une ou plusieurs lampes à incandescence, suivant la dimension du tableau, fournissent l'éclairage suffisant pour que toutes ses parties et tous les appareils qu'il porte soient bien visibles.

Les installations de ce genre doivent être faites par des spécialistes, aussi ne donnerons-nous pas de plus amples détails sur ce qui les concerne. Nous terminerons ce paragraphe en recommandant très instamment aux industriels, lorsqu'ils font exécuter ces installations, de donner à leur fournisseur des détails les plus précis et les plus complets sur les services qu'ils attendent de leur fourniture. Le maniement du courant électrique se pliant aux exigences les plus capricieuses, l'industriel fera bien de déterminer toutes celles inhérentes à sa fabrication, de façon à pouvoir y satisfaire au cours de son travail. Son installation arrêtée, il devra s'en faire donner un plan très exact, de façon à se familiariser avec tous les accessoires qu'il aura à manœuvrer, à connaître tous les points qui réclament une attention plus particulière de sa part. Bien en possession de ce genre d'outillage, il n'aura guère à y apporter qu'un peu de surveillance régulière, car ici comme avec les piles, si l'installation est bien faite, les seuls points susceptibles de quelques troubles seront les connexions et les contacts qui, encore comme pour les piles, doivent être très soignés.

Nous ne dirons rien ici de l'entretien des accumulateurs, les considérations générales que nous avons émises à leur sujet au chapitre II fournissant les indications pratiques générales concernant ce point particulier.

III. DYNAMO

Sans être un instrument délicat, la dynamo exige dans son installation certaines mesures de précaution que nous voulons signaler aussi brièvement que possible. Le local affecté à une dynamo doit répondre aux trois conditions principales suivantes : 1° il doit être parfaitement sec, c'est-à-dire qu'il faut le choisir loin de conduites d'eau, d'échappement de vapeur ou de buée, de caniveaux d'eau, etc.; 2° il doit être à l'abri des poussières de toute nature, ce qui indique suffisamment que la dynamo ne doit pas, autant que possible, être placée dans l'atelier de galvanoplastie, et qu'il faut l'éloigner principalement des endroits où l'on manipule la sciure, où l'on fait le gratte-bossage, les décapages, etc.; 3° enfin le local doit être aussi frais que possible et bien aéré; la dynamo, en effet, s'échauffe à la marche, et si elle se trouve dans un local déjà chaud ou bien dans lequel la circulation de l'air se fasse mal, elle peut atteindre une température dangereuse et qui risque de la mettre subitement hors de service.

Nous ne donnerons pas d'indications spéciales pour le montage proprement dit de la dynamo, car à moins d'être soi-même fort au courant de ce genre de travail, il est préférable d'en charger le fournisseur de la dynamo qui garde ainsi l'entière responsabilité de sa fourniture. Nous nous bornerons donc à fournir quelques indications générales sur l'entretien de ces machines et les soins à leur donner.

Si l'on voulait résumer en quelques mots seulement les conditions à remplir pour assurer le bon fonctionnement d'une dynamo, on dirait que pour atteindre ce but il faut que la machine soit d'une propreté absolue et que ses coussinets soient toujours parfaitement graissés. Ces indications qui constituent un véritable axiome pour l'électricien de profession, demandent quelques explications et quelques développements pour l'industriel ordinaire.

La dynamo forme un ensemble très compact et très resserré et un certain enchevêtrement de fils isolés qui ne laisse dans son intérieur que des vides très restreints, on conçoit donc facilement qu'aussitôt que ces vides contiennent un peu de poussière, celle-ci les comble rapidement, exerce des frottements insolites, qui deviennent très dangereux sur les fils isolés. L'isolement peut être rapidement détruit de ce fait et alors les différents fils communiquent entre eux, développant ce qu'on appelle des *courts-circuits*, qui mettent rapidement la machine hors d'état et peuvent même lui causer des dommages tels qu'elle ne soit plus réparable. Ces quelques mots montrent toute l'importance qu'il y a à tenir les dynamos à l'abri des poussières de toute nature et principalement des poussières conductrices d'électricité comme les limailles ou poussières métalliques, les poussières de charbon, etc.

Un moyen très simple et très pratique d'arriver à ce résultat consiste, lorsque la machine est arrêtée, à souffler dans l'intérieur à l'aide d'un soufflet de foyer ordinaire; une précaution à prendre dans cette opération, c'est de ne jamais heurter les organes intérieurs, fils, connexions, etc., avec la pointe du soufflet, surtout si celle-ci est en fer.

Un autre ennemi de la dynamo est l'humidité; donc veiller avec le plus grand soin qu'il n'y en ait jamais sur aucun organe de la machine. Il y a encore une autre cause fréquente de détérioration à laquelle on doit prendre d'autant plus garde qu'elle provient du fonctionnement même de la machine; nous voulons parler des éclaboussures d'huile provenant des paliers. Dans un cas analogue, il faut s'assurer que les paliers ne reçoivent pas trop d'huile, tout en en ayant assez pour assurer une bonne lubrification. Si le moyen ne réussissait pas, en référer au constructeur, car c'est que la machine présenterait un défaut de fabrication.

Le collecteur de la dynamo constitue un organe important qu'il faut surveiller avec soin. Sa surface doit en être toujours parfaitement unie et même présenter un certain poli; cette pièce ne doit jamais être graissée, tout ce qu'on peut faire c'est de l'essuyer avec un chiffon propre légèrement gras et surtout ne jamais se servir de déchets de coton. Actuellement les dynamos sont généralement munies de balais en charbon qui ménagent beaucoup le collecteur, surtout quand ces charbons sont de bonne qualité; mais il faut aussi pour leur bon fonctionnement qu'ils épousent bien la forme arrondie du collecteur, par conséquent lorsque l'on placera des charbons neufs dans les porte-balais, il faut leur donner cette forme concave. Pour cela faire, on entoure le collecteur d'une toile émeri très fine, l'émeri en dessus, de façon à ce que les charbons portent sur la partie émerisée, puis on fait tourner la dynamo lentement, soit à la main, soit à la machine, dans le sens de rotation de la marche normale, et lorsque les charbons ont bien pris la forme voulue, on essuie et on époussette bien la machine pour la débarrasser de toute la poussière charbonneuse produite et elle est en état pour être mise en marche.

Le collecteur doit lui-même être entretenu ; dès qu'on s'aperçoit qu'il est un peu rugueux, on le frotte légèrement au *papier de verre* très fin et, pour conduire ce travail dans de bonnes conditions, on tend le papier de verre sur le collecteur dans l'intervalle de deux pôles et l'on fait tourner la machine très lentement. Si le collecteur vient à présenter certaines anomalies telles que des méplats, des taches noires persistantes et toujours au même endroit, il peut ne pas tourner rond, il peut avoir de ses lames qui remuent plus ou moins fort, il peut présenter à l'endroit des jonctions avec les fils de bobines d'induit, des traces de dessoudage, etc., toutes ces éventualités dénotent un défaut de fonctionnement plus ou moins grave de la machine, et le mieux est de recourir au fabricant.

Dans tout endroit où fonctionne une dynamo, il faut recommander la plus excessive propreté, et veiller à ce qu'il n'y ait pas dans le voisinage immédiat de la machine aucun outil métallique : marteau, burin, tourne-vis, etc., qui, par leur chute sur la machine ou leur contact accidentel, peuvent produire des accidents souvent fort graves.

Avant que de mettre la dynamo en marche, il

faut s'astreindre à en passer la revue rapide ; s'assurer que toutes les connexions sont en bon état, que les paliers sont convenablement alimentés. de lubrifiant, que le collecteur est bien rigide, qu'aucune de ses lames ne remue, qu'il n'y a ni poussière ni éclaboussures d'huile, tant sur l'enduit que sur les masses polaires et leurs bobines, qu'aucun outil ou morceau de métal n'est déposé ni dessus, ni à côté de la machine.

Quand la journée de travail est terminée, ou que la dynamo doit être laissée pendant quelque temps dans l'inactivité, l'homme préposé à sa conduite et à sa surveillance doit la mettre de suite en état, c'est-à-dire la nettoyer à fond, faire les petites réparations que nous avons indiquées plus haut, en un mot, la rendre prête à marcher ; cette opération ne devant pas empêcher la revue générale à nouveau, le lendemain matin, avant la remise en marche. Nous ne saurions trop insister sur cette mesure à prendre qui consiste à ne jamais quitter la dynamo sans qu'elle soit presque comme neuve. Dans un atelier où le travail est continu, cette manière de faire ne prend chaque jour que quelques minutes, et l'on est assuré d'avoir toujours son producteur de courant prêt à faire un bon service. En observant ces indications générales jointes à celles toutes particulières que peut fournir le fabricant, l'industriel n'aura jamais à redouter d'inconvénients sérieux, et il se rendra compte très aisément que, moyennant ces quelques soins, très élémentaires du reste, la dynamo est une machine qui peut fonctionner bien et longtemps sans grande surveillance.

Nous signalerons encore un point à l'attention de l'industriel : c'est la tension de la courroie de la dynamo, quand celle-ci est actionnée de cette façon. Le tableau que nous avons donné, page 100, montre que les dynamos tournent à des vitesses relativement considérables ; or, un léger relâchement de la courroie, peut amener facilement une perte de vitesse de 10 0/0, ce qui est très notable avec des vitesses de 2,000 à 1,500 tours, et abaisse rapidement le voltage. Il est donc important que la courroie ait une tension toujours uniforme ; à cet effet, les dynamos sont placés sur des glissières en fonte (voir figure 28), et à l'aide de vis on peut les faire avancer sur ces glissières, par conséquent tendre la courroie. Un peu d'habitude permettra de juger à la main si la tension donnée est bonne. Nous ne ferons qu'une recommandation pour cette manœuvre : ne faire manœuvrer les vis des glissières que très progressivement par petite quantité à la fois, un demi-tour par exemple, et donner ce demi-tour successivement à chacune des vis. C'est le seul moyen de déplacer la machine bien parallèlement à elle-même, condition essentielle dans la commande par courroie.

La dynamo étant placée dans un local répondant aux conditions précitées, le courant qu'elle développe est amené dans l'atelier de galvanoplastie aux différents bains, mais, de même qu'avec les accumulateurs, le courant traverse d'abord le tableau de distribution où sont établis tous les instruments de mesure, de contrôle, de distribution du courant, et enfin le rhéostat qui sert à régler l'excitation de la machine et dont nous avons indiqué le rôle en parlant du mode d'excitation de la dynamo. En principe, un pareil tableau de distribution est très simple et, comme nous l'avons déjà vu dans l'emploi des accumulateurs, il comprend un voltmètre et un ampèremètre destinés à indiquer si la machine fournit bien le courant à la tension et en quantité voulue ; un interrupteur qui permet de mettre le courant sur le bain galvanoplastique ou de l'en enlever, cet appareil se manœuvrant à la main ; un disjoncteur automatique et coupe-circuit fusible, appareils de sécurité coupant net le courant quand il dépasse en tension ou en intensité les limites données ; enfin le rhéostat d'excitation. Comme c'est par le tableau qu'on juge de la marche de la dynamo, ce tableau doit être à proximité de cette dernière ; le conducteur ayant reçu au préalable les instructions nécessaires, dirige sa machine en vue de les suivre ; augmentant ou diminuant l'excitation suivant que ses appareils de mesure lui indiquent une baisse ou une augmentation dans la résistance du circuit (le ou les bains).

Nous le répétons, la nomenclature ci-dessus indique seulement le principe d'un tableau de distribution ; ce dernier peut varier énormément dans ses dispositifs suivant les besoins de l'atelier de galvanoplastie. On peut en effet se trouver obligé de distribuer le courant à différentes sections, par exemple à des bains de cuivrage, de nickelage, etc., dans chaque section, les bains peuvent ne pas demander du courant en même temps ou pendant la même durée. Il faut donc pouvoir répondre à ces desiderata très variables avec la même dynamo qui, de son côté, fournit toujours le même travail. La chose est parfaitement réalisable, mais alors le tableau au lieu de porter un interrupteur en contient autant qu'il y a de directions différentes ; ces interrupteurs peuvent encore se combiner de telle sorte que lorsque le courant est arrêté dans un circuit, il se trouve envoyé par ce fait dans un autre ; en un mot la distribution du courant se prête à toutes les combinaisons, aussi le galvanoplaste fera-t-il bien, comme nous le lui avons déjà recommandé, d'initier son fournisseur à tous ses besoins, et, à moins de conditions tout à fait extraordinaires, ce dernier pourra toujours, par le jeu des appareils dont on dispose aujourd'hui, réaliser pratiquement et commodément les desiderata qui lui sont exprimés.

IV. PILE ÉLECTRO-THERMIQUE

De cet appareil nous ne dirons que peu de mots ; on a vu, en effet, que ce producteur d'électricité est très simple et très robuste ; il peut donc se placer n'importe où dans l'atelier, sa position n'y est réglée que par la proximité d'une conduite de gaz si le chauffage se fait au gaz. La pile électro-thermique ne demande aucun soin, aucun nettoyage, sauf dans le cas où, par suite d'un mauvais fonctionnement du foyer, les soudures chauffées se trouvaient couvertes de noir de fumée. Dans ce cas, il suffirait d'enlever cette matière dont la présence aurait pour effet d'empêcher les soudures d'être portées à la température voulue.

Comme soins dans la conduite de ce genre de pile, nous l'avons déjà dit : chauffer assez les soudures pour produire le courant et pas assez pour les fondre.

V. CUVES

Les cuves pour les bains de galvanoplastie peuvent être faites de matières et de formes très variées. On peut employer à cet effet des vases en verre, qu'on peut se procurer couramment, et qu'on arrive à faire avec des contenances suffisamment grandes pour permettre d'y plonger des pièces déjà d'une certaine importance. Ces récipients ont l'inconvénient d'être très fragiles et à peu près inapplicables à la galvanoplastie à chaud. Par contre, leur transparence permet de suivre facilement et dans tous ses détails l'opération du dépôt galvanique ; aussi ce genre de cuve n'est-il guère à recommander qu'aux amateurs ou aux industriels seulement dans le cas où ils ont à traiter des objets de petit volume et d'un travail particulièrement soigné pour exiger une surveillance de tous les instants. La fragilité même de ce matériel indique son mode d'installation : les cuves en verre doivent se placer sur des tables, bien en lumière et à l'abri des chocs, c'est-à-dire hors des endroits où l'on manœuvre des pièces un peu grandes ou lourdes qui peuvent heurter les cuves ou même la table qui les supporte. Si l'on a plusieurs cuves en fonction, les éloigner suffisamment les unes des autres, pour qu'elles ne risquent pas de se choquer par l'effet d'une trépidation, ni même d'être atteintes par la chute d'un objet que l'opérateur dispose dans un bain voisin.

Les récipients en verre ont la très grande qualité de n'être attaqués par aucun des réactifs, aucune des liqueurs qui forment les bains, que ceux-ci soient acides ou alcalins.

Cette même qualité est l'apanage aussi des récipients en grès, ce qui les fait employer très fréquemment en galvanoplastie. Ils présentent sur les vases en verre l'avantage d'être un peu moins fragiles et de pouvoir être faits à des dimensions beaucoup plus grandes ; on rencontre souvent chez les galvanoplastes des cuves en grès d'une contenance de 250 litres et même davantage. S'il est vrai que le grès soit plus solide que le verre, cet avantage n'est guère appréciable que pour les petits récipients. Dès que l'on fait usage de grands bacs en grès, leur maniement est difficile en raison de leur poids, leurs grandes surfaces donnent plus de chances aux chocs, et enfin, si le récipient est grand, on y met de grandes pièces à galvaniser, pièces qui, dans une chute accidentelle, sont d'un poids suffisant pour briser la cuve en grès. Lorsqu'on fait usage de petits vases, on les installe comme les vases en verre ; les grandes cuves devront être placées sur le sol et mieux sur un chantier, laissant voir l'espace qu'elles recouvrent, de façon à constater la moindre fuite s'il venait à s'en produire.

Quand il s'agit de la galvanoplastie industrielle, où l'on est appelé à traiter de très grands objets, tels que candélabres pour les voies publiques, statues, etc., on ne peut plus recourir aux récipients en verre ou en grès, et l'on utilise alors des cuviers en bois, doublés de plomb ou de gutta-percha. Le doublage en plomb ne convient que pour les cuves qui contiendront du sulfate de cuivre, et doit être rejeté lorsqu'elles devront contenir des liquides alcalins à base de cyanure de potassium, ce dernier attaquant le plomb ; nous dirons même que le doublage au plomb ne convient pas aux bains de nickel ; il est à remarquer, en effet, que les dépôts de ce métal opérés dans du plomb ne sont jamais parfaitement blancs. Quand on double une cuve en bois avec du plomb, il faut que ce dernier ne présente pas de soudure à l'étain ; les doublages doivent être faits avec des soudures *autogènes*, c'est-à-dire obtenues par la fonte du plomb lui-même sans interposition de soudures.

Le doublage en gutta-percha est le meilleur, parce que : 1° il n'est attaqué par aucun des liquides formant les bains galvanoplastiques ; 2° il est solide et ne se casse pas sous le choc d'un objet tombant dans la cuve ; 3° il est suffisamment élastique pour suivre les jeux du bois qu'il recouvre, sans se casser ni même présenter de fissures. Les cuves galvanoplastiques, convenablement doublées en gutta-percha, celle-ci ayant une épaisseur convenable, sont pour ainsi dire inusables. La gutta-percha, à la température ordinaire, possède à peu près la dureté du bois ; mais elle se ramollit à partir de 50 degrés, et entre cette température et celle de 100°, elle devient assez molle pour pouvoir être moulée, estampée, laminée et même étirée en fil. Cette propriété spéciale de la matière permet d'en faire des vases en une seule pièce par simple moulage. Cependant, quand ceux-ci sont très volumineux, comme les grandes cuves de galvanoplastie, on préfère généralement faire le doublage du bois avec des feuilles de gutta-percha plus ou moins épaisses, et que l'on soude entre elles pour avoir une surface sans solution de continuité. Cette soudure s'obtient facilement grâce au faible degré auquel se ramollit la gutta-percha, et les dispositifs les plus divers ont été imaginés à cet usage, dont le plus simple consiste à mettre en contact les deux tranches des feuilles de gutta-percha, à souder et à ramollir la jonction sous l'action de la chaleur rayonnante d'un fer chauffé au rouge sombre ; la jonction une fois molle, une légère pression réunit les deux feuilles et n'en fait qu'une pièce.

Comme beaucoup de corps organiques, la gutta-percha est décomposée par l'air et la lumière, aussi une feuille de cette matière, exposée à même sur une table au jour, devient cassante ; cette propriété serait fatale à la galvanoplastie si le remède n'était très simple ; donc pour éviter cet inconvénient au doublage des cuves, il faut avoir soin de les garder toujours pleines de liquide. Nous n'avons pas besoin de dire qu'il ne faut pas mettre dans les cuves de liquide chaud qui ramollirait le doublage.

On peut encore faire usage de cuves en bois, non plus doublées mais peintes à l'intérieur d'un enduit inattaquable aux acides et la première idée a été de composer ces peintures en faisant dissoudre du brai dans un liquide convenable : benzine, sulfure de carbone et autre. Cette composition donne bien un vernis inattaquable, qui ne convient dans

son application qu'à des surfaces non susceptibles
de jouer. C'est ainsi que sur des panneaux en bois,
un pareil vernis imperméabilise et protège bien le
bois, mais si ces panneaux sont faits en plusieurs
pièces, les joints s'écartent par l'action de la séche-
resse ou se resserrent sous l'effet de l'humidité et
le vernis se brise à ces endroits, cessant ainsi de
former le doublage qu'on recherchait. Aussi ce
procédé, très économique il est vrai, n'est-il à recommander que pour le cas d'une installation pro-
visoire ou momentanée.

On peut néanmoins faire des doublages pratiques
et qui durent assez longtemps, avec ce genre de
peinture, à la condition de donner à cette dernière
une certaine élasticité par l'incorporation de matières spéciales. A ce sujet, voici une formule dont
on dit grand bien : on remplace 25 à 50 0/0 de
brai par des déchets de caoutchouc et l'on dissout
dans la benzine jusqu'à consistance voulue et l'on
peint, au pinceau plat, l'intérieur de la cuve avec
cette peinture.

Cette méthode peut même être étendue plus loin,
en supprimant totalement le brai ; on prend à cet
effet, un mélange en parties égales de caoutchouc
et de gutta-percha qu'on fait dissoudre dans du
sulfure de carbone et l'on applique au pinceau.
Dans une cuve rectangulaire, ce sont les angles
qu'on réussit le plus difficilement par ce procédé,
aussi est-il bon de les traiter spécialement. A cet
effet, lorsque tout l'intérieur est peint on revient
sur les angles à l'aide du pinceau ou, ce qui est
préférable, en versant la dissolution dans l'angle
pour former épaisseur. Ceci fait, il est bon pour

assurer un bon doublage de. repasser une couche sur le tout, couche qui a pour effet de relier étroitement les panneaux plats et les angles. Ce procédé convenablement appliqué peut donner d'aussi bons résultats que le doublage à la gutta-percha et présente l'avantage de pouvoir être mis en pratique par le galvanoplaste lui-même, sans le forcer à recourir aux services d'un personnel spécial.

Enfin, comme on produit aujourd'hui des récipients en fonte émaillée de très grands volumes (dépassant souvent 1,200 litres), on a pensé à les utiliser comme cuve de galvanoplastie. Ces récipients sont, en effet, tout à fait imperméables et parfaitement solides. Cependant leur usage demandera certaines précautions, dont la principale sera de bien examiner l'émail et s'assurer qu'il couvre partout le fer et n'offre pas le moindre point où celui-ci soit à découvert pour ne pas offrir une attaque facile au liquide du bain. A ce point de vue la fonte émaillée est rarement bonne, et les fabrications les plus soignées évitent difficilement le défaut que nous signalons. Comme autre précaution importante, nous signalerons celle qui consiste à se défier de la conductibilité de ce genre de cuves, par conséquent, de ne jamais appliquer sur leurs rebords les conducteurs nus, à moins de les y faire porter par l'intermédiaire d'un support ou d'un appui isolant qui peut, du reste, n'être qu'un simple morceau de bois.

Nous arrêterons ici l'examen de l'installation du matériel du galvanoplaste, n'ayant eu en vue que de signaler ce qui a trait à la partie principale de cet outillage, nous réservant de revenir sur les nombreux accessoires qu'utilise encore la galvanoplastie. Il sera plus facile, croyons-nous, pour le lecteur de suivre leur installation et leur montage dans l'application que nous en ferons ultérieurement dans la pratique des différentes et nombreuses opérations qui forment l'ensemble de la galvanoplastie.

CHAPITRE V

Décapage

SOMMAIRE. — I. Décapage de la fonte. — II. Décapage du fer et de l'acier. — III. Décapage du cuivre ou du laiton. — IV. Décapage du zinc. — V. Décapage du plomb et de l'étain.

Le décapage n'est autre chose que le nettoyage spécial des métaux, et comme dans la branche de la galvanoplastie que nous nous proposons d'examiner en premier lieu : *les dépôts métalliques sur d'autres métaux*, il est important, indispensable même, que ces derniers soient d'une propreté, d'une netteté absolue, nous avons cru indispensable de consacrer à ce nettoyage un chapitre spécial.

Le mode de décapage varie forcément avec les métaux à décaper, aussi l'examinerons-nous pour ceux qui sont le plus employés. Par décapage, il faut entendre l'opération qui consiste à ramener l'objet à un état qui donne à sa surface l'aspect du métal parfait qui le forme. Ainsi, une pièce de fer rouillée sera dite décapée quand toute la rouille en sera enlevée et qu'elle présentera ses surfaces à l'état de fer en quelque sorte vierge, dépourvu de toute trace de rouille, ou de toute autre matière et ayant bien l'aspect blanc-gris du métal, avec son faible brillant naturel, sans que ce soit le poli absolu tel que le présentent les pièces passées au papier de verre fin et à l'huile. On comprendra par cette simple définition que le mode de décapage doit varier avec le genre de métal, car sur le fer il faudra enlever la rouille ; sur le cuivre, le vert-de-gris ; sur le plomb, le carbonate de plomb ; matières qui toutes se traitent plus ou moins différemment. Mais un même métal peut être soumis lui-même à plusieurs traitements, car, en reprenant le fer comme exemple, si la rouille est une impureté dont le galvanoplaste doit se débarrasser à tout prix, la graisse en est une autre qu'il est aussi de première importance d'éliminer.

On peut distinguer deux genres de décapage : le *décapage mécanique* et le *décapage chimique*.

Le décapage mécanique, qui est plutôt un nettoyage, consiste à frotter l'objet à l'aide d'une brosse dure avec une substance pulvérulente : émeri, ponce, tripoli, etc..., jusqu'à ce qu'on ait bien avivé sa surface et qu'on lui ait rendu cet aspect métallique dont nous parlons plus haut. Dans bien des cas ce procédé impose aussi l'emploi de l'huile ou autre matière grasse qui donnent une nouvelle impureté dont il faudra se débarrasser par les moyens que nous indiquerons.

Le décapage chimique, consiste à mettre les objets en présence de solutions acides ou alcalines qui ont la propriété de se combiner avec la matière à éliminer, par conséquent de l'enlever de la surface à décaper. Cette action des solutions se porte aussi plus ou moins sur le métal lui-même, l'attaque plus ou moins profondémnnt, d'où nécessité de savoir borner l'action aux limites justes où elle est utile, et à l'arrêter au moment où, se portant sur le métal, elle deviendrait préjudiciable pour la pièce à travailler.

I. DÉCAPAGE DE LA FONTE

La fonte, on le sait, est un mélange intime de fer et de charbon (carbone), le premier très attaquable par certains acides, le second, au contraire, absolument inattaquable. Pour le galvanoplaste, la fonte peut ne présenter qu'une impureté : un peu de rouille ou oxyde de fer; tel sera le cas des objets venant directement de la fonderie; mais il peut aussi avoir à traiter des pièces de fonte qui auront, suivant l'expression d'atelier, été travaillées; c'est-à-dire qui, ayant passé aux machines-outils, auront certaines de leurs parties tournées, rabotées, percées, etc. Dans ce second cas, les pièces de fonte présenteront des souillures grasses provenant du passage aux machines-outils, au moins aux endroits où celles-ci auront fait sentir leur action; outre la rouille, il y aura aussi la graisse à éliminer. Nous allons donc examiner ce cas.

La première opération à exécuter sera l'enlèvement de la graisse, ce qui l'a fait appeler *dégraissage*. Pour cela, on trempe la pièce dans une solution ou lessive faite avec de l'eau et un alcali, tel que la soude ou la potasse ; le premier est le plus employé en raison de ce qu'il est le moins cher ; on peut même ne faire usage que de carbonate de soude (carbonate ou cristaux), lorsque les pièces ne sont pas très grasses. L'emploi de ces lessives peut se faire à chaud ou à froid, la première forme est cependant la meilleure, la seconde ne convenant guère que pour les pièces peu grasses, ou graissées avec des matières facilement saponifiables, telles que les huiles douces ou huiles à manger, le suif ou autres graisses animales et pures. Quant au degré de concentation de la lessive il est variable à la volonté de l'opérateur ; s'il opère sur un grand nombre de pièces à la fois, ou sur des pièces très chargées en gras, la lessive devra contenir plus d'alcali que pour des pièces très peu grasses. On sort ensuite les pièces de cette lessive et l'on peut, sans cependant que ce soit indispensable, les frotter ensuite à l'aide d'un chiffon, d'une brosse ou tout autre objet approprié avec du sable fin, de la ponce, de la poudre d'émeri bien fine, etc.

A partir du moment où les pièces sont plongées dans la lessive, il est bon de ne plus les toucher avec les mains ; cette précaution est tout indiquée si la lessive est chaude et forte, mais elle a encore pour raison d'éviter de mettre les pièces en contact avec les mains toujours plus ou moins grasses et dont la place pourrait être marquée dans les opérations ultérieures par des taches. On manœuvre alors les pièces, suivant leurs dimensions, avec des pinces en fer plus ou moins fortes et solides. Aussitôt après leur sortie de la lessive on les rince rapidement à l'eau propre et elles sont prêtes à passer au décapage proprement dit, qui consiste à laisser ces pièces pendant plusieurs heures (2 à 3) dans un bain formé d'une solution d'acide sulfurique au centième, c'est-à-dire contenant 99 kilog. d'eau et 1 kilogr. d'acide sulfurique du commerce à 66° Baumé. Cette solution est très faible en acide, mais elle convient parfaitement et ce serait commettre une faute et s'exposer à détériorer les pièces si l'on employait une plus grande proportion d'acide sous prétexte d'opérer plus vite. La pièce, en effet, se trouverait fortement attaquée sur toutes ses parties fer, tandis que toutes ses parties charbon seraient respectées ; sa surface serait donc tout à fait irrégulière et rugueuse.

Quelques opérateurs préfèrent à la solution d'acide sulfurique une solution d'acide chlorhydrique (esprit de sel) ; dans ce cas, les proportions du mélange doivent être les suivantes : 95 kilogr. d'eau et 5 kilogr. d'acide chlorhydrique. Nous ne sommes pas partisan de ce bain de décapage parce qu'il coûte plus cher, parce qu'il s'affaiblit progressivement, même si l'on ne s'en sert pas, et enfin parce que, pendant les opérations, il dégage de l'hydrogène très mêlé à de l'acide chlorhydrique, ce qui forme des vapeurs désagréables qui détériorent tous les objets métalliques répandus dans l'atelier.

Les pièces sortant du décapage et bien rincées à

l'eau fraîche sont prêtes à aller au bain galvano-plastique. Si l'on doit ne les faire passer dans ce dernier qu'au bout d'un certain temps après le lavage, il faut les mettre à l'abri de façon à ce qu'elles ne s'abîment pas à nouveau ; à cet effet, il suffit de les laisser plongées dans une eau de chaux, ou dans une dissolution froide de soude ou de potasse ; la première est certainement la meilleure, de plus c'est celle qui coûte le moins cher.

II. DÉCAPAGE DU FER ET DE L'ACIER

Le fer brut, c'est-à-dire tel qu'il sort de la forge, se décape comme la fonte ; cependant il aura rarement besoin d'être dégraissé, à moins de circonstances spéciales ; de plus on pourra, suivant les dimensions et la forme des pièces, forcer plus ou moins en acide sulfurique la composition du bain de décapage indiqué plus haut. Pour des petites pièces fines ou délicates on pourra utiliser des solutions à 1, 2 et jusqu'à 5 0/0 d'acide sulfurique. Pour de grosses pièces et très chargées d'*oxyde noir* on pourra pousser la proportion d'acide sulfurique jnsqu'à 15 0/0. Le fer étant un corps simple, son attaque est bien plus uniforme que celle de la fonte.

Le fer travaillé et poli devra toujours être passé au dégraissage dans une solution chaude des alcalis que nous avons signalés plus haut ; car son travail ou simplement son polissage a toujours nécessité l'emploi d'une matière grasse. Au sortir du dégraissage les pièces sont essuyées puis envoyées au bain de décapage, dont le meilleur présente la composition suivante en poids : eau 100, acide chlorhydrique 30, acide sulfurique 10 ; elles devront rester très peu de temps dans ce bain, au sortir duquel elles sont bien rincées à l'eau fraîche, puis envoyées au bain galvanoplastique. On peut conserver les pièces décapées pendant un certain temps par le même moyen que celui indiqué pour la fonte.

L'acier se traitera exactement comme le fer travaillé.

III. DÉCAPAGE DU CUIVRE OU DU LAITON

Le cuivre et le laiton sont à coup sûr les métaux dont le décapage complet, est le plus compliqué. Nous disons décapage complet, parce que selon les opérations subséquentes auxquelles le métal doit être soumis, on peut se dispenser d'accomplir une ou plusieurs des différentes manipulations qu'entraîne le décapage. Ainsi, en chaudronnerie, où le cuivre se travaille au marteau et à l'état de feuilles de métal neuf et où on ne le soumet ensuite guère qu'à l'étamage, on se contente de plonger l'objet à décaper dans un bain formé en poids de 80 à 90 parties d'eau et de 20 à 10 parties d'acide sulfurique à 66°, et à l'y laisser jusqu'à ce que le métal ait pris une belle couleur rouge. On l'en retire, on le rince à l'eau fraîche et on l'essuie ; l'objet est alors terminé, parfaitement propre et net.

Mais pour la galvanoplastie ce décapage ne suffit pas et entraîne à d'autres opérations. Nous allons donc les examiner toutes dans l'ordre où elles doivent se produire et, dans les différentes applications galvanoplastiques que nous aurons à considérer par la suite de cet ouvrage, nous indiquerons le degré de décapage dont nous aurons besoin.

Le décapage le plus complet du cuivre et du laiton comprend les six opérations suivantes : 1° la *recuisson* ou *dégraissage*; 2° le *dérochage*; 3° le *passé à l'eau-forte vieille*; 4° le *passé à l'eau-forte vive*; 5° le *passé aux acides à mater*; 6° le *passé aux acides à brillanter*. Enfin, il est une septième opération qu'on appelle le *passé au nitrate de mercure*; mais on n'y soumet que les objets destinés à la dorure ou à l'argenture spéciales.

Recuisson ou dégraissage. — Cette opération, qui a pour but d'enlever toutes les matières grasses qui peuvent souiller l'objet en cuivre par suite du travail qu'il a subi, ne peut s'appliquer qu'aux pièces en cuivre ou laiton ne comportant pas de soudures à l'étain et ne saurait convenir non plus aux objets très délicats tels que le paillon ou le filigrane. La recuisson consiste à soumettre l'objet à un feu doux de charbon de bois ou de braise jusqu'à ce qu'il prenne la couleur rouge sombre; on pourrait aussi se servir de la flamme du gaz, mais alors il faut utiliser un brûleur Bunsen à flamme bien bleue qui ne noircisse ni ne sulfure le métal.

Dans les ateliers de quelque importance, on préfère se servir d'un fourneau à moufle. Le moufle est une sorte de cylindre en terre réfractaire ou mieux de cylindre présentant une partie plate sur sa périphérie et placé dans un fourneau installé de telle sorte que la flamme du foyer et les gaz chauds enveloppent complètement le moufle en le maintenant à une température élevée. Il suffit donc d'y placer les pièces à recuire pour qu'elles acquièrent la température du rouge sombre et se débarrassent ainsi de la graisse qui les couvrait. On les retire ensuite et on les laisse refroidir lentement à l'air.

Si les pièces à traiter sont trop délicates ou portent des soudures que la grande chaleur pourrait faire fondre, on opère le dégraissage en les plongeant pendant quelques secondes dans une lessive bouillante de potasse ou de soude. C'est à ce même traitement qu'il faudrait soumettre également les pièces à dégraisser dont on voudrait respecter la sonorité. On a remarqué en effet, que le recuit fait perdre, ou au moins modifie dans une très large mesure la sonorité des pièces de cuivre ou de ses alliages qui y ont été soumises.

Dérochage. — En sortant du recuit et même du dégraissage, les pièces sont recouvertes d'une couche grise qui n'est autre chose que du bioxyde de cuivre, et le dérochage a précisément pour but d'enlever cette matière grenue qui gênerait dans les opérations suivantes.

Pour faire le dérochage, on commence par rincer les pièces recuites ou dégraissées et on les plonge dans un bain formé en poids de : 80 à 90 parties d'eau et 20 à 10 parties d'acide sulfurique. Si les pièces sont entièrement en cuivre ou en laiton, on peut, sans inconvénient, laisser les pièces dans ce bain, qu'en terme de métier on appelle *déroche*, pendant un temps assez long; si au contraire elles sont munies de soudures ou qu'elles portent des parties en fer ou autre métal, il ne faut les y laisser que le temps strictement nécessaire à enlever la couche de bioxydé, ce qu'un peu d'habitude apprendra rapidement, ou même ce dont on peut s'assurer par tâtonnement. Lorsque les pièces ont été mises en déroche, la couche grise ne disparaît pas, mais elle n'est plus adhérente, de sorte qu'on les sort du bain, on les frotte avec une brosse en fils de cuivre dont nous donnons une série de modèles *a b c d e f* dans la figure 34. Ces brosses peuvent, du reste, être faites par l'opérateur lui-même, qui peut leur donner ainsi les formes et les dimen-

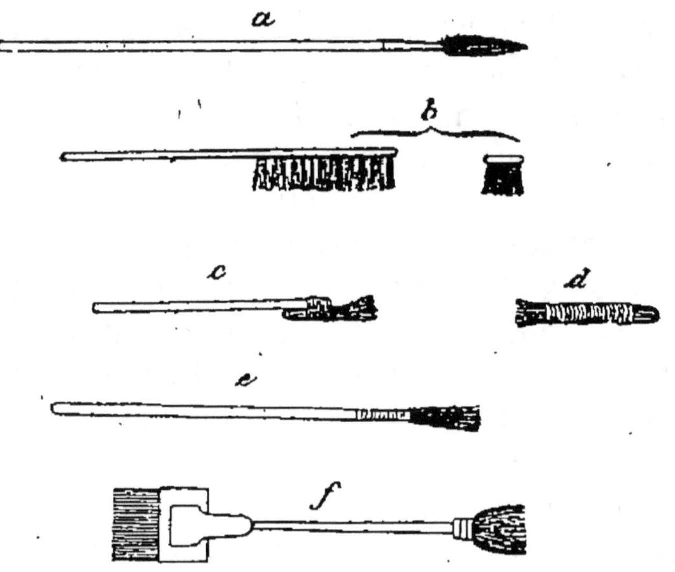

Fig. 34. Brosses en fils de cuivre.

sions qui lui conviennent le mieux. Pour les grandes pièces on se sert, dans l'industrie, de *gratte-bosses* mécaniques dont nous parlerons plus loin.

Lorsqu'on a bien opéré le dérochage, c'est-à-dire lorsqu'on a laissé tremper les objets un temps suffisant dans la déroche, toute la couche grise se détache facilement sous l'action de la brosse. Si au contraire cette couche restait encore adhérente, il faudrait replacer la pièce dans le bain de déroche.

Le dérochage et brossage terminés, on rince bien les pièces et on les fait sécher dans de la sciure de bois.

Passé à l'eau-forte vieille. — Cette opération constitue un véritable décapage et a pour but de donner aux objets une teinte métallique uniforme qu'ils n'ont pas après le dérochage, qui leur laisse toujours des traces inégales d'oxydation. Pour y arriver, on plonge les pièces dans un bain d'acide nitrique ayant déjà servi à des opérations antérieures et qui, par conséquent, est affaibli et tient du cuivre en dissolution. On rince, et si les pièces sont bien nettes, présentant la teinte métallique uniforme dont nous avons parlé plus haut, l'opération est terminée; sinon replacer l'objet dans le bain. Un peu d'habitude fera vite connaître le moment opportun pour retirer la pièce du bain et n'avoir plus à l'y remettre. Il arrive un moment où l'eau-forte vieille est épuisée et n'agit plus, ce qu'on reconnaît quand les pièces en sortent comme voilées d'un nuage blanc verdâtre; on remonte alors le bain en y ajoutant un peu d'acide nitrique neuf (pas plus de 5 0/0).

Ce serait une très grosse faute, et nous la signalons parce qu'elle est fréquente chez les débutants, de passer les pièces à une eau-forte trop chargée en acide nitrique; l'opération paraît devoir aller ainsi plus vite, mais en réalité elle ne fait que détériorer les objets en les soumettant à une attaque trop énergique, laquelle se manifeste alors irrégulièrement, formant de véritables trous dans le métal.

Passé à l'eau-forte vive. — Après le passé à l'eau-forte vieille, les pièces, bien rincées, sont plongées rapidement, c'est-à-dire pendant quelques secondes seulement, dans un bain ayant la composition suivante :

Acide nitrique neuf à 36°.	100 kilos
Sel gris (sel de cuisine).	1 —
Suie calcinée	1 —

Cette formule de bain est à coup sûr la meilleure, néanmoins on lui substitue souvent la suivante :

Acide nitrique à 36°.	100 kilos
Acide sulfurique à 66°	10 —
Acide chlorhydrique	1 —

Mais le bain ainsi formé attaque très énergiquement le cuivre, aussi faut-il avoir soin d'y tremper à peine les pièces, qui en sortent alors très nettes ; les ouvriers doreurs nomment cette opération *blanchiment*, bien que les objets qui la subissent ne soient en rien blanchis. Dès leur sortie de ce bain, les pièces sont parfaitement rincées à l'eau pure, puis très bien séchées dans la sciure.

Passé aux acides à mater. — Comme l'indique son nom, cette opération a pour effet de donner aux pièces un aspect mat. D'une façon générale, il existe deux formules ou mieux deux classes de formules pour ce bain : la première comporte un mélange d'acides, elle convient aux pièces de cuivre ; la seconde comporte un mélange de sels acides et convient aux pièces en laiton qui, par un bain d'acides, se trouvent corrodées d'une façon irrégulière.

Parmi les formules de bains de la première classe, la suivante est très appliquée :

1° Acide nitrique à 36° Baumé. . . . .   100 kilos
Acide sulfurique à 66° Baumé. . .   50   »
Sulfate de zinc desséché. 2 500
Sel gris. 0 500

La manière de faire le mélange de ces différents produits a son importance, aussi la donnerons-nous en quelques mots. D'abord, il faut opérer en plein air ou sous la hotte d'une cheminée offrant un excellent tirage, puis on commence par verser la quantité voulue d'acide nitrique dans une capsule en porcelaine ou dans une terrine en bon grès cérame bien vernissée ; on y incorpore ensuite l'acide sulfurique par petites fractions en agitant le mélange avec une baguette en verre. Il se dégage des vapeurs très acides qu'il faut éviter de respirer et qui piquent la peau. Les deux acides incorporés et mélangés, on introduit de la même façon le sulfate de zinc puis le sel gris ; il faut avoir soin que ces deux sels soient aussi peu humides que possible, l'eau qu'ils contiendraient ayant pour effet d'échauffer énormément le mélange qui s'échauffe déjà sans cela. Le mélange de toutes les matières une fois fait, on laisse refroidir et l'on n'utilise le bain que lorsqu'il est à la température ambiante.

9.

2° Acide nitrique à 36° Baumé. . . . . 100 kilos
Acide sulfurique à 66° Baumé. . . 50 »
Acide chlorhydrique. . . . . 20 »
Nitrate de cuivre. 12 500
Eau . . . . 25 »

On fera le mélange comme précédemment, l'eau introduite en dernier lieu devra être incorporée très lentement par petites quantités, surtout en commençant.

3° Acide nitrique à 36° Baumé. 50 kilos
Nitrate de mercure . . . . . 250 —
Eau . . . . 250 à 300 —

Cette dernière formule, donnée surtout en vue de la dorure des pièces, trouve peu son emploi en dorure par le courant électrique.

Parmi les bains aux sels acides, signalons la suivante :

Nitrate de potasse (salpêtre). . . . 400 kilos
Sel gris (sel de cuisine). . . . . . 10 —
Sulfate de cuivre cristallisé. . . . 10 —
Eau . . . . 30 —

On dissout les sels dans l'eau qu'on fait chauffer. Suivant les opérateurs et aussi selon les objets à traiter, ce bain peut se montrer trop actif, on diminue alors la proportion de nitrate de potasse ou l'on augmente la quantité d'eau. Enfin, quelques praticiens rendent ce bain plus énergique en y ajoutant un peu d'acide sulfurique. Cette addition doit se faire avec beaucoup de précaution. Nous nous sommes efforcés de donner ci-dessus des formules pratiques et dont l'effet est sûr, mais il est certain que chaque opérateur peut faire varier légèrement les proportions des matières constitutives sans dénaturer complètement la formule et trouver ainsi des compositions répondant mieux à son travail.

Dans toutes ces formules nous avons pris le kilogramme pour unité, ce qui donne des quantités souvent considérables, mais le lecteur a compris qu'il s'agit surtout de respecter les proportions, et qu'il peut remplacer les chiffres des kilogrammes par des grammes.

Tout l'art de l'opérateur, dans l'usage des bains ci-dessus, réside à saisir le temps exact pendant lequel les objets doivent y séjourner. Si elles y restent trop longtemps elles en sortent avec un aspect terreux, et il faut alors les éclaircir en les passant rapidement dans un acide capable de leur communiquer leur premier aspect. Si, au contraire, elles y restent trop peu de temps, le mat est incomplet. Un peu d'habitude aura vite fait d'initier le praticien à la durée d'immersion ; mais on comprendra qu'il ne soit pas possible de donner une durée d'immersion absolument fixe, celle-ci dépendant aussi, en grande partie, de la forme et de la dimension des objets traités. Il est certain, en effet, que de petites pièces très découpées ou ajourées, présentant de faibles surfaces à attaquer, doivent passer au bain beaucoup plus rapidement qu'une pièce pleine et grande, offrant une surface d'attaque relativement considérable.

Passé aux acides à brillanter. — Voici une formule de bain à cet usage, qui est très utilisée :

Acide nitrique à 36° Baumé. . . . 100 kilos
Acide sulfurique à 66° Baumé . . . 100 —
Sel gris. . . . . 1 —

Le mélange des matières s'opère comme nous l'avons indiqué pour le premier bain à mater. On reconnaîtra facilement d'après la teneur en acides nitrique et sulfurique que son action doit être très énergique et que, par conséquent, les objets qui y sont trempés ne doivent l'être que très peu de temps, quelques secondes. Lorsqu'on n'utilise pas le bain ainsi composé, il faut avoir soin de l'enfermer soit en bouteilles bien bouchées, soit en touries, car ce mélange, très avide d'eau, absorbe l'humidité de l'air et par conséquent s'affaiblit dans son pouvoir corrosif.

IV. DÉCAPAGE DU ZINC

Le zinc est un métal fort répandu et par conséquent d'un prix peu élevé ; de plus, comme sa fusion s'obtient facilement à une température relativement basse, il est aujourd'hui très appliqué pour la confection d'objets les plus divers obtenus par son moulage. Les pendules, les candélabres, les coupes, la lustrerie en général, les statues, se font beaucoup en zinc et reviennent de ce fait à un prix qui les ramène au quart environ de celui qu'on obtiendrait en employant le bronze. Par contre, le zinc n'a pas, par lui-même, une couleur agréable ; blanc presque comme de l'argent lorsqu'il est neuf ou qu'il vient d'être fondu, il se ternit très rapidement à l'air et se couvre d'une très mince pellicule d'oxyde qui lui donne un aspect gris sale qui ne conviendrait pas à la fabrication des objets dont nous venons de donner une succincte nomenclature. Aussi, a-t-on recours à la galvanoplastie pour le recouvrir d'un dépôt métallique qui, suivant les objets à créer, est l'or, l'argent et surtout le cuivre. Ce dernier métal, déposé en couche même très mince, donne à la pièce toute l'apparence d'un objet entièrement fondu en cuivre et qui, recevant par la suite un traitement convenable, en fera du bronze d'art avec sa patine spéciale donnant le bronze Barbedienne, le bronze florentin, le vieux bronze, etc. ; c'est ainsi que sont obtenus à très bon marché ces supports de coupes, de lampes et ornements divers, qui rivalisent de beauté et d'aspect avec les bronzes les plus authentiques.

Le fait même de ce que nous avons dit au début de ce paragraphe sur la façon dont se comporte le zinc lorsqu'il est exposé à l'air, nous indique qu'avant de le soumettre au travail galvanoplastique, il faut le décaper pour bien mettre à nu le métal pour ainsi dire vierge. Le décapage comporte deux opérations qui correspondent au dégraissage et au décapage dont nous avons déjà parlé pour la fonte et le fer. La première opération consiste à passer *rapidement* les objets de zinc dans une lessive de potasse chaude ; nous insistons sur le mot *rapidement*, car la potasse dissout assez rapidement le zinc ; puis on passe pendant quelques minutes dans une solution composée en poids de 90 d'eau et 10 d'acide sulfurique à 66° Baumé. Au sortir de ce bain, les objets en zinc sont bien rincés à l'eau et de préférence à l'eau chaude. Si ces objets comportent, comme cela arrive souvent, des parties soudées, ces dernières sortent du bain plus ou moins noires, on les nettoie soit avec une brosse en fils métalliques, soit en les frottant avec une poudre à polir telle que de la ponce pilée et tamisée.

Cette formule de décapage est la plus ancienne et par suite peut-être la plus usitée encore. Nous lui préférons, néanmoins, celle que préconise M. Roseleur et qui consiste en un bain comprenant :

```
Acide nitrique à 36° Baumé. . . .   100 kilos
Acide sulfurique à 66° Baumé. . .   100  —
Sel gris. . . . . . . . . . . . .     1  —
```

Ce bain se prépare comme nous l'avons indiqué plus haut pour le passé aux acides à brillanter et doit être utilisé quand il est bien refroidi. En raison de son grand pouvoir mordant, les pièces qu'on y plonge doivent y rester peu de temps.

V. DÉCAPAGE DU PLOMB ET DE L'ÉTAIN

Le plomb et l'étain servent aussi, comme le zinc, de base pour ainsi dire, à certains objets qui reçoivent après coup un dépôt métallique destiné à en améliorer l'aspect ou la qualité ; cependant nous ajouterons que cette utilisation de ces deux métaux est bien moins importante que celle du zinc ; leur plus grand usage réside surtout dans les différents alliages qu'ils forment ensemble et qui, différant dans les proportions respectives des deux métaux constitutifs, forment ce qu'on appelle dans le commerce : le métal d'Alger, l'argent allemand, le métal anglais, l'argent de Boulogne, etc.

Le plomb et l'étain sont très brillants et assez blancs lorsqu'ils sont neufs, mais se ternissent rapidement et prennent une nuance grise plus ou moins foncée, nuance due à une couche d'oxyde qui se forme et qui, du reste, protège la couche de métal sous-jacente, aussi suffit-il de gratter un peu la surface pour retrouver le métal avec son bel aspect brillant. Cette propriété est mise à profit en plomberie par exemple, où lorsqu'on doit faire une soudure on amène le plomb à l'état de propreté voulue, en le grattant légèrement ; c'est également ce que l'on fait le plus souvent en galvanoplastie ; on soumet la pièce au gratte-bossage, que nous verrons plus loin, qui lui donne la netteté et le brillant dont a besoin le galvanoplaste. Bien des praticiens cependant font usage d'un bain de dégraissage formé d'une lessive de potasse, mais les résultats qu'on en obtient sont le plus souvent très précaires, aussi nous ne croyons pas devoir le conseiller.

Cette dernière observation est surtout applicable aux différents alliages des deux métaux ci-dessus, car la potasse les attaque très inégalement et, à moins d'une très grande habitude, basée sur un nombre considérable d'observations, la réussite du dégraissage à la potasse est très aléatoire. Le polissage, au contraire, réussit toujours, car les deux métaux : plomb et étain, ou leurs alliages, sont suffisamment mous pour être très efficacement attaqués par une brosse métallique.

Nous arrêterons ici ce qui est relatif au décapage, ayant envisagé les métaux les plus usuels appelés à recevoir un dépôt métallique. Pour ne pas compliquer les principes de ce genre de travail, en dehors des soudures, nous n'avons jamais considéré le cas, rarement possible il est vrai, où une pièce se composerait de l'assemblage de plusieurs métaux différents. Le lecteur suppléera à l'insuffisance de ces renseignements tout à fait généraux, par un peu d'ingéniosité qu'il mettra en œuvre pour traiter chaque partie composant un objet de plusieurs métaux, suivant la méthode qui lui convient en propre.

Nous ferons une dernière observation relativement à l'emploi de la sciure de bois comme matière propre à sécher les pièces venant d'être rincées. D'abord il n'est pas indifférent de prendre n'importe quelle sciure de bois, et il faut proscrire l'usage des sciures de chêne, de châtaignier et de buis, et ne se servir que de sciure de sapin. La sciure doit être maintenue dans des caisses, généralement en tôle et même chauffées de façon à enlever toute l'humidité qu'elle renferme ; à ce sujet du reste, nous ne pouvons qu'engager le lecteur à consulter le Manuel-Roret de *Dorure, Argenture et Nickelage*, dans lequel il trouvera tous les détails d'installation de ces caisses à sciure, dont l'emploi est surtout très fréquent chez les doreurs, bijoutiers ou orfèvres. En galvanoplastie, pour les dépôts blancs des métaux tels que l'argent ou le nickel, on préfère traiter les objets par le blanc de Meudon, la sciure, même la meilleure, contenant des matières résineuses et des poussières

qui altèrent l'éclat du dépôt. La sciure n'est réellement bonne que pour les objets cuivrés ou dorés.

CHAPITRE VI

Polissage

—

Sommaire. — I. Polissage proprement dit. — II. Brunissage. — III. Gratte-bossage.

Nous rangeons dans ce même chapitre, et sous
le titre général ci-dessus, toutes les opérations qui
ont pour but de donner aux métaux, avant ou
après leur passage au bain galvanoplastique, une
surface parfaitement unie et uniforme. Au point
de vue du métier de polisseur proprement dit, le
polissage n'est qu'une seule opération bien dis-
tincte et qui a pour effet principalement de donner
aux surfaces métalliques un beau poli ; notre titre
de polissage, pris dans l'acception générale que
nous voulons lui faire exprimer, serait donc faux.
Malheureusement, la langue française n'est pas
très riche en termes généraux, ce qui fait du reste
sa précision ; chaque objet ayant le terme qui lui
est propre, force nous a donc été de prendre comme
titre générique des diverses opérations que nous
allons examiner dans le présent chapitre, le mot
qui nous a paru pouvoir s'appliquer le mieux à

toutes ensemble. Cette explication était nécessaire pour mettre en garde le lecteur contre une expression erronée; et puisque nous avons adopté le mot ci-dessus pour rappeler un ensemble d'opérations dans lequel le polissage forme l'une d'elles, nous commencerons par celle-ci que nous désignerons comme ci-dessous.

I. POLISSAGE PROPREMENT DIT

Comme nous l'avons dit plus haut, le polissage a pour but de donner à la surface métallique des pièces un beau poli bien uniforme; or ce qui constitue précisément le manque de poli provient d'une certaine inégalité d'épaisseur de l'objet, inégalité présentant naturellement des saillies et des creux. Le polissage a pour but de supprimer les saillies par l'usure et de ramener la surface au niveau du creux le plus prononcé. L'appareil le plus élémentaire qui se conçoive pour cette opération, le lecteur l'a déjà imaginé, sera la toile émeri; et en effet cette dernière, convenablement utilisée, remplira le but désiré. La condition *convenablement* demande l'explication que voici. Suivant que les aspérités sont plus ou moins prononcées, il faudra commencer le polissage avec une toile émeri plus ou moins grosse, ou pour mieux dire dont l'émeri est plus ou moins gros; ces toiles sont du reste numérotées dans le commerce suivant la grosseur des grains d'émeri, les plus fins ayant la ténuité d'une poudre impalpable. Quand on a frotté la surface à polir suivant un sens, *toujours le même,* on frotte dans le sens bien perpendiculaire au premier, ce qui donne sur la surface du métal des raies se croisant à angle droit. Quand on juge qu'on a bien dégrossi la pièce, on recommence de la même façon avec une toile d'un grain plus fin, et ainsi de suite jusqu'à l'emploi du grain le plus fin. Avec ce dernier il est bon de faire usage d'un peu d'huile ou de suif.

Cette opération amène la pièce à un très grand état de netteté et lui donne déjà un très beau poli; on améliore encore ce dernier en frottant alors l'objet avec une peau de chamois et du rouge anglais s'il s'agit d'une pièce en fonte, en fer ou en acier, du tripoli ou rouge de cuivre si la pièce est en cuivre, du blanc de Meudon si la pièce est en argent ou en étain.

Il est de toute impossibilité de dire très exactement par quel numéro de toile émeri l'on doit commencer le polissage; l'emploi de telle ou telle grosseur d'émeri dépendant de la dimension des aspérités et aussi de la pièce à polir. Si, en effet, cette dernière présente des parties délicates, il sera plus prudent de commencer le polissage avec une toile assez fine, quitte à passer plus de temps à ce travail; si, au contraire, la pièce n'offre aucune délicatesse de formes, on pourra sans inconvénient prendre au début un émeri un peu plus gros qui enlèvera de suite d'assez fortes quantités de matières.

Le polissage tel que nous venons de l'indiquer ne peut évidemment convenir qu'à des amateurs et pour des travaux de peu d'importance, mais il devient insuffisant pour un atelier de galvanoplastie, si faible que soit sa production. Ici l'on remplace la toile émeri par la meule que le galvanoplaste trouvera dans le commerce d'une façon très courante, et qui n'est autre chose que de la poudre d'émeri agglomérée par un ciment approprié. Comme avec la toile, le polissage à la meule exige que cette dernière présente des degrés de finesse différents, et l'atelier devra disposer d'un nombre suffisant de ces meules pour avoir la série de grains nécessaires à un bon polissage; mais ces objets peuvent s'acquérir à prix relativement bas, leur fabrication étant très courante, et l'industriel n'est pas obligé d'avoir autant de bâtis qu'il a de meules, un même bâti pouvant servir pour toutes, d'après ce que nous allons expliquer de cette partie de l'appareil.

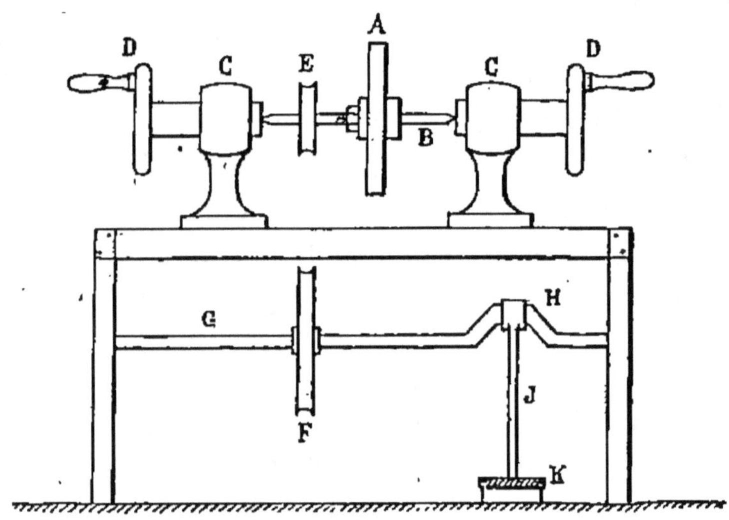

Fig. 35. Meule à polir.

Pour faire un bon travail, la meule doit tourner très vite, aussi la monte-t-on sur un bâti qui est

un véritable tour, et dont nous donnons une vue
en élévation figure 35. A est la meule en émeri
calée sur un arbre B dont les extrémités se termi-
nent en pointes butées contre des poupées C C dont
la distance est réglable à l'aide de deux petits vo-
lants à poignée D. Sur l'arbre B est calée une
poulie E d'un diamètre très petit comparativement
à celui de la poulie F dont elle reçoit le mouvement par l'intermédiaire d'une corde à boyau; ces
deux poulies sont à gorge. La poulie F reçoit son
mouvement d'un arbre G muni d'un coude H dans
lequel prend la tête d'une bielle J actionnée par
une pédale K. Grâce à la très grande différence de
diamètre des deux poulies F et E, cette dernière
prend la vitesse considérable que demande la
meule.

Nous donnons, figure 36, une vue de l'arbre seul
pour expliquer comment s'opère le changement de

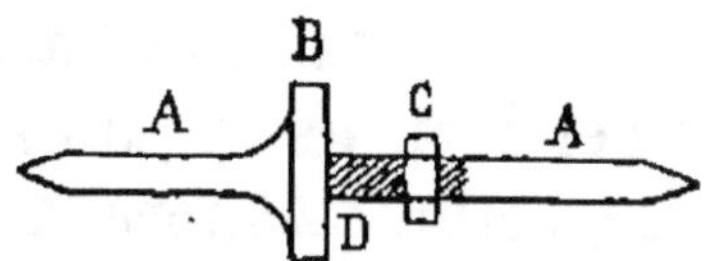

Fig. 36. — Arbre de la meule à polir.

meule suivant le numéro dont on a besoin. L'arbre
A A est terminé par deux pointes, et porte à un
endroit une embase B venue de forge avec lui et
contre laquelle vient s'appliquer la meule. Cet
arbre est muni d'une partie filetée D sur laquelle
peut serrer un écrou C. Pour monter la meule, on
desserre l'écrou C et on l'enlève de l'arbre, puis on
enfile la meule sur ce dernier, et l'on place une

rondelle en fer du même diamètre et de la même épaisseur que l'embase, puis on passe l'écrou que l'on serre à bloc. Il suffit alors de porter le tout entre les deux poupées et de serrer ces dernières assez pour que l'arbre de la meule soit bien soutenu, et pas trop pour qu'il puisse tourner librement. D'ailleurs, on est guidé dans ce montage par ce que les pointes de l'arbre ne sont pas absolument vives, mais bien terminées par un léger arrondi qui lui-même vient trouver sa place dans un creux de même forme ménagé dans les poupées.

On voit, d'après cette description très sommaire, que le galvanoplaste pourra n'avoir qu'un bâti pour toutes ses meules. S'il veut économiser du temps dans le changement des meules, il pourra avoir autant d'arbres que de meules et son seul travail consistera à enlever un arbre garni de sa meule et à le remplacer par un autre. Dans ce cas, la poulie E n'est pas clavetée sur l'arbre, mais celui-ci présente, à l'endroit de la poulie, une section carrée, tandis que cette dernière a l'œil de son moyeu également carré, et glissant facilement sur l'arbre; l'interchangeabilité devient dès lors très simple.

Ce tour, dont nous n'avons indiqué qu'un ensemble de principe, est modifiable à volonté; ainsi les deux poupées C, que nous représentons fixées une fois pour toutes, peuvent être munies à leur partie inférieure d'un trou taraudé qui recevrait un boulon à oreille, et si elles sont placées sur une fente longitudinale de la table, on peut les écarter à volonté pour placer entre elles un arbre plus ou moins long; leur emplacement arrêté, il suffira de serrer les écrous à oreilles qui, passant sous la table, fixeront très rapidement les poupées dessus. On pourrait également avoir une des poupées fixe et sans volant D, la seconde seule étant munie de ce dernier. Enfin il est bien entendu que cette machine, représentée sur notre dessin comme marchant à la pédale, pourrait marcher au moteur, la poulie E étant alors actionnée par une courroie partant d'un arbre de transmission. Mais dans ce dernier dispositif, il sera bon d'avoir deux poulies, l'une fixe et l'autre folle, de façon à pouvoir débrayer et embrayer l'outil, aussi facilement et aussi rapidement que possible.

Enfin, nous indiquerons encore une disposition intéressante de la meule émeri, assez différente de celle que nous venons de donner. Dans ce modèle, l'ensemble des deux poupées et de la table ne fait qu'une pièce, et les deux poupées deviennent des paliers ordinaires supportant un arbre qui porte, entre les deux paliers, la poulie fixe et la poulie folle, et qui, traversant un des paliers, reçoit la meule en dehors de ce palier. Cette disposition offre l'avantage de laisser la meule complètement dégagée sur une de ses faces, ce qui donne au polisseur qui tient la pièce devant, beaucoup plus d'aisance et de liberté dans ses mouvements, et lui permet d'utiliser beaucoup mieux l'arête de la meule pour polir certaines parties sur lesquelles le plat du disque de la meule serait trop large.

Dans les modèles de ce genre, on fait généralement dépasser l'arbre hors des deux paliers; la meule se place d'un côté, comme nous venons de le dire, tandis que de l'autre côté on place une gratte-bosse, c'est-à-dire un pinceau en fil métallique, auquel on fait polir des parties creuses ou rentrantes, que la meule ne peut pas atteindre.

En général, les ateliers importants dans lesquels le travail est très divisé, ne s'astreignent pas à changer les meules pour chaque travail; ils sont de préférence munis d'autant de bâtis qu'ils peuvent avoir besoin de meules différentes, et s'ils ont de ce fait une première mise de fonds plus considérable, ils la récupèrent rapidement par l'économie du temps passé en montage et démontage. Du reste, dans de semblables ateliers, le travail est suffisamment varié pour que tous les numéros d'émeri soient nécessaires à la fois et par conséquent pour que toutes les meules marchent sans interruption.

Les meules en émeri ne sont guère employées que pour les premières parties du polissage qu'on pourrait appeler le dégrossissage, mais pour le passage à l'émeri très fin, on emploie ce qu'on appelle les meules de buffle. Leur installation est identique à ce que nous venons de dire, seule la meule proprement dite change; celle-ci est formée d'un disque en bois sur le pourtour duquel on colle très exactement, à l'aide de colle forte, une lanière de cuir de buffle; quelquefois, on superpose plusieurs de ces lanières. Lorsque le tout est bien sec, on enduit la périphérie de ce disque de colle forte et on le roule dans une couche de poudre d'émeri de la finesse désirée, qu'on a étendu en couche suffisamment épaisse sur une table ou une planche; on laisse sécher et l'on a ainsi une véritable meule dont on se sert pour faire le poli très fin. Lorsqu'après quelque temps d'emploi la couche d'émeri s'est usée, on peut recharger en poudre comme au début, mais il faut avoir soin d'enlever celle qui reste toujours, au moins par place, ce qu'on fait en grattant la périphérie avec une lame d'acier bien dur pendant que la meule tourne.

Pour donner le fini complet au polissage, on se sert encore d'un autre genre de meule que l'on nomme en terme de métier la meule *buffle-chiffon*; le disque qui la forme est composé d'un certain nombre de feuilles de feutre, de drap ou même de tissu de coton parfaitement serrées les unes contre les autres à l'aide de deux disques en tôle plus ou moins forte et dont le diamètre est légèrement inférieur à celui du tissu ; le centre, percé d'un trou, est muni d'une pièce en métal qui permet de fixer cette meule spéciale sur l'arbre du tour, tout comme la meule d'émeri.

On obtient avec la meule buffle-chiffon le même effet qu'avec la peau de chamois dont nous parlions au sujet du polissage à la main.

Tous les appareils de cette catégorie produisent un travail très rapide, par conséquent économique et en outre beaucoup plus régulier que celui qu'on obtiendrait à la main.

L'installation des meules quelles qu'elles soient, dans un atelier de galvanoplastie, nécessite quelques observations particulières. Nous dirons d'abord qu'il faut les placer dans un local à part, ou du moins séparé du reste de l'atelier, car la poussière qu'elles donnent serait très préjudiciable aux autres opérations. On doit les installer de façon à ce qu'elles reçoivent le plus de lumière possible, car leur travail consistant à donner un bel aspect aux pièces, il faut que le polisseur puisse bien juger de cet aspect et arrêter le travail quand il est terminé. Enfin, il est une recommandation sur laquelle on ne saurait trop insister, car elle constitue une mesure de sécurité : toutes les fois qu'on met en fonction une meule émeri neuve, il faut la faire tourner un certain temps à sa pleine vitesse, sans qu'il y ait personne devant. Ces meules, en raison de leur fabrication par agglomération, présentent quelquefois des défauts qui ont pour résultat de les faire rompre lors de leur rotation à grande vitesse. C'est ce qu'on exprime, en disant qu'une meule éclate. Les morceaux, projetés avec une grande force, peuvent causer des accidents graves; l'accident, s'il doit se produire, se manifeste au début du service de la meule, et lorsque celle-ci a tourné quelques heures à toute vitesse, sans que rien ne se produise, on est à peu près assuré qu'elle est à l'épreuve du bris.

Quant à la méthode d'emploi des meules, nous n'en dirons que quelques mots, tout le monde connaissant l'office de ce genre d'appareil, office tout à fait analogue à celui de la meule du rémouleur, sauf que dans le cas du polissage, la meule tourne en venant sur la pièce qui lui est présentée. Le polisseur doit tenir la pièce solidement appuyée sur un support et l'appuyer avec certaines précautions contre la meule : si la pression est trop forte, l'usure est trop grande; si la pression n'est pas assez forte, l'usure est trop faible; enfin, si la pression est irrégulière, l'usure est elle-même irrégulière et la pièce peut être déformée. On voit donc que c'est une habitude à acquérir par la pratique et que le polisseur exerce un vrai métier dont il doit faire l'apprentissage avec soin. Il y a des ouvriers qui l'exercent avec une véritable maestria, sachant tourner et retourner la pièce et arrivant, avec une meule relativement lourde et large, à polir des pièces ou parties de pièces très fines et très délicates. Lorsque le travail est fini à une meule, l'objet passe à la suivante et là, comme avec le papier de verre, il faut avoir soin de faire le second meulage bien perpendiculairement au premier. Puis on passe sur la meule en buffle recouverte d'émeri fin. Ici, le travail est plus simple, parce que cet émeri attaque fort peu le métal et parce que ces meules étant douées d'une plus grande élasticité, il y a moins à surveiller la pression de la pièce.

Enfin, on passe à la meule buffle-chiffon, qui achève le polissage. Si l'on veut que ce dernier soit encore plus parfait, on enduit cette meule d'une des compositions dont nous avons signalé l'emploi avec la peau de chamois.

Ce que nous venons de dire du polissage ne peut s'appliquer, comme le lecteur s'en sera déjà rendu compte, qu'à des pièces présentant des parties planes, la meule ne pouvant pénétrer dans les creux.

Quand les objets présentent de ces derniers, on remplace les meules par des brosses circulaires faites en fils d'acier, en fils de fer, en fils de cuivre, en soie de sanglier ou en crin végétal; les plus dures de ces brosses servent au dégrossissage, les plus douces au finissage; ces opérations sont en somme tout à fait analogues au gratte-bossage que nous examinerons plus loin.

Enfin, quand il s'agit de polir de très petits objets qu'on ne peut pas présenter à la meule ou à la brosse, on emploie le *polissage au tonneau*, ainsi appelé parce qu'il s'effectuait au début uniquement dans des tonneaux plus ou moins grands, qu'on utilise encore fréquemment aujourd'hui, mais que l'on remplace aussi très souvent par de simples boîtes en bois cylindriques munies à leurs deux fonds de tourillons reposant sur des coussinets. Dans ce tonneau, on met les objets à polir avec diverses matières, suivant la nature des pièces ; à l'aide d'une manivelle, lorsque l'opération se fait à bras, ou à l'aide d'une poulie, quand l'opération se fait au moteur, on fait tourner le tonneau. Le frottement des pièces l'une contre l'autre avec l'interposition de la poudre à polir, mélangée souvent avec de l'eau, amène le poli. La vitesse de rotation ne doit pas être trop vive, car les pièces se calent contre la paroi du tonneau et tournent avec lui sans bouger de place ; il n'y a pas alors le frottement cherché. La vitesse doit être telle que le tonneau seul tourne et que les pièces, entraînées par ce mouvement de rotation, n'en accomplissent qu'une très faible partie pour revenir toujours vers le fond horizontal. Dans ces conditions, elles se déplacent d'une façon continue, présentent au frottement toutes leurs parties tour à tour et se polissent.

Cette vitesse dépend nécessairement de la dimension du tonneau et de la nature des objets qu'il renferme, aussi, dans les grands ateliers bien outillés, il y a toujours plusieurs tonneaux en mouvement.

Le polissage au tonneau nous conduit à parler aussi du *polissage au sac*, encore très usité aujourd'hui pour les très petits objets et principalement pour ceux qui ont été dorés ou argentés. Dans un sac fait de toile très serrée, on met les objets à polir avec de la sciure ou du sable fin et doux (sablon); puis on le ferme en l'attachant avec une bonne ficelle, en se formant ainsi une poignée du côté de l'ouverture ; on fait de même du côté du fond, puis un homme saisit ces deux extrémités de chaque main et imprime au sac un mouvement en élevant alternativement la main droite et la main gauche. Par cette manœuvre, les objets enfermés dans le sac en parcourent toute la hauteur à chaque mouvement et frottent ainsi les uns contre les autres et dans la poudre à polir. Le tour de main, pour conduire convenablement cette opération, s'acquiert très vite, et il faut s'y prendre de telle sorte que l'on sente les pièces non seulement descendre de haut en bas, mais encore rouler les unes contre les autres.

Dans certains ateliers, on perfectionne l'appareil en disposant le sac sur un support approprié qui, mû par le moteur, effectue le mouvement de descente et de montée alternatif du sac. En terme de métier, on désigne cette opération sous le nom de *sassage*.

Quelquefois le sac est remplacé par un baquet tronconique, tournant sur deux tourillons dont l'axe est incliné sur l'horizontale, c'est alors le *baquetage*.

10.

II. BRUNISSAGE

Brunir un métal ne veut pas dire le rendre brun, mais bien le rendre poli ; cette vieille expression, qui a persisté, provient très probablement du fait qu'un métal passé au brunissage prend un poli spécial qui, bien que parfaitement éclatant, a un aspect chaud et plus sombre qu'avant l'opération, le métal semble plus brun.

Le brunissage est donc un genre de polissage, mais dans lequel le poli est obtenu non plus en supprimant les aspérités du métal par l'usure, mais bien en écrasant en quelque sorte ces aspérités et en refoulant le métal qu'elles présentent en excès dans les creux où celui-ci fait défaut. Le brunissage, outre le poli qu'il fournit, donne aux objets auxquels il a été appliqué une solidité très grande. En effet, l'action de refouler le métal en resserre les pores, et s'il en recouvre un autre, le brunissage a pour effet de l'appliquer énergiquement contre ce dernier, en le faisant entrer dans toutes les infractuosités microscopiques qu'il présente à sa surface.

Les outils qui servent au brunissage s'appellent des brunissoirs, qui eux-mêmes se divisent en deux classes : les *trancheurs* et les *lisseurs*, car le brunissage comporte deux opérations : l'*ébauchage* et le *finissage*.

Les trancheurs servent à ébaucher le travail, c'est avec eux que l'ouvrier rabat les aspérités et les refoule dans les cavités voisines ; ces instruments ont les formes les plus variées, de façon à pouvoir s'appliquer au travail des pièces les plus différentes, mais en principe ils présentent toujours des arêtes vives et sont faits en matière très dure, telle que de l'acier fondu ou très bien trempé; nous en donnons quelques modèles figure 37, mais en ajoutant qu'ils sont loin de constituer la collec-

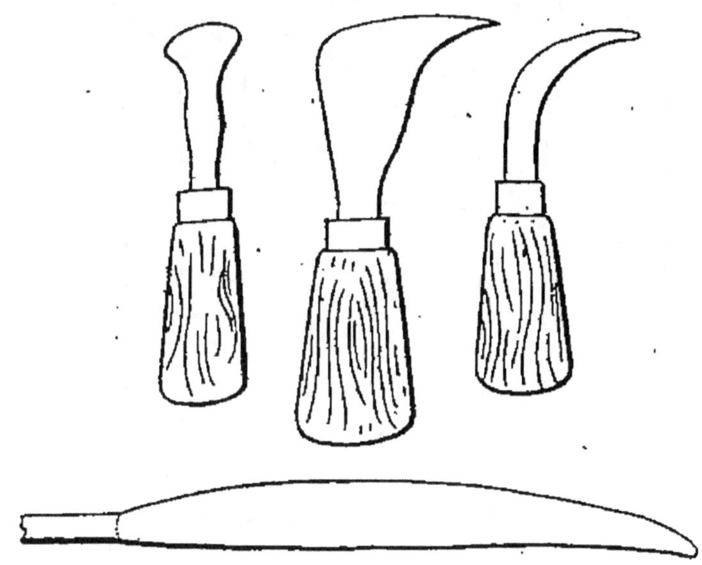

Fig. 37. Trancheurs.

tion complète, fort nombreuse du reste et des plus variée, sans compter les formes tout à fait spéciales imaginées par les brunisseurs eux-mêmes pour leurs besoins particuliers.

Ces outils, comme on le voit, sont munis de manches en bois qui peuvent être plus ou moins longs, suivant que l'ouvrier doit les tenir simplement à pleine main, ou qu'il doit, en le tenant à la main, appuyer le bout du manche contre son épaule pour se donner plus de force quand il opère sur de grandes pièces. Suivant leur forme, les outils

suivent des appellations différentes, telles que :
dent de chien, dent de loup, langue de chien, etc.

Les lisseurs, dont nous représentons plusieurs spécimens figure 38, se font en matières les plus diverses : en ivoire, en silex, en agate, en sanguine

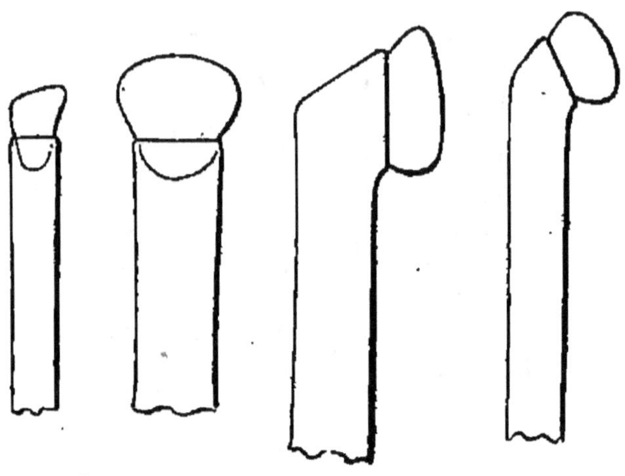

Fig. 38. Brunissoirs lisseurs.

ou hématite, etc., qui ne constituent que l'extrémité de l'outil et sont serties généralement dans un tube de cuivre ou de fer qui sert de manche et qu'on peut tenir d'une longueur variable, pour la même raison que celle donnée plus haut pour les trancheurs. Ainsi que le montrent les différents spécimens de la figure ci-dessus, la partie travaillante de l'outil ne présente pas d'arêtes vives et a au contraire tous ses angles parfaitement adoucis.

On brunit en appuyant et en frottant énergiquement sur le métal à polir, quelquefois on mouille le brunissoir d'un liquide formé d'une eau de savon noir qui a pour but de le faire glisser plus facilement, ou même d'un liquide qui, agissant chimiquement sur le métal, le nettoie, le décape pour ainsi dire en même temps que s'opère le polissage.

Le brunissage peut aussi se faire à la machine; dans ce cas, le brunissoir est monté sur un tour et ce n'est plus lui que l'on fait glisser sur la pièce, mais, au contraire, la pièce que l'on présente à l'outil. Cette opération exige un ouvrier très expérimenté non seulement pour présenter convenablement la pièce à brunir, mais encore pour suivre le progrès du travail.

D'une façon générale, le poli au brunissoir ne s'applique guère que pour les travaux tout à fait soignés et réclamant un certain degré de solidité. Ainsi, dans la grande industrie de l'orfèvrerie d'argent, on fait plus souvent du polissage proprement dit que du brunissage; l'éclat du métal est plus agréable à l'œil, mais, surtout quand il s'agit d'objets argentés par la galvanoplastie, la solidité est moindre.

Quand un objet a été bien bruni, que son poli est parfait, on dit qu'il est bien *noir*, par analogie probablement avec cette teinte d'éclat foncé que prend le métal.

III. GRATTE-BOSSAGE

Le mot gratte-bossage, qui a son verbe correspondant *gratte-bosser*, est relativement nouveau, car l'on disait jadis *gratte-boesser* et une *gratte-boesse*; il n'est pas rare même de trouver de vieux praticiens employant encore l'ancienne expression. Le mot actuel signifie par lui-même ce qu'est l'opération qui a pour but d'enlever les bosses, de les gratter.

Le gratte-bossage participe en réalité aux propriétés de chacune des deux opérations de polissage que nous venons d'examiner ; il peut, en effet, user comme la meule, ou polir comme le brunissoir, étant entendu cependant que chacun de ces effets est, dans le gratte-bossage, moins énergique que dans les opérations précédentes. Il s'effectue avec de véritables brosses en fils métalliques, ce qui fait dire, improprement du reste, à certaines personnes, *gratte-brossage*. Si les fils de la brosse sont en métal plus dur que celui à gratte-bosser, la brosse usera légèrement ce dernier, d'où analogie avec le polissage ; si au contraire ces fils sont de même dureté, il n'y aura qu'aplanissement du métal à polir, d'où analogie avec le brunissage ; aussi cette opération constitue-t-elle à la fois le nettoyage de la pièce et son finissage.

Les brosses à gratte-bosser se font le plus souvent en fil de laiton, ce métal étant suffisamment dur et résistant pour s'appliquer à tous les métaux usuels de la pratique, leurs formes sont très variables et bien des praticiens les confectionnent eux-mêmes. Pour cela faire, il suffit de prendre un paquet de fils de laiton de la grosseur voulue et on le lie solidement par une bonne ficelle qui l'enveloppe sur toute sa longueur, ne laissant que quelques centimètres (4 à 5) de ces fils libres. En résumé, on fait ainsi un véritable pinceau en fils métalliques. Au bout de quelque temps de service, ces brosses ou pinceaux s'usent ; pour les remettre à neuf, il suffit de couper avec un bon burin la partie usée et de défaire assez de ficelle pour remettre à nu la longueur voulue de fils métalliques. On arrive ainsi à user la brosse jusqu'au bout, étant donné que lorsqu'elle devient trop courte il n'y a qu'à l'assujettir à un manche en bois. On peut, de la même façon, faire des brosses plates comme les pinceaux dits queue de morue; enfin le commerce livre des brosses métalliques de toutes formes comme celles que nous avons indiquées dans notre dessin figure 34. On comprend que le même procédé permettra de faire des brosses en fils d'acier, en fils de cuivre pur ou en fils de cuivre spécial, tel que cuivre silicié, etc.

Le gratte-bossage se fait généralement en présence d'un liquide; d'une façon ordinaire, ce liquide est une décoction de bois de réglisse, de racine de guimauve, de saponaire ou plus souvent de bois de Panama; sa présence dans l'opération a pour but de faire glisser plus facilement la brosse sur la pièce à gratte-bosser et en même temps à entraîner les impuretés enlevées. L'installation du gratte-bossage est des plus simples et n'exige qu'un baquet plus ou moins grand, peu profond et rempli du liquide ci-dessus; une planche placée en travers du baquet, et légèrement au-dessus du niveau du liquide, sert à soutenir les objets. L'ouvrier s'asseoit devant le baquet, prend l'objet d'une main et après l'avoir trempé dans le baquet l'appuie sur la planche, tandis que de l'autre main il le frotte avec la brosse. Pour que le travail s'exécute convenablement, il faut de temps à autre tremper l'objet et la brosse dans le baquet, de façon à ce que le gratte-bossage se fasse toujours en présence du liquide.

Pour les grandes surfaces planes, l'opérateur doit manier sa brosse de façon à lui imprimer un mouvement de va-et-vient rapide, et il doit tenir la brosse aussi verticalement que possible pour que ce soit la pointe des fils surtout qui agisse, d'abord parce que c'est la seule partie travaillante de la brosse et ensuite parce que c'est la manière de la conserver le plus longtemps en bon état. Si, au contraire, on tient la brosse trop inclinée, les fils tendent à se recourber et en peu de temps son extrémité ressemble à une tête de loup. Quand il faut opérer sur des pièces présentant des creux plus ou moins prononcés, le gratte-bossage doit s'opérer en tournant la brosse dans les cavités ; à ce propos, nous dirons que l'on peut se servir utilement alors des brosses abîmées et mises en tête de loup ; l'écartement irrégulier ainsi que le rebroussement des fils deviennent alors très précieux dans les creux, surtout dans ceux qui présentent des parois irrégulières. Le gratte-bossage est, en résumé, une opération très simple et qui s'exécute plus facilement qu'elle ne s'explique ; l'opérateur, même novice, se rendra très facilement compte, en très peu de temps d'exercice, de la meilleure manière de procéder. Le mode opératoire sera le même, quelle que soit la forme de la brosse.

Quelques praticiens remplacent le liquide que nous avons signalé par des compositions spéciales telles que : eau vinaigrée, dissolution faible de crème de tartre, d'alun, etc. ; ces dernières ont l'avantage d'avoir un certain mordant sur le métal et d'opérer conjointement au polissage une sorte de léger décapage qui ne nuit du reste en rien au travail. Mais ces procédés doivent être utilisés avec prudence et en appropriant la matière active au métal à traiter, nous ne saurions donc les préconiser surtout aux débutants ; nous nous bornerons à dire qu'en principe l'action de ces dissolutions spéciales doit être excessivement faible et ne doit avoir en rien l'énergie des acides employés au décapage.

Nous avons dit que le liquide entraînait les impuretés qu'enlevait la brosse ; nous ajouterons qu'il entraîne aussi un peu de métal soit par le fait de l'usure que produit le gratte-bossage, soit simplement qu'il arrache les aspérités trop fortes. Ces impuretés se ramassent donc au fond du baquet ; aussi, et surtout quand on opère sur des métaux précieux, tels que l'or et l'argent, faut-il se garder de jeter le contenu du baquet. Le dépôt filtré et séparé de son liquide peut être réduit et fournir une quantité plus ou moins notable de ce métal précieux. Quand on opère sur le cuivre, et en assez grande quantité, il est bon aussi de recueillir les déchets ainsi formés. Cette observation, très fondée pour un atelier même de faible importance, n'a évidemment qu'une valeur tout à fait relative pour l'amateur dont la production se réduit à peu de chose.

Le gratte-bossage opéré sur les objets après qu'ils ont été recouverts d'un métal quelconque par la galvanoplastie, permet de se rendre compte immédiatement si le dépôt métallique a été bien fait. Lorsque sous l'action de la brosse les surfaces se polissent uniformément, que le métal prend un bon aspect, on peut dire que le dépôt galvanique a été convenablement exécuté ; si, au contraire, il avait été mal fait, on verrait la brosse enlever des parcelles du dépôt par écailles. Cette indication peut être utile car elle permet de rebuter de suite une pièce manquée, sans perdre du temps à la gratte-bosser inutilement.

Si le gratte-bossage se fait souvent à la main, surtout pour les petits objets, dans les petits ateliers et par les amateurs, la grande industrie fait l'opération mécaniquement. A cet effet, les fils métalliques sont montés suivant la périphérie d'un disque, tout comme les roues buffle-chiffon, formant ainsi des brosses circulaires qui se montent sur un bâti en tous points analogue au bâti de la meule émeri (fig. 35); quant au liquide qui doit humecter constamment la brosse, il est amené d'un réservoir supérieur par un faible tube en cuivre, en plomb ou en fer, qui le distribue en mince filet sur la brosse. Pour que l'ouvrier gratte-bosseur ne soit pas aspergé par ce liquide que la brosse lance en avant d'elle, on prend la disposition suivante : le tube amène la solution sur la partie supérieure de la brosse, mais celle-ci est presque complètement enfermée, et ne présente d'accessible qu'un petit secteur inférieur; de plus le bâti de l'appareil supporte un réservoir qui reçoit tout le liquide qu'on récupère ainsi. On le fait déposer, et toute la partie claire peut servir à nouveau dans des opérations subséquentes. Quant à l'opérateur, il se tient devant la brosse et présente à sa friction les parties de la pièce à nettoyer ; il applique dans ce travail les principes que nous avons déjà donnés, c'est-à-dire qu'il présente l'objet sous un angle convenable pour que la brosse le frotte avec la pointe des fils métalliques. De même qu'un appareil de ce genre peut fonctionner au moteur, de même serait-il facile de le faire fonctionner à la pédale actionnée par l'ouvrier. Les creux ou cavités ne peuvent se gratte-bosser qu'à la main, comme nous l'avons indiqué plus haut.

Le gratte-bossage peut s'appliquer à tous les métaux, nous dirons cependant qu'on ne l'emploie que rarement pour l'or, qu'on préfère traiter par le brunissoir. Il convient très spécialement aux métaux mous et surtout dont le décapage est difficile comme pour le plomb et l'étain. Ces derniers ne se polissent guère qu'au gratte-bosse. Néanmoins on applique ce procédé communément à bien des métaux : l'argent, le cuivre, la fonte, le fer, l'acier, etc., qui se décapent et se polissent facilement donnent de très beaux produits en sortant du gratte-bosse.

Nous fermons ici le chapitre relatif au polissage, non pas que le sujet soit épuisé, car il y aurait encore beaucoup à dire sur cette opération fort importante, mais il faut savoir se borner et nous nous sommes astreint à donner les principes généraux les plus simples et les plus répandus qui s'appliquent spécialement à la galvanoplastie. Dans cette branche très intéressante de l'électricité, tout ne se borne pas en effet à produire une couche de métal, encore faut-il qu'elle ait l'aspect satisfaisant à l'œil pour le simple amateur et qu'elle joigne à cette première qualité celle de la solidité et de la durée pour les usages industriels. C'est pour ré-

pondre à cette double condition, la première purement d'agrément, la seconde d'utilité, que nous
nous sommes plus étendu peut-être que nous ne
l'aurions voulu au début sur le chapitre du polissage.

Notre lecteur étant maintenant initié à toutes les
parties accessoires de la galvanoplastie dans l'acception la plus large du mot, nous pouvons aborder l'application du courant électrique à la formation d'objets métalliques suivant l'ordre que nous
avons adopté dans la classification donnée au début
même de cet ouvrage.

DEUXIÈME PARTIE

NICKELAGE, ARGENTURE, LAITONAGE, DORURE
CUIVRAGE

CHAPITRE VII

Formation des dépôts métalliques sur d'autres métaux ou corps conducteurs de l'électricité.

Nous avons vu, dans l'historique de la galvanoplastie, page 48, que Delarue avait constaté que, dans la pile de Daniell, la planche en cuivre qui formait le pôle négatif de la pile, se recouvrait d'une couche de cuivre métallique qui s'y dépose sans cesse, et cette couche de cuivre qui se forme est d'une si grande perfection que, lorsqu'on l'enlève, elle représente fidèlement chaque éraillure de la planche sur laquelle elle s'est déposée. Toute la partie de la formation de dépôts métalliques sur d'autres corps conducteurs de l'électricité repose sur cette observation. Si en effet dans la pile Daniell, pour conserver notre exemple, nous remplaçons la lame de cuivre du pôle négatif par une autre électrode, c'est-à-dire par un autre conducteur d'électricité, cette électrode étant un objet que nous voulons cuivrer, il se couvrira de cuivre pour ainsi dire tout seul, et nous fournira l'objet désiré.

Ce procédé simple permet donc non pas « de transformer en or un vil métal », mais de recouvrir le vil métal d'une couche d'un autre plus beau, plus riche ou plus durable, tout en conservant, et dans ses moindres détails, l'objet primitif. En dehors de la beauté acquise ainsi à peu de frais, on peut trouver dans la mise en pratique de cette réaction électro-métallurgique des applications de la plus haute importance au point de vue pratique. Quelques exemples le prouveront mieux, pensons-nous, que toutes nos explications.

La fonte est une matière d'un prix très bas, qui se moule avec la plus grande facilité, reproduisant fidèlement les moindres détails du moule ; une statue en fonte peut donc s'obtenir à très bon marché ; mais cette matière a aussi des défauts, elle s'attaque facilement par l'eau et l'air humide, elle n'est jamais parfaitement unie, présentant dans sa structure et à sa surface un aspect qu'on désigne sous le nom de *grain*, et ce grain étant plus ou moins gros. On ne voit donc pas très bien, ornant une place publique, la statue en fonte qui, en peu de temps, ne serait qu'un bloc de rouille à l'épiderme plus ou moins creusé sur toute sa surface par l'effet des agents atmosphériques. Qu'on recouvre cette statue d'une pellicule de cuivre aussi mince que l'on voudra et l'on aura l'illusion d'une statue en bronze, voilà pour la satisfaction de l'œil; en outre, le cuivre résistant beaucoup mieux à l'action de l'humidité, pouvant recevoir un très beau poli, cette même statue se conservera intacte pendant des années, pendant des siècles même, si la couche de cuivre est suffisamment épaisse, voilà pour le côté pratique et économique. Tous les candélabres de la Ville de Paris et même certains groupes statuaires comme la fontaine de Louvois, ne sont pas autrement faits. Les dépôts métalliques par le courant électrique peuvent donc produire à la fois l'utile et l'agréable.

Jusqu'à la découverte de la galvanoplastie, la dorure sur cuivre, sur argent, s'obtenait en employant, comme véhicule du métal précieux, un amalgame de mercure, et les ouvriers doreurs étaient tous, dans un temps plus ou moins long, atteints du terrible mal causé par ce poison violent qui les enlevait rapidement. Avec les nouvelles méthodes dues à la galvanoplastie, plus de mercure ou presque plus de mercure à manipuler, le dépôt de l'or pouvant se faire directement par le courant électrique. La galvanoplastie a donc rendu un service immense au point de vue hygiénique.

En principe, à l'aide du courant électrique, on peut presque indistinctement recouvrir n'importe quel métal par un autre, mais on conçoit que dans la pratique, on ne cherche dans cette couverture qu'une amélioration de la nature du métal sous-jacent, aussi n'envisagerons-nous que ce cas. On ne comprendrait pas en effet l'intérêt de recouvrir de l'or avec de l'argent, du cuivre, du nickel ou du fer; tandis qu'au contraire on comprend tout l'avantage qu'on peut tirer d'un dépôt de cuivre ou de nickel, ou d'argent sur un métal plus commun ou plus fragile tel que le fer. Ce n'est donc qu'à ce point de vue purement pratique que nous allons examiner les différents dépôts métalliques par l'électricité, en commençant par le plus en usage et en descendant graduellement l'échelle d'importance. Cependant, avant d'entreprendre l'étude de ces dépôts successifs dans l'ordre que nous venons d'indiquer, il nous faut encore examiner deux méthodes générales employées à produire ces dépôts et qui font usage, la première des *appareils simples*, la seconde des *appareils composés*.

I. APPAREILS SIMPLES

On appelle ainsi les appareils galvanoplastiques dans lesquels la production du courant électrique se produit dans la cuve même où plonge l'objet à recouvrir de métal. Donnons un exemple qui fixera les idées : supposons une pile Daniell telle que nous l'avons représentée figure 13, et que dans le vase poreux nous remplacions la lame de cuivre par un objet en fer convenablement préparé, puis que nous réunissions les deux conducteurs marqués respectivement du signe $+$ et du signe $-$, le courant circulera du conducteur positif au conducteur négatif et l'objet en fer se couvrira du cuivre tiré du sulfate; ce sera un appareil simple, en ce sens que l'objet à recouvrir fait partie de la pile productrice du courant. Nous avons dit exprès que l'objet en fer était préparé spécialement et nous en verrons les raisons plus loin.

Les appareils simples admettent les dispositions les plus variées, on peut presque dire que chaque opérateur les combine à sa guise, et pour le prouver nous donnons ci-dessous quelques modèles d'appareils simples, en commençant par le plus ancien, par l'appareil de Jacobi, que nous représentons figure 39. Il se compose d'une cuve en bois A B C D rendue étanche par un procédé quel-

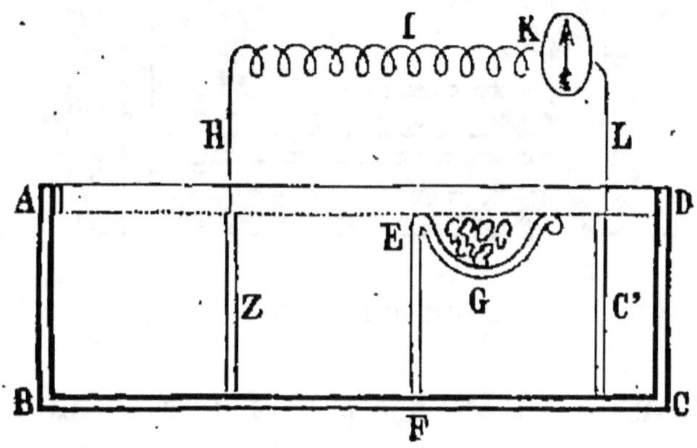

Fig. 39. Appareil simple de Jacobi.

conque, comportant une cloison poreuse E F scellée dans les parois de la cuve. Dans le compartiment de gauche est placée une lame de zinc Z baignant dans l'eau légèrement acidulée. Dans le compartiment de droite, l'objet à recouvrir C' baigne dans une dissolution de sulfate de cuivre maintenue constamment à saturation grâce à une provision de cristaux de sulfate de cuivre enfermés dans la petite corbeille G trempant dans le liquide. La communication entre le zinc et l'objet à recouvrir de cuivre est établie par le fil conducteur H I L sur le parcours duquel est inséré un galvanomètre

11.

K qui permet de suivre l'intensité du courant développé.

La figure 40 représente l'appareil Spencer, qui se compose d'une cuve en bois étanche ou en grès $a\,a$, contenant la dissolution de sulfate de cuivre,

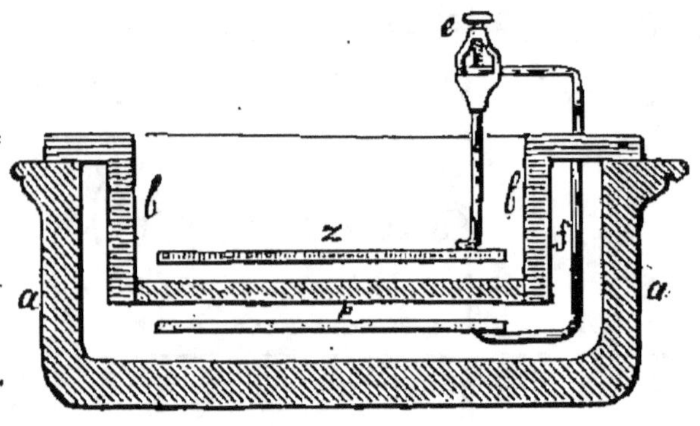

Fig. 40. Appareil simple de Spencer.

tandis qu'un autre vase $b\,b$, en porcelaine dégourdie, contient l'eau acidulée. L'objet à recouvrir de cuivre est représenté en p, tandis qu'en z se trouve la lame de zinc; ces deux derniers se trouvent réunis par le conducteur f et une tige fixée au zinc à une pince de forme spéciale c qui ferme le circuit. Spencer avait établi cet appareil de cette façon afin que le zinc fût attaqué d'une manière uniforme sur toute sa surface, ce qui n'a pas lieu dans les piles où il est placé verticalement. On reconnaît, en effet, que dans ce dernier cas le zinc est attaqué bien plus vivement à sa partie supérieure. La position de l'objet à recouvrir, telle que l'indique la figure, devait aussi procurer l'avantage de le maintenir constamment dans la solution cuivrique à l'endroit où elle a une concentration plus

homogène, car, au fur et à mesure que la solution
de sulfate de cuivre s'appauvrit, elle devient plus
légère et tend à gagner la partie supérieure du
vase ; il en résulte qu'un objet à recouvrir de cuivre étant immergé verticalement, sa partie supérieure trempe dans une solution moins riche en
sulfate de cuivre que dans le bas, et que le dépôt
métallique se fait forcément d'une façon inégale.

Signalons encore un appareil simple très répandu
dans la dorure et que nous représentons figure 41 ;
il comprend un vase en verre ou en grès V conte-

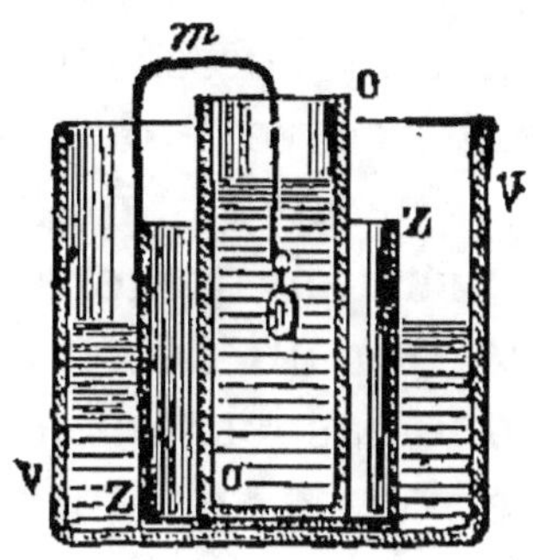

Fig. 41.   Appareil simple des doreurs.

nant le liquide acidulé dans lequel est baigné un
cylindre de zinc Z, au centre duquel est un vase
poreux en porcelaine dégourdie O rempli d'une
solution aurifère. Un conducteur m, fixé au zinc,
passe par-dessus le bord du vase poreux et porte à
son extrémité l'objet à dorer qui trempe dans la
solution d'or.

Nous pourrions multiplier à l'infini les exemples
d'appareils simples, mais nous pensons que les
trois spécimens ci-dessus, très différents dans leur
conception, montrent d'une façon suffisamment

claire le principe de ce genre d'appareils, fort appréciés pour les petites pièces et par les amateurs dont le matériel se trouve ainsi très simplifié.

II. APPAREILS COMPOSÉS

Les appareils composés, au contraire des appareils simples, ne produisent pas le courant électrique eux-mêmes et l'empruntent à des sources étrangères qui seront, suivant le cas, une batterie de piles, des accumulateurs ou la machine dynamo-électrique. Comme les précédents, les appareils composés peuvent recevoir des dispositifs assez variables selon les opérateurs, mais principalement selon les objets et surtout la forme des objets qui sont appelés à recevoir un dépôt métallique. Nous n'examinerons donc pas ici tous les cas de la pratique, nous les verrons mieux plus loin au fur et à mesure des besoins des opérations que nous décrirons; nous nous bornerons à en donner le principe dont l'application est essentielle, et qui, une fois connu, permettra à l'opérateur d'établir ses appareils lui-même.

L'appareil composé comprend une cuve étanche dans laquelle est mise la dissolution du sel dont le métal doit être déposé sur l'objet que l'on veut galvaniser, et ce dernier est trempé dans cette solution au bout d'un conducteur dont l'autre extrémité doit aboutir au pôle négatif d'une pile, d'un accumulateur ou d'une dynamo. Le pôle positif de la source d'électricité aboutit au liquide. Mais, ainsi que nous l'avons vu dans l'étude du

fonctionnement de la pile (page 27), la conductibilité du courant dans le sein du liquide sera d'autant plus grande que la surface de l'électrode sera
plus grande, donc le conducteur positif devra se
terminer par une plaque d'une surface suffisante
pour que la conductibilité soit aussi bonne que
possible. Nous verrons plus loin, dans les applications, comment on détermine les dimensions de la
surface de cette plaque. Ainsi, reprenant notre
exemple du sulfate de cuivre, la cuve contiendra
une dissolution de sulfate de cuivre maintenue à
saturation par des cristaux mis dans une corbeille
et trempant dans le liquide; l'objet à recouvrir de
cuivre sera immergé dans la cuve vers le milieu de
la couche liquide et maintenu par un fil conducteur relié au pôle négatif de la source d'électricité,
tandis que le pôle positif de celle-ci sera relié par
un fil conducteur à une plaque de cuivre plongeant
dans le liquide de la cuve et à une certaine distance de l'objet à recouvrir.

Les appareils composés présentent l'avantage de
pouvoir se faire avec des dimensions souvent très
considérables, ce qui permet soit de recouvrir de
métal de grands objets, soit un nombre plus ou
moins considérable d'objets de petite taille. Dans
ces deux cas, comme la quantité de métal sera
considérable, on devra recourir à une source d'é-
lectricité d'intensité plus forte, ce qu'on obtient,
comme nous avons appris à le faire, en prenant un
nombre déterminé d'éléments de pile ou d'accumulateurs, ou bien une dynamo d'un débit suffisant.

Nous donnons, figure 42, le plan d'une cuve de

ce genre destinée à contenir une série d'objets divers à recouvrir de cuivre par exemple, et voici la description de ce dispositif : une cuve A que nous avons supposée en fonte émaillée contient la dissolution de sulfate de cuivre ; elle supporte sur ses deux bords longitudinaux une tringle en cuivre P P, d'une forme spéciale, formant deux branches se réunissant à droite du dessin pour ne plus

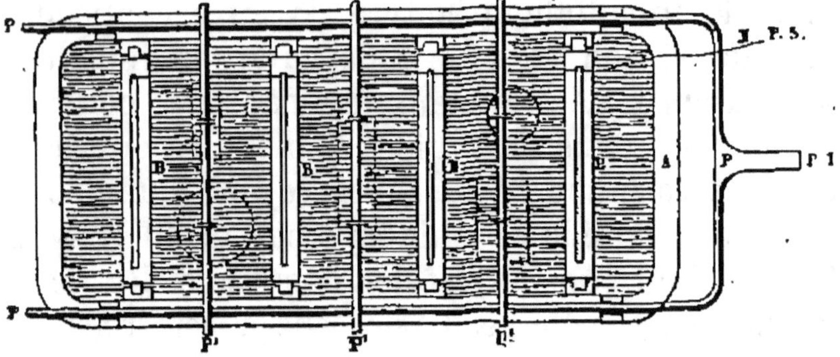

Fig. 42. Appareil composé.

former qu'une tige P P, cette tige sera reliée au pôle négatif de la source d'électricité ; pour que ce conducteur principal ne risque pas d'être en communication électrique avec la cuve qui est en métal, il repose sur des supports isolants (simples taquets de bois) portant sur le rebord de la cuve. Celle-ci étant destinée à recevoir une série plus ou moins grande d'objets divers, on a placé sur la première tige des tringles P' P' P' en contact avec la tige, et à ces tringles sont pendus par des crochets en fil conducteur, les objets à recouvrir de cuivre et qui trempent dans la solution et vers son milieu autant que possible. Cette disposition assure, on le voit, la communication des objets immergés avec le pôle négatif de la source d'électricité, puisque, nous le répétons, les tiges P' P' P' conductrices sont en contact avec la tringle P, conductrice elle-même, et aboutissent au pôle négatif.

Quant au pôle positif de la source d'électricité, il est relié au liquide de la cuve par l'intermédiaire d'un conducteur N qui relie entre elles une série de plaques de cuivre B B B B immergées dans la cuve. Grâce à la section de ces plaques en même temps qu'à leur nombre, le liquide est assuré d'une bonne relation avec le pôle positif du producteur d'électricité quel qu'il soit. Il n'y a plus qu'à faire passer le courant pour que l'opération du dépôt galvanique s'effectue.

Nous n'insisterons pas davantage sur les appareils composés, notre lecteur en connaît maintenant le principe et il lui sera facile de nous suivre par la suite dans les différentes opérations que nous décrirons ; nous saisirons l'occasion, chaque fois qu'il y aura lieu, de compléter les explications ci-dessus par l'examen de toutes les conditions particulières que doivent remplir les appareils. Il nous a paru préférable d'en agir ainsi, plutôt que de nous appesantir dès le début sur toutes sortes de détails fort utiles, mais dont l'utilité ressort d'autant mieux qu'on en voit l'application immédiate.

Connaissant les deux appareils utilisés dans les opérations de dépôts métalliques, nous pouvons aborder leur réalisation.

III. CUIVRAGE DE LA FONTE

Comme nous l'avons dit au début de ce chapitre, la fonte permet d'obtenir aujourd'hui, avec les progrès de la métallurgie, des objets fort gracieux qui comportent des ornements avec une finesse de reliefs qui peut souvent rivaliser avec la ciselure. Mais la fonte avec sa couleur d'un gris sale, presque noir, avec sa texture granuleuse, donne aux objets qu'elle a servi à obtenir par moulage un aspect des plus disgracieux ; elle se présentait donc en première ligne pour recevoir un revêtement de cuivre capable de lui donner cette parure qui lui manquait, aussi l'on peut dire que, dès le début de la galvanoplastie, c'est sur la fonte qu'on a commencé par chercher à obtenir un dépôt de cuivre. Le principe, nous l'avons vu, est fort simple, remplacer dans la pile de Daniell la lame de cuivre du pôle négatif par l'objet en fonte à recouvrir de cuivre. Mais l'application est moins simple. La fonte, en effet, comme le fer, comme l'acier, a le grand inconvénient de décomposer la solution de sulfate de cuivre, même sans le passage du courant électrique et, quand celui-ci traverse le liquide, la fonte se couvre d'une sorte de boue qui n'est que du cuivre pulvérulent, mais sans adhérence et sans consistance.

Nombreux ont été les chercheurs qui se sont ingéniés à trouver un remède à cette action néfaste, et c'est à Oudry qu'on doit la première réussite qui a permis de réaliser le cuivrage de la fonte. Son procédé repose sur l'emploi d'un premier enduit qui isole complètement la fonte et empêche par conséquent qu'elle ne réagisse chimiquement sur la solution de sulfate de cuivre ; il offre également l'avantage de ne pas exiger que la fonte soit décapée, et rend la surface de la fonte parfaitement unie. Pour préparer une pièce en fonte prête à passer au bain galvanique, on l'enduit au pinceau de la composition suivante dont nous donnons trois formules assez peu différentes :

	I	II	III
Huile de lin cuite.	5	5	5
Minium lavé	50	50	50
Résine de bonne qualité. . . .	5	5	5
Benzol	25	22	25
Copal dur ou demi-dur.	10	13	0
Silice ou silicate de soude. . .	2	3	0

Cet enduit se pose à froid ou à chaud, les pièces sont ensuite séchées à l'étuve, puis recouvertes d'une couche de graphite (mine de plomb) en poudre très fine délayée dans l'eau à la consistance d'une bouillie épaisse qu'on applique au pinceau doux sur les pièces à travailler. Lorsque ce second enduit est sec, on repasse sur les pièces un pinceau doux et sec, qui enlève le graphite en excès et principalement les grains un peu gros ou formant surépaisseur. Lorsque ce dernier travail est bien fait, les objets doivent présenter un aspect noir brillant, uniforme, tels nos fourneaux de cuisine, quand ils ont été bien nettoyés et passés à la mine de plomb. Il n'y a plus qu'à mettre la pièce dans le bain de sulfate de cuivre en la suspendant par un fil conducteur qu'on relie au pôle négatif de la source d'électricité si l'on emploie un appareil composé, le pôle positif de celle-ci étant relié au liquide par l'intermédiaire d'un fil et d'une plaque. Si l'on veut se servir d'un appareil simple, l'objet ne pourra pas former le pôle négatif, puisqu'il a été rendu inattaquable. En ce cas l'appareil simple prendra une forme appropriée à ce genre d'opération. Supposons, par exemple, que nous voulions cuivrer des petites surfaces plates ou légèrement concaves, telles que des soucoupes, des cendriers ou autres objets analogues. Nous constituerons une véritable pile Daniell de la façon suivante : nous prendrons un grand bocal cylindrique en verre ou en grès, au centre duquel nous placerons un vase poreux un peu moins haut que le bocal. Dans ce dernier, nous mettrons la dissolution de sulfate de cuivre que nous maintiendrons à saturation en suspendant sur le bord du bocal un ou deux petits sacs en crin remplis de sulfate de cuivre, les sacs trempant dans la solution cuivrique. Dans le vase poreux, nous mettrons de l'eau additionnée de sel marin ou légèrement aiguisée d'acide sulfurique, et dans cette solution nous mettrons un bâton de zinc amalgamé. On le voit, ce n'est autre chose que la pile Daniell. Si, maintenant, nous plaçons sur les bords du vase extérieur une croix faite de deux tringles en cuivre dont nous joindrons le centre au zinc, ces tringles nous mettront en liaison, en connexion avec le pôle négatif de la pile. Nous n'aurons plus qu'à suspendre nos objets par des fils de cuivre, de façon à ce qu'ils baignent dans le sulfate de cuivre et vers le milieu de la hauteur du liquide, à chacune des branches de la croix et nous aurons notre appareil simple modifié pour la circonstance. Si nous voulions cuivrer à la fois beaucoup de petits objets, nous n'aurions qu'à relier les quatre branches de la croix par un cercle formé également d'une tringle de cuivre et placé au milieu de l'espace annulaire existant entre le vase extérieur et le vase poreux. Sur tout le pourtour de ce cercle, nous pourrons poser un plus ou moins grand nombre d'objets suivant leur taille.

Ici, une observation d'ordre pratique s'impose. Si les objets à cuivrer ne doivent présenter une belle surface cuivrée que d'un côté, on aura soin de tourner ce côté vers le vase poreux. Si le cuivrage doit être également bon sur les deux faces, il faudra, à intervalles réguliers, toutes les cinq ou dix minutes par exemple, retourner les objets de façon à ce que chacune des faces soit alternativement vis-à-vis du vase poreux. En un mot, pour obtenir un bon dépôt uniforme sur tout l'objet, il faudra que chaque face ait été présentée pendant le même temps devant le vase poreux. Quelle que soit la manière dont on effectue le dépôt, il sera bon, au bout de quelque temps d'immersion des pièces, de les retirer du bain et de les examiner ; si toutes les parties se recouvrent bien, surtout les fonds, quand on opérera avec des modèles présentant des reliefs, on laissera aller l'opération. Dans le cas contraire, si une partie résistait, on la laverait avec une éponge et de l'eau fraîche, on la sécherait en cet endroit à l'aide d'une petite flamme de lampe à alcool ou autre, on appliquerait de nouveau de la plombagine à l'endroit rebelle, puis on remettrait au bain. On fera tout naturellement cet examen des pièces quand, comme nous venons de le dire, on se trouvera dans l'obligation de les retourner à intervalles fixes. Mais ajoutons que cet examen n'a plus à être fait lorsque le dépôt s'est bien effectué au début et que l'on voit la pièce entièrement recouverte.

C'est ce procédé qu'on a utilisé, dès l'origine de la galvanoplastie, pour recouvrir d'une mince pellicule de cuivre les candélabres de la ville de Paris qui sont en fonte, et l'appareil était en principe le même que celui que nous venons de décrire, sauf que ses dimensions étaient plus grandes. En quelques mots, voici comment on opérait : dans de très grands bacs en bois, suffisamment longs pour contenir la partie la plus longue d'un candélabre, et rendus étanches par un enduit approprié, on versait une solution de sulfate de cuivre à saturation. Cette solution était maintenue saturée, grâce à un certain nombre de trémies percées de trous, placées contre les bords et remplies de sulfate de cuivre en cristaux. Comme on ne pouvait pas n'avoir qu'un vase poreux, on en établissait trois lignes : une le long de chaque paroi longitudinale du bac, l'autre au milieu de ce dernier, et leurs électrodes étaient réunies en quantité. On avait ainsi deux intervalles libres entre chaque ligne de vases poreux, dans chacun desquels on logeait une colonne de candélabre, il n'y avait plus qu'à relier celles-ci, par des conducteurs, aux fils reliant ensemble tous les zincs des vases poreux, pour fermer le circuit et pour que le dépôt s'opérât.

Ce dispositif, on le voit, ne différait du premier

que nous avons signalé, simplement que par ses
dimensions beaucoup plus grandes; la façon dont
étaient placés les vases poreux permettait aux objets d'être partout à une égale distance de ceux-ci,
mais on se heurta, dès le début, à une grosse difficulté. Des pièces aussi volumineuses, et par conséquent très lourdes, ne se manœuvraient pas facilement et l'on ne pouvait pas, comme dans le petit
appareil d'amateur cité plus haut, enlever les pièces
du bain pour les examiner et se rendre compte si
le dépôt se faisait bien partout. Force fut donc de
laisser l'opération s'effectuer jusqu'au bout et de
retirer du bac des pièces qui, quelquefois, présen-
taient des défauts, c'est-à-dire des parties non recouvertes de cuivre. M. Oudry compléta son procédé par un artifice permettant de réparer facilement ces pièces manquées, c'est-à-dire de remettre
après coup du cuivre sur les portions de l'objet qui
ne s'en étaient pas couvertes. Il employait pour
cela une sorte de soudure dite galvanique, composée de cuivre en poudre précipité par la pile, mélangé à de la résine, du copal et de la cire jaune,
dans les proportions suivantes :

Cire 130
Copal dur 10
Résine 10
Cuivre galvanique en poudre 850

Cette soudure peut être appliquée, aux endroits
non recouverts, soit au fer à souder, soit à la
brosse, et l'on bronze ensuite la portion réparée
comme on l'a fait de la pièce entière. Ce procédé
est également utilisé pour les réparations de

l'objet en usage quand il s'est détérioré par place.

La méthode de galvanisation que nous venons de décrire et qui, nous le répétons, présente de grands avantages au point de vue industriel, en raison de sa grande simplicité, comporte néanmoins un très grave inconvénient, c'est que le dépôt cuivrique qu'il donne n'est pas adhérent à la fonte. Aussi, n'est-il pas rare de voir les objets ainsi formés, présenter à la suite d'un accident, un choc ou un heurt, de véritables déchirures de la pellicule cuivreuse, laissant à nu la fonte qu'elle recouvrait. Bien plus, avec un peu d'efforts, on peut continuer la déchirure, et arriver à déshabiller, pour ainsi dire l'objet, de toute sa couverture de cuivre. C'est d'ailleurs un fait assez connu des malfaiteurs, et il arriva souvent, à Paris, par exemple, que des candélabres aient été ainsi en partie dépouillés de leur cuivre par des gens mal avisés, qui allaient revendre ensuite à vil prix le produit de leur larcin.

Nous avons néanmoins tenu à signaler le procédé Oudry du dépôt de cuivre sur la fonte parce que, malgré ses inconvénients, il peut rendre de réels services. Nous avons donné l'appareil d'amateur, puis l'appareil industriel, autrement dit les deux extrêmes, mais le lecteur comprendra qu'il peut créer des appareils intermédiaires à l'aide des cuves en verre ou en grès, rondes, carrées ou rectangulaires. Le pôle négatif de la pile pourra être constitué, soit par un ou plusieurs vases poreux cylindriques, que l'on trouve couramment dans le commerce, soit par des diaphragmes en vessie, en parchemin, ou encore en papier parcheminé, montés sur des cadres en bois; ces derniers cependant ne s'appliquant pas pour des usages de durée. Le principe essentiel à respecter, c'est de mettre la face à recouvrir vis-à-vis du diaphragme, et au milieu de la solution du sulfate de cuivre, au milieu de sa hauteur, de façon à ce qu'il soit bien dans la partie de la solution qui varie le moins en concentration; si l'objet est à couvrir sur deux faces, le retourner fréquemment pour que chacune d'elles se trouve vis-à-vis du diaphragme poreux. Enfin, si la forme de l'appareil adopté le permet, ou si l'objet est assez volumineux, mettre deux diaphragmes poreux et placer l'objet à recouvrir entre ces deux derniers et à égale distance de chacun d'eux.

Enfin nous n'avons donné, dans le cuivrage de la fonte par le procédé ci-dessus, que l'application, tant en petit qu'en grand, de l'appareil simple, parce que l'opération telle que nous venons de la décrire, se prête très bien à ce mode de traitement; mais il est évident qu'on pourrait aussi bien se servir de l'appareil composé, c'est-à-dire de la cuve quelconque, renfermant la dissolution de sulfate de cuivre et d'une pile ou batterie de piles extérieure. Dans ce cas, bien entendu, on mettrait la solution cuivreuse en communication avec le pôle positif de la pile ou batterie en faisant plonger dedans une lame de cuivre aux dimensions convenables, et en reliant l'objet à cuivrer avec le pôle négatif de la pile par un conducteur, si l'objet est petit, et par deux conducteurs, un à chaque extrémités de l'objet, si ce dernier est long.

Dans la pratique industrielle, pour de très grandes pièces, telles que des candélabres pour voies publiques, des statues, vasques de fontaines, etc., on se sert principalement aujourd'hui d'un producteur d'électricité extérieur à l'appareil, et c'est alors à la dynamo que l'on a recours. On comprend que ce producteur devient ici très économique, puisque nous avons signalé la différence de prix de revient qu'il donne sur la pile ; mais où son économie est encore notable, c'est dans la perte de temps qu'il évite, et qui est considérable, consistant à la mise en place, au chargement et à la liaison des vases poreux qui figuraient jadis au nombre de quatre-vingts et même cent dans chaque cuve.

Cuivrage de la fonte par dépôts adhérents

Nous venons de voir que le procédé Oudry donne un dépôt de cuivre non adhérent à la fonte, et qui peut en être séparé avec une certaine facilité ; or, il peut être intéressant, utile et même indispensable d'obtenir un cuivrage bien adhérent à la fonte, avec laquelle il fasse absolument corps. Le moyen existe, et nous allons l'indiquer.

On emploie, pour arriver à ce résultat, un bain composé de telle sorte qu'il n'attaque pas la fonte, et qu'on désigne souvent sous le nom de bain alcalin. En voici une formule, donnée par M. Roseleur, et qui fournit d'excellents résultats :

Eau ordinaire (et mieux distillée). . . .	10 litres
Acétate de cuivre (verdet raffiné).	200 grammes
Carbonate de soude (cristaux de soude). .	200 —
Bisulfite de soude	200 —
Cyanure de potassium pur	250 —

Comme nous passons, dans cette partie de notre ouvrage, à l'emploi de produits chimiques assez variés, nous nous efforcerons, pour chacun des corps nouveaux que nous rencontrerons, de donner quelques indications sur leur emploi et leur choix.

C'est ainsi que nous recommandons d'utiliser, autant que possible, de l'eau distillée ; ce n'est qu'à son défaut qu'on pourra prendre de l'eau de pluie bien clarifiée, ou même de l'eau ordinaire. Les autres produits sont courants dans le commerce ; nous recommandons seulement aux opérateurs de s'attacher à prendre du cyanure de potassium *pur*, car le commerce en fait de tous degrés de pureté par l'addition de carbonate de potasse, et ces derniers ne valent rien pour la galvanoplastie ; en outre, quoique coûtant moins cher, ils ne sont pas plus économiques, car il en faut mettre davantage dans les bains. Le bon cyanure de potassium pur doit être très blanc et brillant comme de la porcelaine, sa cassure est cristalline et brillante ; enfin, il doit être bien sec. Ce corps, *très vénéneux*, est avide d'humidité, il faut donc l'enfermer dans des bocaux en verre ou en grès très bien fermés et, si l'on doit le conserver longtemps, paraffiner le bouchon de liège ou de verre. Éviter aussi de le toucher avec les mains, prendre de préférence des pinces en bois ou en fer ; et si l'on y touche, avoir bien soin de se laver les mains à grande eau. Nous recommandons aussi une certaine prudence dans le maniement du verdet, qui n'est autre chose que du vert-de-gris ; il faut donc éviter, non seulement d'en porter à sa bouche, mais d'en respirer la poussière qui se produit toujours quand on manipule ce produit.

Ces observations faites, revenons au bain ci-dessus. Pour le préparer, on commence par faire une pâte épaisse avec le verdet et de l'eau, celle-ci étant mise en aussi faible quantité que possible; puis on dissout à part, dans quatre litres d'eau, le carbonate de soude et le bisulfite. On ajoute alors, en mélangeant aussi bien que possible, à l'aide du bâton de verre, cette dissolution à la pâte de verdet, ce qui donne une sorte de bouillie assez épaisse. Dans ce qui reste d'eau, on fait dissoudre le cyanure de potassium, et quand la dissolution est complète, on la verse progressivement dans la bouillie précédente, en agitant bien. Quand tout le liquide est versé, la bouillie a disparu, et il ne reste plus qu'un liquide clair et incolore. Si l'on a bien opéré et si surtout les produits employés sont tous de bonne qualité, il ne doit pas y avoir le moindre dépôt, ni la moindre impureté; mais, comme pour faire les opérations que nous venons d'indiquer, et qui dégagent toujours des vapeurs nocives, il est bon d'opérer dans un courant d'air, ou sous une hotte de cheminée à bon tirage, on risque de voir le liquide souillé par quelques poussières.

Aussi recommandons-nous aux opérateurs de n'utiliser le bain ci-dessus, qu'après l'avoir laissé déposer, et en le décantant au préalable, ou, quand on veut aller vite, qu'après l'avoir filtré au papier.

Il ne reste plus qu'à opérer comme pour le cuivrage par dépôt non adhérent, soit avec un appareil simple disposé ainsi que nous l'avons indiqué, soit avec un appareil composé dont la pile ou la batterie de piles est à part.

Avec ce bain, on obtiendra un cuivrage de la fonte absolument adhérent, et l'on maintiendra l'opération aussi longtemps qu'on le voudra ; plus l'objet sera soumis à l'action électrolytique du bain, et plus épaisse sera la couche de cuivre déposée. Si l'objet à cuivrer reste peu de temps dans le bain par conséquent que la couche de cuivre est mince, celle-ci est suffisamment brillante pour que, retiré du bain, bien rincé à l'eau fraîche et bien séché, l'objet soit considéré comme terminé. Si au contraire on a voulu déposer une forte couche de cuivre, celle-ci est alors terne et mate et il faut la polir en recourant au gratte-bossage, sous une des formes que nous avons données plus haut.

Dans ce mode de cuivrage de la fonte, il faut que cette dernière soit parfaitement décapée, suivant les principes que nous avons donnés au paragraphe décapage de la fonte.

Le bain dont nous venons de donner la composition, s'épuise graduellement, mais il peut ne pas être mis hors d'usage pour cela, il suffit de l'entretenir en y ajoutant de temps à autre un peu de *cyanure double de cuivre et de potassium* ; cette recharge ou revivification du bain ne doit pas être renouvelée trop souvent, parce que la dissolution prend alors une densité trop forte qui s'oppose au libre passage du courant.

On peut également constater au bout de quelque temps de fonctionnement que l'anode, ou plaque en cuivre qui sert de conducteur dans le liquide, se couvre d'un dépôt blanchâtre ; ce fait joint à l'épuisement du bain, arrête le cuivrage. On remédie à cet état de choses en ajoutant une solution de verdet dans de l'ammoniaque, ce qui donne au bain une coloration blanche ou verte qu'on fait disparaître en agitant. On s'arrête au moment où cette coloration disparaît lentement. Si l'on dépassait la dose, on ajouterait un peu de cyanure de potassium dissous dans de l'eau. Il y a dans ces opérations de revivification du bain et de l'anode, une habitude de manipulation à prendre, que seule l'observation soutenue de l'opérateur lui permettra d'acquérir. Du reste, le meilleur maître en galvanoplastie est précisément cette observation de tous les moments, qui, seule, peut indiquer à l'opérateur la façon de conduire son travail qui varie suivant les objets traités.

Nous ferons une dernière observation au sujet du cuivrage par ce bain : quand on traite de petits objets, il est bon de les agiter presque constamment, de façon à homogénéiser la couche du dépôt métallique ; cette opération ayant pour effet de maintenir la solution du bain constamment au même degré de densité dans toute sa masse. Dans les ateliers importants, on adopte même des dispositions qui permettent de produire cette agitation d'une façon mécanique. Enfin, quand il s'agit de tout petits objets, on les met généralement dans une passoire en grès qui trempe dans le bain ; cette passoire est reliée au pôle négatif d'une pile par un fil conducteur qui se termine en une spirale plus ou moins développée dans le fond de la passoire, et sur laquelle viennent frotter continuellement les objets qu'elle contient, quand on l'agite, et qui se trouvent ainsi en contact avec le pôle négatif.

Ce mode de cuivrage, nous l'avons dit, donne un dépôt très adhérent et parfaitement homogène quand l'opération a été bien conduite. Mais en raison même de sa composition, ce bain coûte assez cher et ne saurait convenir dans le cuivrage des grandes pièces devant recevoir une forte épaisseur de cuivre. On met donc à profit l'artifice suivant : les pièces à cuivrer sont mises d'abord dans le bain ci-dessus, puis, lorsqu'elles se sont couvertes d'une pellicule très mince et bien uniforme de cuivre, elles sont enlevées, rincées et placées dans le bain de cuivrage au sulfate de cuivre, tel que nous l'avons indiqué dans le procédé Oudry ; les pièces s'y recouvrent alors, suivant le temps qu'on les y laisse, d'une couche plus ou moins épaisse de cuivre. Le premier bain peut donc servir très long-temps, l'opération est moins onéreuse et le dépôt parfaitement adhérent, car en procédant ainsi, la solution de sulfate de cuivre n'est plus décomposée et le dépôt cuivre sur cuivre se fait dans de très bonnes conditions. Enfin, ajoutons encore que le dépôt par le sulfate de cuivre se faisant bien plus rapidement qu'avec le premier bain, on arrive plus vite à l'épaisseur requise.

La formule du bain destiné à produire un dépôt adhérent sur la fonte, et que nous avons donnée plus haut, n'est pas la seule qui existe. On pourrait presque dire que chaque opérateur a sa formule spéciale, ne différant souvent de celle de son voisin que par une proportion plus ou moins variable de tel ou tel produit. Le chimiste de profession peut du reste faire des variantes très nombreuses, en appliquant les règles chimiques fournissant un liquide qui n'attaque pas le métal à recouvrir et contienne un sel cuivrique décomposable par la pile. Nous n'indiquerons qu'un petit nombre de ces formules.

En voici une due à M. Roseleur et qu'il a créée surtout en vue de remédier à la mauvaise qualité du cyanure de potassium, qu'on trouve encore trop souvent dans le commerce :

Bisulfite de soude	500
Cyanure de potassium	500
Carbonate de soude	1.000
Verdet raffiné	475
Ammoniaque	350
Eau distillée	25

les proportions ci-dessus s'entendant en poids.

En voici une autre de M. Weill, qui a pour but de remplacer le verdet par le sulfate de cuivre, ce dernier sel étant d'un prix beaucoup inférieur à celui du premier :

Eau distillée	10
Sulfate de cuivre	350
Tartrate double de potasse et de soude	1.500
Soude	800

Il est à remarquer enfin, que quelques galvanoplastes utilisent certains de ces bains à chaud. L'opération du cuivrage est plus rapide et souvent même on peut ainsi éviter le dégraissage, la solution étant alcaline et débarrassant l'objet des matières grasses qui les salissent. Cependant, nous ne conseillons le cuivrage à chaud qu'aux personnes déjà habituées à la galvanoplastie, car du fait même que l'opération est plus expéditive, le dépôt se forme plus irrégulièrement et a besoin d'être suivi avec attention.

Lorsque l'objet en fonte a reçu le revêtement de cuivre de l'épaisseur voulue, on le retire du bain, on le rince et la partie dévolue à l'électro-métallurgie par voie humide est finie. Il n'en est pas de même de la pièce elle-même, qui se présente sous un aspect assez peu favorable au point de vue de l'ornementation, en ce sens que sa couleur est d'un brun rouge, sa surface terne et quelquefois un peu rugueuse ; il faut alors la finir en la passant au polissage, qui d'ordinaire s'exécute par le gratte-bossage, suivant une des méthodes indiquées plus haut et la mieux appropriée au genre d'objet que l'on vient de traiter. Le polissage va non seulement nous donner une surface bien unie, mais restituer au cuivre sa couleur naturelle, c'est-à-dire celle d'un beau rouge vif. Si cette coloration est celle qu'on cherche et qu'on désire conserver, il sera bon de préserver la surface métallique de l'action de l'atmosphère qui a pour conséquence de la ternir et de lui donner des couleurs peu avantageuses, témoin une belle batterie de cuisine en cuivre, qui au bout de peu de temps, même sans qu'on s'en serve, devient terne et prend des colorations variant du rouge vif au noir, en passant par toute la gamme des bruns, voire même des bleus. Pour éviter ces effets désastreux, il suffit de passer, à l'aide d'un pinceau doux, un vernis composé d'une gomme dissoute dans l'alcool ; ce vernis doit être très fluide pour ne pas former épaisseur et ne pas donner lieu à des stries et des sillons qui dénaturent l'aspect général de la pièce. On trouve de ces vernis dans le commerce d'une façon courante, nous n'en donnerons donc pas la composition, laquelle du reste est on ne peut plus variable. Ceux à base de gommes dures donneront les vernis les plus solides et les plus résistants, et réciproquement. En tout cas, les pièces soumises à un frottement fréquent ne sont que peu protégées par ce vernis dont la couche infinitésimale rapidement usée laisse le métal à nu.

D'autre part, la couleur rouge vif du cuivre est très peu appréciée quand il s'agit d'objets artistiques et on lui préfère les différentes nuances du bronze d'art, qu'on désigne sous le nom général de patine.

IV. PATINE

Au point de vue strict du mot, la patine du bronze ne doit être que la couleur naturelle qu'il prend par le temps et qui varie suivant les conditions dans lesquelles se trouve exposé le dit bronze. C'est de là que vient l'expression : *la patine du temps*. Mais on comprend qu'à notre époque de vie à la vapeur on ne saurait se contenter de l'ornementation que seul peut donner le temps, aussi fait-on les patines d'une façon artificielle et alors de la nuance qui convient le mieux au goût des gens. L'exécution des patines artificielles s'inspire néanmoins de ce que la nature fait seule; or la patine naturelle est une sorte de croûte verdâtre composée de carbonate de cuivre, de ce vert-de-

gris qui se forme à la surface du bronze exposé
aux intempéries de l'atmosphère. La patine antique a des reflets verts et bleus qui laissent apercevoir de grands espaces bruns et des points
brillants de métal. Un des beaux modèles de patine
naturelle est celle que présente la statue de
Henri IV, sur le Pont-Neuf, à Paris, patine assez
originale et due certainement à la situation spéciale
de cette pièce de bronze soumise alternativement
à l'action énergique de l'humidité de l'atmosphère
qui l'enveloppe et qui se dégage du fleuve, et à
l'action du soleil vers lequel elle est orientée et qui
l'enveloppe de toutes parts pendant les journées
entières de la belle saison.

Exposée dans un autre climat, cette statue aurait
été recouverte d'une patine différente, et c'est
ainsi que la patine artificielle a dû, elle aussi, varier dans ses résultats pour satisfaire à tous les
goûts ; mais s'inspirant du travail de la nature, la
patine artificielle a pour effet d'attaquer légèrement le métal pour lui communiquer cette couleur
particulière qui plaît aux amateurs et si appréciée
des artistes. Nous donnerons donc quelques procédés pour obtenir une patine agréable, et dont
les amateurs pourront faire usage sur les travaux
galvanoplastiques qu'ils auront exécutés, de façon
à leur donner le cachet artistique qu'ils désirent
reproduire.

Une des patines les plus appréciées est la patine
antique ; pour l'obtenir on plonge quelques minutes
l'objet dans une solution comprenant une partie
d'acide nitrique dans deux ou trois parties d'eau ;
l'objet devient gris puis bleu verdâtre ; on étend

alors à sa surface, au moyen d'un pinceau; une liqueur composée d'une partie de sel ammoniac, trois parties de carbonate de potasse et six parties de sel marin dissous dans environ douze parties d'eau bouillante additionnée de huit parties de nitrate de cuivre; la teinte, d'abord crue, s'adoucit à la longue et devient égale.

Voici une autre formule : sur la surface de l'objet bien nettoyé, à l'aide d'un pinceau on étend un vernis composé de trois parties de crème de tartre, six de sel marin, une de sel ammoniac et huit d'une dissolution de nitrate de cuivre.

En résumé, la base de la plupart des compositions qui servent au bronzage est le vinaigre et le sel ammoniac; on passe à plusieurs reprises la brosse douce humectée sur la pièce nettoyée jusqu'à ce qu'elle ait pris la teinte du bronze, puis, à l'aide d'une brosse douce et sèche, on repasse sur l'objet pour enlever la moindre trace d'humidité.

Enfin nous donnerons le procédé suivant de bronzage du cuivre, dû à M. Mauduit, pharmacien à Caen, qui l'a employé sur les cuivres de galvanoplastie et qui donne tous les tons, depuis le bronze Barbedienne jusqu'au vert antique, à condition de laisser plus ou moins longtemps le liquide ci-dessous en contact avec le cuivre. Après avoir bien nettoyé les pièces, on passe dessus avec un pinceau le mélange des produits fait dans l'ordre suivant :

Huile de ricin.	20 parties
Alcool	80 —
Savon mou.	40 —
Eau	40 —

L'objet est abandonné dans un coin ; le lendemain, il est bronzé et, si on prolonge la durée, le ton change. On obtient ainsi une infinité de tons très agréables à l'œil. On sèche à la sciure chaude et on passe dessus un vernis incolore très additionné d'alcool.

Tels sont quelques procédés usuels, parmi les nombreux qui existent, à l'aide desquels le galvanoplaste pourra terminer ses préparations et en faire de véritables œuvres d'art d'un effet fort agréable.

V. CUIVRAGE DU FER ET DE L'ACIER

Le cuivrage du fer et de l'acier s'opère en tous points comme le cuivrage de la fonte, soit par dépôt non adhérent par le procédé Oudry, soit par dépôt adhérent par l'une des formules de bains que nous avons données dans le paragraphe précédent. Ici cependant intervient une précaution essentielle quand on veut produire le dépôt adhérent et qui consiste à ne pas préparer les pièces par trop polies. Quand, en effet, elles se présentent dans cet état, le dépôt de cuivre adhère difficilement, aussi est-il bon de faire intervenir, après un décapage soigné qui enlève la graisse et la rouille, une opération tendant à rendre la surface du métal légèrement rugueuse. On y arrive en passant l'objet au gratte-bosse en fil d'acier quand on opère sur du fer, à la meule émeri ou à la toile émeri fine quand on opère sur l'acier. Cette rugosité doit être microscopique, presque imperceptible à l'œil nu ; elle est suffisante pour forcer le métal déposé à adhérer plus intimement à la surface du métal à couvrir.

D'une façon tout à fait générale, le cuivrage du fer et de l'acier se pratique peu, et on n'y a recours que dans des cas tout à fait spéciaux pour protéger la surface de ces métaux de l'oxydation ou rouille. On ne saurait du reste pas employer le fer ou l'acier pour des travaux artistiques, à moins de rentrer dans la ferronnerie, auquel cas on préfère laisser au métal sa couleur naturelle.

Néanmoins le cuivrage du fer et de l'acier se fait et cette application a lieu surtout pour les fils. C'est ainsi que les fils télégraphiques sont cuivrés, les fils destinés à faire les ressorts de sommiers et autres meubles sont cuivrés.

Dans ces deux cas particuliers, le cuivrage n'a qu'un seul but, celui de préserver le métal de la rouille, aussi la pellicule du cuivre est-elle très faible, juste suffisante pour isoler le métal sous-jacent de l'air atmosphérique.

Deux procédés sont employés : le premier, dit cuivrage au trempé, consiste à faire passer rapidement le fil dans un bain composé comme suit en poids :

Sulfate de cuivre.	100
Acide sulfurique à 66° Baumé. . . .	100
Eau distillée	5 à 50

Dans ce cas le courant électrique n'intervient pas ; le métal se couvre d'une pellicule infinitésimale de cuivre qui lui donne une belle couleur de cuivre et le protège suffisamment de la rouille quand il n'est pas très exposé aux intempéries de l'atmosphère. C'est par ce procédé qu'on cuivre le fil destiné à faire les ressorts de meubles.

Nous n'en dirons pas davantage sur ce procédé qui n'a rien de galvanoplastique et nous renverrons le lecteur au Manuel-Roret : *Dorure, Argenture et Nickelage*, qui traite de tous ces procédés en détails.

Quand il s'agit des fils de fer ou d'acier destinés aux lignes télégraphiques, le cuivrage a besoin d'être plus épais et l'on a recours alors à l'action du courant électrique. On peut opérer de plusieurs manières le cuivrage du fil de fer ; s'il ne s'agit que d'une faible longueur, qui rend le fil comparable à un objet quelconque, les procédés de cuivrage donnés plus haut sont absolument applicables. Quand, au contraire, il s'agit de grandes longueurs, le fil peut être mis en rouleau et traité comme un objet ordinaire à la condition toutefois que chaque spire du rouleau soit bien isolée de sa voisine, de manière à ce que le tout, immergé dans le bain de cuivrage, soit bien mouillé par celui-ci, le bain de cuivrage étant un de ceux donnés plus haut. Cette manière de cuivrer le fil n'est pas sans offrir certaines difficultés et exige une surveillance très active pour arriver à ce que le fil soit bien en contact avec le bain et qu'il ne se produise pas de parties non recouvertes de cuivre, ce qui est très fréquent par le fait seul d'une bulle d'air déposée sur la surface métallique à recouvrir. Il est bien entendu qu'avant le cuivrage les fils sont soigneusement décapés et, il est presque superflu de dire que dans ce cas on n'utilise que le décapage chimique. Enfin, disons que pour faire ce décapage convenablement, on écarte les uns des autres tous les tours de fil du rouleau et l'on relie entre eux les bouts extrêmes; puis on prend tout le rouleau dans une boucle allongée de fil de cuivre, de manière à bien conserver l'isolement de tous les tours entre eux, et l'on décape. Cette opération finie, c'est dans le même état qu'on passera le rouleau dans le bain de cuivrage et la boucle dont nous venons de parler, sert précisément à relier le rouleau de fil au pôle négatif de l'appareil simple ou de l'appareil composé suivant le cas.

Enfin, dans la grande industrie, on utilise un autre procédé, certainement le meilleur, car il permet de traiter le fil sur toute sa longueur développée, mais il exige une installation très considérable et fort coûteuse, sur laquelle il nous est impossible de donner de grands détails en raison du cadre beaucoup trop modeste de notre ouvrage. Nous nous bornerons à en signaler le principe. Le fil préalablement bien décapé est enroulé sur un tambour, puis il passe lentement dans une série de bains de cuivrage; grâce à un dispositif spécial, le liquide du bain est maintenu en communication avec le pôle positif d'une source d'électricité, qui est alors généralement une machine dynamo-électrique, et le fil est en communication constante avec le pôle négatif. Le fil poursuit sa marche au travers des bains de cuivrage, jusqu'à ce qu'il se soit couvert de l'épaisseur voulue de métal.

Il nous souvient d'avoir pris connaissance d'une intéressante étude sur ce sujet dans un journal américain, relatant l'opération de cuivrage des fils d'acier pour les télégraphes. L'usine qui opère ce cuivrage ne dispose pas de moins de deux cents bains au sulfate de cuivre, et utilise le courant produit par vingt-cinq dynamos. Le fil se déroule des bobines pendant une durée de soixante heures de suite, et ce n'est qu'au bout de ce temps que l'épaisseur du cuivrage est suffisante. L'étude en question ajoutait même que le cuivre employé contenait assez d'argent pour que chaque tonne de cuivre déposé laissât disponible au fond du bain de 400 à 500 grammes d'argent, lequel recueilli soigneusement, payait une partie des opérations du cuivrage. Il est vrai que cela remonte au temps où l'argent était encore très cher, car il est douteux qu'avec son prix actuel il puisse, même dans les proportions ci-dessus, permettre de récupérer une partie assez importante des opérations.

VI. CUIVRAGE DU ZINC

Le zinc, en raison de son bas prix, et de la facilité avec laquelle il se fond, est fort utilisé avons-nous dit, pour la fabrication d'objets les plus divers, mais c'est un métal mou, facilement oxydable, et qu'on a presque toujours intérêt à recouvrir d'une pellicule de cuivre, qui lui donne alors un aspect plus agréable, plus riche et en même temps le protège des attaques de l'atmosphère. Etant comme le fer attaqué par la solution de sulfate de cuivre, il ne peut être recouvert d'un dépôt de cuivre par immersion dans cette solution, et il faut, comme pour le fer, avoir recours au bain à cyanure de potassium, que nous avons indiqué plus haut pour le dépôt adhérent sur la fonte, le fer et l'acier.

Une fois recouvert de cuivre, le zinc est traité comme nous l'avons dit pour la fonte, et l'on peut ainsi obtenir des objets imitant très bien le cuivre fondu, ou même le bronze, suivant le goût de l'opérateur.

Disons cependant que le cuivrage du zinc ne se pratique que dans des cas tout à fait spéciaux, et qu'on le recouvre beaucoup plus fréquemment d'une couche de laiton, comme nous le verrons plus loin. Nous avons tenu néanmoins à signaler cette application du cuivrage, pour en montrer la possibilité et mettre notre lecteur à même de la réaliser s'il avait besoin de le faire pour un but déterminé.

Nous arrêterons ici la description du cuivrage, que nous n'avons signalé, bien entendu, que dans ses applications les plus courantes. D'autres métaux encore, pourraient être cuivrés sans peine, en utilisant une des formules que nous avons données, suivant que le métal en question sera ou non attaquable par le sulfate de cuivre. On doit en effet toujours chercher à utiliser ce sel cuivrique qui est le meilleur marché, le plus facile à se procurer et dont l'état de pureté, même en tant que produit commercial, est suffisant pour les besoins de la galvanoplastie.

Nous n'avons plus qu'une observation à faire sur le cuivrage en général, et elle est relative à ce que nous avons dit de la variation que chaque opérateur peut apporter aux formules indiquées plus haut, et qui ne doivent servir que de base aux opérateurs débutants. Le dépôt métallique par le courant électrique, constituant une opération électro-métallurgique, devrait, à vrai dire, pouvoir se régler en quelque sorte mathématiquement, et une formule donnée devrait être invariable. Cela serait tout à fait vrai, si l'on n'employait que des produits chimiquement purs, ce qui ne serait pas pratique, car de tels produits deviennent très coûteux ; ensuite, il est une autre raison encore qui empêche de donner des formules immuables, c'est la qualité des corps sur lesquels on opère les dépôts. Si l'on prend la fonte par exemple, il est rare, nous dirons même que cela n'arrive jamais, que deux objets identiques, provenant de la même fonderie, soient d'une composition identique. On conçoit donc que l'action des bains doit s'exercer différemment sur chacune des pièces. D'autre part, l'opérateur peut lui-même modifier l'action électro-métallurgique, suivant les conditions dans lesquelles il se trouve placé. A-t-il un atelier frais, ses bains se comporteront d'une façon autre que si son atelier était à une douce température ; et nous pourrions citer bien d'autres circonstances pouvant influencer les résultats obtenus.

Il résulte de cette observation très générale que l'opérateur, lorsqu'il a cessé d'être un débutant, doit s'exercer à observer dans toutes ses opérations les différentes circonstances dans lesquelles il les a effectuées ; et ces observations seront ses meilleurs guides dans l'avenir.

CHAPITRE VIII

Nickelage

—

Le nickelage a pris, depuis quelques années surtout, un développement considérable pour plusieurs raisons : d'abord, le nickel est un métal très solide par lui-même et très résistant aux agents atmosphériques, ensuite parce que sa métallurgie s'est beaucoup perfectionnée, et qu'on obtient maintenant ce métal à un prix relativement bas, enfin parce que, déposé sur d'autres métaux, il les préserve très bien de l'oxydation, leur donne cet aspect blanc, brillant, très flatteur à l'œil, et enfin qu'il n'exige qu'un très faible entretien pour conserver son bel aspect. Nous insisterons sur le mot entretien que nous venons de prononcer, car on est trop enclin à penser que le nickel est tout à fait inattaquable à l'air et qu'un métal nickelé doit rester toujours en parfait état. C'est là une erreur ; le nickel à vrai dire est comme les autres métaux, susceptible de se ternir à l'air, voire même de fixer certaines vapeurs qui l'encrassent et lui retirent son éclat. Ainsi des objets en nickel exposés à l'air pur s'y ternissent malgré qu'ils aient reçu un très beau poli ; exposés dans des enceintes fermées où

il se dégage certaines vapeurs, comme dans les
estaminets, théâtres, etc., on les voit rapidement
prendre une couche plus ou moins épaisse de saleté
qui ne laisse même plus percevoir le métal ; mais
ce ne sont là que des effets très naturels auxquels
n'échappe aucun des métaux, même ceux réputés
les moins attaquables. Il serait injuste de dire que
le nickel est attaqué, il est simplement sali comme
tout objet abandonné à lui-même. Il suffit donc de
le nettoyer à intervalles réguliers ou de l'entretenir
régulièrement propre, pour qu'il conserve indéfiniment les qualités qui le font rechercher à si juste
titre.

Si le nickelage a pris aujourd'hui une place
beaucoup plus importante que celle qu'a jamais
occupée le cuivrage, nous devons dire aussi qu'il a
été long à conquérir ce premier rang, parce qu'au
début de son application, les galvanoplastes ont
éprouvé maintes difficultés et de nombreux insuccès, qu'ils en étaient arrivés à penser que le nickelage n'était pas réellement pratique, aussi les essais
tentés dans cette branche de la galvanoplastie
n'étant pas encourageants, les praticiens ne les
tentaient guère qu'à leur corps défendant.

Une des principales causes des échecs éprouvés
provenait principalement de ce que le nickelage
réclame pour se bien faire un courant électrique
d'une intensité beaucoup plus forte que celle qu'on
était habitué à utiliser. Ainsi un bain de 200 à
300 litres exige pour un bon fonctionnement le
courant par six éléments Bunsen de 22 centimètres.
Aussi est-on en droit de dire que la découverte de
la dynamo, qui pouvait donner du courant écono-

miquement et de forte intensité, a-t-elle été l'origine du succès du nickelage, succès qui ne s'est pas démenti depuis, à tel point que tous les ateliers de galvanoplastie comptent maintenant le nickelage parmi les opérations les plus importantes de leur production. Pour cette raison, nous nous étendrons assez longuement sur cette question, en cherchant à définir surtout les principes auxquels il faut s'attacher pour produire un bon nickelage. Comme dans cette opération, en raison de l'intensité du courant nécessaire, on ne peut pas utiliser les appareils simples, et qu'il faut toujours avoir recours aux producteurs spéciaux d'énergie électrique, il nous faut mettre notre lecteur au courant d'un procédé spécial d'organisation connu sous le nom de procédé par *anodes* solubles.

I. ANODES SOLUBLES

Le principe des anodes solubles date de la galvanoplastie, car c'est Jacobi lui-même qui l'a découvert et en faisait l'utilisation dès le début de ses opérations. Ce savant constata que, si dans une dissolution d'un sel métallique on plonge une lame de même métal, et qu'on fasse passer le courant électrique, il se dépose sur le pôle négatif *presque* autant de métal qu'il s'en en va de l'anode, c'est-à-dire de la plaque plongée dans la dissolution et laquelle constitue le pôle positif. Prenons un exemple sur ce que nous savons déjà. Dans une cuve contenant du sulfate de cuivre dissous, nous plongeons un objet à recouvrir de cuivre, un objet en fonte préalablement préparé comme nous l'avons vu, et relié au pôle négatif d'une pile ; mettons dans la dissolution notre plaque de cuivre, qui est l'anode, et qui, reliée au pôle positif, met le liquide en communication avec ce pôle ; enfin, faisons passer le courant. Nous savons ce qui va se passer : notre objet en fonte va se couvrir de cuivre emprunté au sel dissous, la solution s'appauvrira en métal, et il nous faudra prendre des mesures, que nous connaissons, pour entretenir cette dissolution à un degré constant de saturation. Mais supposons que nous ne fassions pas cet entretien, que se passera-t-il ? Le sulfate de cuivre étant une combinaison de cuivre et d'acide sulfurique, si notre objet de fonte, en se couvrant, emprunte du cuivre à la solution, il y a par ce fait mise en liberté d'acide sulfurique, lequel attaque l'anode, la dissout et reforme du sulfate de cuivre, cela d'une façon continue tant que passera le courant. Or, et c'est là l'importance de la découverte de Jacobi, la quantité de cuivre dissous sur l'anode est à peu près égale à celle qui s'est portée sur la cathode ou objet soumis au cuivrage.

On comprend le grand parti que l'on peut tirer de ce phénomène en galvanoplastie, puisqu'il suffira de préparer un bain, une fois pour toutes, et de puiser le métal sur l'anode qui, une fois usée, sera remplacée par une autre. En un mot, l'opération devient absolument le transport du métal d'une plaque sur l'objet à recouvrir, et plus n'est besoin de s'occuper du rechargement et de la revivification du bain. Malheureusement, les choses ne sont pas tout à fait aussi simples en pratique pour les raisons suivantes : d'abord l'anode n'est pas et ne peut être de cuivre chimiquement pur, tandis que le courant électrique n'enlève de la solution de sulfate que le cuivre théorique ; donc il tombera au fond du bain une série d'impuretés provenant de l'attaque de l'anode et sur lesquelles l'acide sulfurique est sans action. Ensuite il est d'autres impuretés que l'acide sulfurique attaquera, et qui viendront dénaturer le bain ; en outre, tout l'acide sulfurique ne se combine pas au cuivre de l'anode faute de vigueur nécessaire, faute d'une température suffisante, etc. ; le courant lui-même, dans sa traversée du liquide, rencontre des résistances qui se traduisent par un travail moindre. Enfin, il y a des pertes de toutes sortes qui, si elles n'existaient pas, constitueraient un degré de perfectionnement hors du pouvoir humain, c'est-à-dire de recueillir autant de travail qu'on a dépensé d'énergie. Il y a là des questions qui, tout en échappant aux investigations les plus minutieuses, se comprennent d'elles-mêmes, exactement comme sans être mécanicien on comprend qu'une machine qui dépense une énergie de dix chevaux ne rend pas dix chevaux de travail ; en un mot, il y a le rendement que l'homme n'est jamais arrivé à obtenir dans la proportion de 100 pour 100.

C'est pour cela que nous avons eu soin de dire au début que la quantité de métal enlevée à l'anode est presque égale à celle déposée sur la cathode. Néanmoins, la galvanoplastie peut très utilement mettre à profit cette propriété de l'anode soluble ; si elle ne lui permet pas de ne faire qu'un bain une fois pour toutes, comme nous le dirons plus haut, elle lui offre du moins l'avantage de ne pas exiger des recharges fréquentes ni des recharges complètes. Le nickelage, l'argenture et d'autres opérations galvanoplastiques utilisent beaucoup la propriété de l'anode soluble, nous ne pouvions pas nous dispenser d'en parler ici, et notre lecteur, mis au courant maintenant de cette propriété et pour ainsi dire de la théorie des phénomènes qui les produisent, nous suivra facilement dans nos explications ultérieures, dans lesquelles nous nous bornerons à prononcer les mots *anodes solubles*, celles-ci devant être de même métal que celui entrant dans la combinaison du sel dissous.

En dehors du rôle en quelque sorte chimique que jouent les anodes solubles, d'après ce que nous venons de voir, elles en remplissent aussi un purement physique que nous signalerons au fur et à mesure de son application et sur lequel nous ne saurions trop attirer l'attention du lecteur.

II. NICKELAGE DE LA FONTE, DU FER, DU CUIVRE ET AUTRES MÉTAUX

Comme le cuivrage, le nickelage a pour but de recouvrir d'une couche de nickel des métaux moins précieux ou plus fragiles que lui aux intempéries de l'atmosphère. Ainsi la fonte sera nickelée pour être préservée de la rouille, pour offrir un aspect plus agréable à l'œil du fait qu'elle aura pris une surface unie; le fer sera nickelé également pour être préservé de la rouille et devenir d'un entretien facile; le cuivre sera nickelé pour être préservé du vert-de-gris et se prêter sans dangers à des maniements continuels. On nickèlera du zinc pour lui donner plus d'éclat, etc. Par contre, on ne nickèlera pas de l'or, de l'argent et autres métaux précieux; nous n'envisagerons donc, dans cette partie, que le nickelage de ce que nous appellerons les métaux inférieurs.

Pour faire du bon nickelage, il y a certains principes généraux dont il ne faut pas se départir et que nous pouvons résumer de la façon suivante : les pièces à recouvrir doivent être bien préparées ; les bains convenablement faits; le courant électrique utilisé à une intensité convenable.

Les métaux qui présentent les plus grandes difficultés au nickelage sont certainement la fonte, le fer et l'acier; le cuivre se nickèle très facilement, nous insisterons donc tout particulièrement sur les premiers.

Les pièces en fonte, fer ou acier doivent être bien préparées, avons-nous dit ; ajoutons qu'elles doivent être particulièrement bien préparées, et à ce sujet nous dirons que dans bien des ateliers encore, on distingue deux genres de nickelage : le nickelage *poli* et le nickelage *au vif*; comme ces deux expressions correspondent assez bien aux deux cas qui peuvent se présenter dans la pratique, nous en donnerons l'explication. Le nickelage au poli consiste à recouvrir de nickel des pièces polies et le nickelage au vif consiste à recouvrir des pièces non polies et le nickel déposé est ensuite poli au brunissoir. Dans un cas comme dans l'autre, les pièces doivent subir un décapage excep-

tionnellement bien soigné, d'après les principes
que nous avons donnés dans le chapitre relatif à
cette opération. Si l'on fait du nickel au poli, les
pièces à traiter seront soigneusement polies avant
d'être mises au bain de nickelage; si au contraire
on fait du nickelage au vif, les pièces seront seulement très soigneusement décapées. Il est à remarquer, en effet, que les surfaces polies donnent
au nickelage une couche de nickel poli. Nous insistons sur la recommandation du décapage très
soigné, car ici encore plus que pour le cuivrage,
la moindre souillure de l'objet peut se retrouver
très bien marquée après le nickelage; ainsi touche-
t-on avec la main une pièce décapée prête à être
mise au bain qu'il est très rare que la couche de
nickel ne présente pas à cette place même une ta-
che noire; c'est dire qu'il faut à tout prix éviter
cette manœuvre.

Des pièces en fonte, fer ou acier bien décapées et
soigneusement mises dans la pâte claire formée de
chaux et d'eau, que nous avons indiquée au décapage, sont bien rincées à l'eau froide avant d'être
mises au bain. Si l'opérateur avait quelques doutes
sur son état de pureté malgré sa conservation dans
la chaux, il pourrait la passer, avant de la mettre
au bain de nickelage, dans une solution de 5 0/0
de cyanure de potassium. Si cette précaution peut
n'être pas toujours indispensable, elle offre l'avantage d'une plus grande sécurité dans le résultat,
qui compense largement la légère dépense qu'elle
occasionne. C'est au praticien à se rendre compte
du reste, suivant la façon dont il aura procédé au
décapage, si le passage au cyanure est utile ou non

et il pourra de la sorte éviter cette opération dans bien des cas.

Un défaut que présente souvent le dépôt de nickel c'est de n'être pas adhérent aux pièces qu'il couvre, de *lever*, comme on dit en terme de métier. La cause de ce défaut peut être la suite d'un mauvais décapage, c'est pourquoi nous avons tant insisté sur l'utilité de faire convenablement cette opération ; il peut encore provenir de ce que le bain de nickelage est trop acide, ce qui a pour effet d'attaquer légèrement la pièce qui s'y trouve plongée et d'interposer entre le nickel galvanoplastique et le métal sous-jacent une couche d'oxyde qui empêche l'adhérence et favorise le *levage* ; nous verrons par la suite comment on règle l'acidité du bain. Enfin quelques praticiens pensent que le levage est dû aussi à ce que le métal à recouvrir est trop poli et par conséquent qu'il n'offre pas de prise pour ainsi dire au dépôt métallique. Le remède, dans ce cas, sera obtenu en opérant comme nous l'avons déjà indiqué pour le cuivrage de l'acier. On pourra soit arrêter le poli avant d'arriver au brillant complet, soit pousser l'opération jusqu'à ce dernier point, puis soumettre les pièces en fonte, en fer et en acier à l'action d'une solution d'acide sulfurique. Si les pièces sont en cuivre ou en alliages de ce métal on les passera au bain de blanchiment que nous avons indiqué. Bien entendu, après ce passage aux acides, les objets devront être soigneusement rincés, de façon à se trouver complètement débarrassés de toute trace d'acide. Nous insistons encore sur ce point, car si l'on ne prenait pas les soins nécessaires dans ce rinçage, les objets mis au bain de nickelage y apporteraient une certaine quantité d'acide et au bout de quelque temps le bain ne serait plus au point d'acidité voulu, ce qui ramènerait l'opérateur à encourir le levage du nickel pour la raison donnée en second lieu.

En ce qui nous concerne, sans déconseiller d'une façon absolue cette méthode, nous engageons les opérateurs à n'y recourir que lorsqu'ils sont assurés que les deux autres raisons du manque d'adhérence ne sont pas en jeu, car nous pensons qu'un métal même très bien poli doit pouvoir se nickeler facilement sans qu'on soit obligé de l'*énerver*, suivant le terme consacré, néanmoins nous admettons qu'il peut exister des échantillons de fonte, de fer, d'acier et même de cuivre, d'une composition ou d'une texture assez spéciales pour que le levage du dépôt métallique soit précisément une question en quelque sorte d'épiderme de la part du métal sous-jacent. Persuadé pourtant que ce ne peut être qu'un cas assez exceptionnel, c'est pour cela que nous conseillerons de n'employer le remède que quand tout autre n'a pas donné satisfaction.

Nous avons dit plus haut que le cuivre se prêtait très bien au nickelage, aussi est-ce sur le cuivre qu'on a commencé à appliquer le dépôt de nickel ; cette particularité a conduit beaucoup de spécialistes à n'opérer le nickelage que sur des objets préalablement cuivrés, suivant les méthodes que nous avons déjà données. Il est même arrivé que cette manière de procéder a fait école et qu'il y eut un moment où, par principe, les galvanoplastes ne nickelaient jamais sur fonte, fer ou acier qu'après avoir préalablement déposé sur ces métaux une couche plus ou moins forte de cuivre. A notre avis, en se conformant aux principes que nous avons émis sur le décapage et la préparation des pièces, et sur ceux que nous fournirons au sujet de la préparation des bains et la conduite du courant, le praticien pourra toujours passer directement les pièces au nickelage. Cependant nous préconiserons le cuivrage préalable comme moyen de remédier à certains insuccès dont l'opérateur ne peut se rendre compte, ou même comme moyen de s'opposer au levage sans être obligé de passer par l'énervement de la surface de l'objet à nickeler.

Il est bien entendu que, lorsqu'on fera ce cuivrage, il faudra utiliser un des procédés que nous avons donnés pour fournir un dépôt de cuivre adhérent et que le procédé Oury ne doit pas être employé. Aussitôt que l'objet sera recouvert de la pellicule de cuivre d'épaisseur voulue, on le retirera du bain, on le rincera très bien et on le placera dans le bain de nickelage. Il faut rincer la pièce jusqu'à ce qu'on soit sûr qu'elle ne porte plus trace de la solution cuivreuse, sans quoi, et principalement si l'on répète l'opération souvent, on finirait par introduire dans le bain de nickelage une quantité assez appréciable de cuivre qui en dénaturerait la composition.

Depuis que le nickel est devenu si fort à la mode, on s'est mis à en recouvrir des objets métalliques qui passaient jusqu'alors comme constitués par des métaux presque sans prise aux agents atmosphériques, c'est ainsi qu'on voit aujourd'hui une foule

d'objets d'usage courant dans la pratique domesti-
que qu'on faisait en métal anglais, en étain ou en
alliages d'étain, tels que couverts, ustensiles de
cuisine ou de ménage, etc., toujours constitués
de la même façon, mais nickelés. Ces objets
sont toujours polis d'abord, puis dégraissés, mais
on opère de préférence, pour eux, le dégraissage
en les passant à la benzine ou simplement à l'essence minérale, puis, bien essuyés, ils sont mis
rapidement dans une lessive de potasse faible mais
très chaude, enfin dans un bain de blanchiment
beaucoup moins chargé en acide que celui que
nous avons indiqué précédemment, et enfin après
avoir été toujours très bien rincés après ce dernier
bain, on les porte au bain de nickel.

Le zinc peut aussi se nickeler et on le fait aujourd'hui de plus en plus, mais dans ce cas les
difficultés sont nombreuses et l'opération ne saurait
être menée avec succès que par d'habiles praticiens
très rompus à ce genre de travail. Nous aurons à
examiner plus loin comment il faut opérer, mais
nous dirons pour les amateurs ou les débutants
qu'un moyen simple et employé du reste dans bien
des ateliers consiste à passer par le cuivrage préalable, le nickelage alors se produit avec la plus
grande facilité. Nous avons tenu à indiquer ici ce
procédé, pour faire ressortir une fois de plus
l'utilité et les services qu'on peut trouver dans le
cuivrage préalable qu'il ne faut pas toujours considérer comme une opération supplémentaire, mais
bien souvent comme une opération constituant un
précieux auxiliaire pour assurer la réussite du travail.

Lorsque les objets à nickeler sont en cuivre, en zinc ou en étain, et qu'on ne veut les passer que quelque temps après qu'ils ont été préparés, il faut, pour éviter qu'ils s'abîment, les conserver dans de l'eau bouillie.

Ces données préliminaires fournies, les objets étant prêts à passer au bain, il nous faut préparer celui-ci, et pour cela faire, il nous faut connaître les conditions générales qu'il doit remplir. D'une façon théorique, le bain doit être neutre, mais pratiquement il doit être légèrement acide, et voici comment on constate le degré d'acidité : dans le bain préparé comme nous allons le dire, on trempe du papier tournesol bleu et on l'enlève ; s'il rougit au bout seulement de quelques instants et que sa couleur soit lie de vin, c'est-à-dire d'un rouge peu prononcé, on peut être assuré que le degré d'acidité est bon. Si le papier rougissait de suite, aussitôt trempé, et que sa couleur fût très vive, le bain serait trop acide, il faudrait le neutraliser comme nous le verrons à la composition des divers bains. Si le papier tournesol ne rougit pas, même à la longue, il sera bon de tremper un papier tournesol rouge ; si celui-ci reste rouge, même au bout de quelques instants, on en conclut que le bain est exactement neutre, il y aura lieu de l'acidifier très légèrement pour rentrer dans les conditions précédentes ; s'il venait à bleuir, c'est que le bain serait alcalin ce qui ne doit jamais être ; on aurait à l'acidifier.

Cette question d'acidité est importante, car c'est elle qui détermine la conductibilité du courant au travers du liquide du bain.

Puisque nous venons de parler du papier tournesol, disons-en quelques mots pour en apprendre mieux l'usage. On trouve ce papier chez tous les marchands de produits chimiques ou chez les droguistes, qui le débitent par petites bandes. Le papier bleu trempé dans une solution devient rouge si celle-ci est acide ; le papier rouge, au contraire, devient bleu s'il est trempé dans une solution alcaline. On voit donc qu'il offre le moyen de reconnaître la nature d'un liquide. Si sa couleur reste invariable, c'est qu'on a affaire à une solution neutre. Dans un atelier de galvanoplastie, surtout lorsqu'on y fait du nickelage, on doit avoir de ces deux papiers qu'il faut avoir soin de conserver, chacun d'eux, dans un petit bocal séparé et bien bouché, de manière à ce qu'ils soient soustraits aux émanations de l'atelier où il peut se dégager des vapeurs acides qui rougiraient le papier bleu.

La composition des bains de nickelage présente des variétés en très grand nombre, probablement parce que, comme nous l'avons dit, le nickelage a fait au début l'objet de beaucoup de tâtonnements et que chacun a essayé une formule particulière dont, à force de soin et d'attention il est arrivé à tirer bon parti ; peut-être aussi, parce que le nickel étant un métal relativement rare et cher, suivant les contrées où l'on faisait du nickelage, on a adopté tel ou tel sel que l'on pouvait se procurer plus facilement ou plus sûrement que tel autre. Aussi nous donnons ci-après les formules les plus usitées sur lesquelles nous ferons les différentes observations de nature à guider l'opérateur dans son travail.

Formule d'Adams

Sulfate double de nickel et d'ammoniaque.	100 gram.
Eau distillée.	1 litre

Formule de Roseleur

Sulfate double de nickel et d'ammoniaque.	60 gram.
Sulfate de nickel pur.	30 —
Sel excitateur.	30 —
Eau.	1 litre

Formules de Pfanhauser

1° Sulfate, chlorure ou nitrate de nickel. . 50 gram.
   Chlorhydrate d'ammoniaque (sel ammo-
      niac) . . . . 50 —
   Eau distillée. . . . . 1 litre

2° Sulfate, chlorure ou nitrate de nickel. . 50 gram.
   Bisulfite de soude . . . . 50 —
   Eau distillée. . . . . 1 litre

Formule de Boden

Nitrate de nickel.	30 gram.
Ammoniaque	30 —
Sulfite de soude	350 —
Eau distillée.	1 litre

Formule de Weiss

Sulfate de nickel	40 gram.
Sel ammoniac.	20 —
Acide citrique.	2 —
Eau distillée.	1 litre

Formules de Weston

1° Chlorure de nickel . . . . 50 gram.
   Acide borique . . . . 20 —
   Eau distillée . . . . 1 litre

2° Sulfate de nickel . . . . 50 gram.
   Acide borique . . . . 17 —
   Eau distillée . . . . 1 litre

Formules de Powel

1° Sulfate de nickel . . . . 27 gram.
   Citrate de nickel . . . . 20 —
   Acide benzoïque . . . . 6 —
   Eau distillée . . . . 1 litre

2° Chlorure de nickel . . . . 14 gram.
   Citrate de nickel . . . . 14 —
   Acétate de nickel . . . . 14 —
   Phosphate de nickel . . . . 14 —
   Acide benzoïque . . . . 2 —
   Eau distillée . . . . 1 litre

3° Sulfate de nickel . . . . 20 gram.
   Citrate de nickel . . . . 20 —
   Benzoate de nickel . . . . 7 —
   Acide benzoïque . . . . 2 —
   Eau . . . . 1 litre

4° Acétate de nickel . . . . 20 gram.
   Phosphate de nickel . . . . 7 —
   Citrate de nickel . . . . 20 —
   Phosphate de soude . . . . 14 —
   Bisulfite de soude . . . . 7 —
   Ammoniaque . . . . 33 —
   Eau distillée . . . . 1 litro

Formule belge

Sulfate de nickel. . . . .   50 gram.
Tartrate neutre d'ammoniaque . . . . .   36 —
Tanin. . . . .   1/4 —
Eau.   1 litre

Formules anglaises

1° Sulfate de nickel ammoniacal. . . . . .   100 gram.
Acétate d'ammoniaque. . . . .   50 —
Eau distillée. . . . .   1 litre

2° Acétate double de nickel et d'ammoniaque   100 gram.
Sel ammoniac. . . . .   20 —
Glycérine. . . . .   5 —
Eau distillée. . . . .   1 litre

Formule Willon

Sulfate de nickel ammoniacal . . . . . .   50 gram.
Oxalate de nickel ammoniacal . . . . .   20 —
Phosphate d'ammoniaque. . . . .   10 —
Eau distillée. . . . .   1 litre

Toutes les formules ci-dessus peuvent être àppliquées avec un égal succès, non pas par tout le monde indistinctement, car il en est des produits chimiques comme de tous outils, chacun s'habitue au maniement de tel ou tel produit, finit par en connaître plus intimement les propriétés et par conséquent à les mieux appliquer ; nous ne pouvons donc faire au sujet de ces formules que des observations d'un ordre général.

Formule d'Adams. — Très simple, elle est de ce fait pratique. Le sulfate double de nickel et d'ammoniaque est livré aujourd'hui par les fabricants sérieux à un état de pureté très grand, ce qui le rend parfaitement propre aux usages de la galvanoplastie. Il est, en outre, ou du moins doit être parfaitement neutre, ce qui n'est pas un défaut très grand, car bien que nous conseillions un léger degré d'acidité, la solution neutre peut tout de même donner de bons résultats. Mais quelquefois, ce sel est fabriqué avec un excès d'ammoniaque et alors la solution est alcaline, ce qui est un défaut. On y remédie en ajoutant très peu et graduellement de l'acide sulfurique en essayant à chaque instant au papier tournesol, comme nous avons appris à le faire. Si l'on dépassait la dose en acide sulfurique et que le papier tournesol accusât une acidité trop grande, on y remédierait par l'addition d'un peu d'ammoniaque.

Formule Roseleur. — Cette formule a notre préférence, d'abord en raison de sa simplicité, ensuite parce que les deux sels de nickel mis en présence peuvent s'obtenir couramment à un bon état de pureté, et enfin parce que si le sulfate double de nickel et d'ammoniaque est souvent un peu alcalin, le sulfate de nickel est aussi souvent acide et neutralise ainsi l'autre. Le sel excitateur a été composé par M. Roseleur, il est vendu par la maison qu'il a fondée à Paris, la discrétion nous empêche donc d'en donner la composition ; nous dirons seulement que c'est un mélange de divers sels et acides organiques destiné à fournir au bain de nickelage le degré d'acidité exact dont il a besoin pour avoir une bonne conductibilité et donner lieu à un dépôt très blanc.

Formules Pfanhauser. — Nous leur reprochons le mélange des trois sels de nickel, parmi lesquels le nitrate et le chlorure sont plus difficilement purs que le sulfate ou le sulfate double ; en outre, ce mélange donne toujours une solution acide que l'auteur est, du reste, obligé de corriger par l'addition, soit de sel ammoniac, soit de bisulfite de soude.

Formule de Boden. — Ici encore l'emploi du nitrate de nickel réclame un neutralisant qui est l'ammoniaque.

Formule de Weiss. — Avec cette formule nous trouvons l'application d'un principe qui a de nombreux partisans dans le nickelage et qui réside dans l'utilisation d'un acide organique faible pour donner le degré d'acidité nécessaire à la bonne conductibilité du bain, en ce sens, que l'on cherche avant tout à obtenir un bain neutre, puis on l'acidifie, et si pour cela on emploie un acide organique comme l'acide citrique, celui-ci reste sans action sur la dissolution et n'agit, en quelque sorte, que mécaniquement pour augmenter la conductibilité.

Formules de Weston. — Ici nous trouvons une autre école qui a, elle aussi, de nombreux adeptes, et qui a pour principe d'acidifier les bains par l'acide borique, acide très faible, très peu soluble, dont l'emploi n'est par conséquent jamais bien dangereux. Ce principe est très appliqué dans la galvanoplastie américaine.

Formules de Powel. — Dans ces formules,

nous voyons intervenir les sels de nickel à acides organiques, tels que citrate, acétate, benzoate, etc., dont nous ne sommes pas partisans, parce qu'ils sont d'abord d'un prix élevé et qu'ensuite ils s'obtiennent plus difficilement à l'état de pureté. L'acide benzoïque, que nous voyons également figurer dans quelques-unes de ces formules, joue le rôle d'acide faible analogue à celui rempli par l'acide citrique dans la formule Weiss.

Formules anglaises. — Ce sont les seules où l'on trouve la glycérine utilisée. Disons cependant que l'addition de ce produit aux bains de nickelage est très fréquent en Angleterre; son rôle précis est assez difficile à définir, et il nous semble que sa présence ne soit justifiée que pour aider à la dissolution des produits constituant le bain, la glycérine étant le dissolvant par excellence.

Nous ne dirons rien des dernières formules auxquelles s'applique plus ou moins ce que nous avons déjà mentionné pour celles qui les précèdent. Nous recommanderons de préférence celles dans lesquelles figurent les produits qu'il est le plus facile de se procurer à l'état de pureté, car c'est principalement cette dernière qualité que le galvanoplaste doit rechercher dans les produits qu'il met en œuvre; à ce point de vue, nous conseillons de préférence l'emploi des bains aux sulfates de nickel et au sulfate double de nickel et d'ammoniaque, comme nous l'avons dit déjà.

———

III. PRÉPARATION DES BAINS

Dans la préparation des bains de nickelage, une des précautions à laquelle il faut s'attacher particulièrement, c'est d'avoir des dissolutions très limpides. On dissout donc les sels de nickel soit à l'eau froide, soit à l'eau chaude et il faut le faire dans des vases ou en porcelaine, ou en grès vernissé, mais ne jamais se servir de récipients en fonte, en fer ou en tôle, même s'ils sont émaillés ; les sels de nickel, en effet, attaquent légèrement le fer et se saliraient par la présence de ce métal dissous. Suivant la dimension des objets qu'on aura à traiter, la cuve où se fera le dépôt métallique sera soit en grès, soit en bois garni de gutta-percha. Dans les deux cas, si l'on a fait la dissolution des sels à l'eau chaude, il faudra attendre son refroidissement avant de la mettre dans la cuve de galvanoplastie, car si elle est en grès on risque de la casser ; si elle est en bois doublé de gutta-percha on risque de ramollir cette dernière et de la déformer.

Voici, à notre avis, le meilleur mode opératoire : dissoudre dans les quantités d'eau voulues les différents produits pour amener le bain à la teneur d'une des formules adoptées, et se réserver un peu d'eau en provision ; faire ces dissolutions dans une ou plusieurs terrines, suivant la dimension du bain et la quantité de solution. Quand tous les produits sont dissous et mélangés et la totalité de l'eau introduite, on laisse déposer. Lorsque le tout est bien froid on décante et on ne met dans la cuve absolument que le liquide clair. Si l'on opère sur une petite quantité, il sera préférable de filtrer la solution avant de la verser dans le bain. Cela fait, on s'assure de la nature du bain à l'aide du papier tournesol comme nous l'avons indiqué, et on acidifie ou l'on neutralise suivant qu'il y a lieu. Dans les formules ayant pour base les sulfate et sulfate double de nickel, on acidifie avec un peu d'acide sulfurique et on neutralise avec un peu d'ammoniaque. Dans les bains où l'acidité est donnée par un acide spécial, tel que acides borique, citrique, benzoïque, etc., on acidifie avec addition légère d'un de ces acides et l'on neutralise par de l'ammoniaque ou un des sels d'ammoniaque entrant dans la formule : carbonate ou chlorhydrate d'ammoniaque. Toutes ces préparations faites, il n'y a plus qu'à monter le bain en vue d'opérer le nickelage.

Nous avons vu plus haut que dans le nickelage l'entretien du bain se fait par les anodes solubles ; il nous faut donc leur consacrer ici une mention spéciale. L'anode soluble sera d'autant plus efficace qu'elle se laissera attaquer plus facilement ou qu'elle présentera une surface d'attaque plus grande à poids égal. C'est donc une de ces conditions qu'il faut chercher à réaliser ou même, si c'est possible, les deux réunies.

Les anodes doivent être des plaques de nickel aux dimensions appropriées à celles de la cuve où se fera l'operation. Ces plaques peuvent être en métal fondu ou en métal laminé. Les anodes fondues devront provenir de préférence de la fonte en coquille, c'est-à-dire ayant été fondue dans des moules en fonte, et non de la fonte par simple fusion et coulée dans le sable. Ces dernières en effet contiennent toujours une notable quantité de sable qui, au fur et à mesure de l'attaque de l'anode, se détache de celle-ci et forme au fond du bain une sorte de boue plus ou moins légère qui risque d'en troubler la limpidité. Enfin ce genre de fonte du nickel se prête plus facilement aux falsifications, à l'introduction de matières étrangères qui dénaturent la composition du bain, ce qui amène des troubles graves dans le nickelage.

Les anodes fondues en coquille contiennent, il est vrai, d'une façon naturelle une certaine quantité d'oxyde et du carbone; le premier, beaucoup moins attaquable que le nickel, n'est pas dissous par le bain et le second encore moins, de sorte qu'au bout de quelque temps de fonctionnement, ces matières se détachent de l'anode, tombent au fond du bain et l'anode elle-même prend une texture spongieuse toute granulée. Ceci n'est pas un défaut, car il se produit alors une surface beaucoup plus grande pour l'attaque; quant aux matières ci-dessus désignées et non attaquées, elles tombent au fond du bain, il faut avoir soin de les recueillir et on peut les revendre au fabricant de plaques.

Les anodes de métal laminé sont beaucoup moins épaisses que les anodes fondues; elles offrent donc, à poids égal, une surface beaucoup plus grande, mais elles s'attaquent moins, et si leur dissolution est plus régulière, elle est aussi plus lente. On a songé à remédier à ce défaut, en faisant des plaques laminées percées d'un certain nombre de trous, ce qui augmentant la surface d'attaque compensait la lenteur de celle-ci. Nous ne croyons pas cependant que cette innovation, fort judicieuse du reste, ait eu grand succès et on utilise surtout maintenant les anodes simplement laminées qui sont celles que l'on est le plus certain de se procurer facilement, pour lesquelles on n'a pas à rechercher la façon dont elles ont été fondues, et enfin qu'on trouve sous toutes épaisseurs et sous toutes dimensions, puisqu'il suffit de les couper dans des planches courantes, tandis que les anodes fondues ne peuvent avoir que les dimensions des différents moules du fondeur.

Ceci dit, voici comment on dispose les anodes dans le bain : sur la longueur de la cuve et reposant sur ses rebords, on place deux tringles en cuivre, en bronze ou en laiton et l'on y suspend à l'aide de deux ou un plus grand nombre de crochets en cuivre les lames de nickel servant d'anode. Ces dernières doivent être disposées de façon à diviser la cuve en trois compartiments égaux ; elles ne doivent pas toucher le fond ni les parois de la cuve, de façon à laisser la libre circulation du liquide tout autour de leur surface. On relie ensuite les deux tringles par un fil conducteur qu'on relie lui-même au pôle positif d'une batterie de piles montées en quantité.

Quant aux objets à nickeler, ils seront suspendus par des crochets de cuivre à une tringle, pareille aux deux premières et posée à égale distance de celles-ci, et reliée enfin au pôle négatif de la batterie de piles ; l'appareil est ainsi en mesure de fonctionner.

Nous avons pris l'exemple d'installation la plus simple, mais la disposition serait en tous points analogue dans un grand bain. La cuve, au lieu de contenir deux anodes, en contiendra un nombre quelconque dont tous les supports réunis ensemble seront reliés au pôle positif du producteur d'électricité. Les objets à nickeler seront suspendus, comme dans notre exemple précédent, dans l'intervalle laissé par deux anodes voisines ; toutes les tringles supportant les objets, reliées entre elles puis reliées au pôle négatif. En somme, le grand principe à retenir, c'est de placer les objets exactement entre les anodes. A ce sujet, une remarque s'impose : dans un bain où l'on placera des objets de formes différentes, il faudra suspendre à une même tringle les objets de dimensions à peu près semblables, car une des conditions pour un bon nickelage, c'est que l'objet présente, autant que possible, toutes ses parties à égale distance des anodes. Ainsi pour prendre un exemple exagéré, si l'on avait à nickeler dans un même bain des boules sphériques et des plaques plates, il faudrait mettre toutes les boules sur une tringle et toutes les plaques sur une autre. Dans la pratique, et se basant sur ce principe, l'opérateur saura vite discerner l'ordre dans lequel il doit ranger ses pièces sur une même tringle.

Nous n'entrerons dans aucun autre détail d'installation, tels que ceux de la réunion des tringles entre elles et à leur pôle positif ; nous avons donné au sujet des connexions tous les renseignements voulus et sous ce rapport l'opérateur s'installe à sa guise, de plus il trouvera dans le commerce les pinces de toutes sortes lui facilitant son agencement. Enfin nous avons dit que les tringles reposent à même sur les bords de la cuve, car nous avons supposé celle-ci en bois doublé de gutta-percha, ou en grès, c'est-à-dire en matières non conductrices de l'électricité. Si la cuve était en métal (doublé de gutta-percha) et que ses bords soient conducteurs, on interposerait entre eux et les tringles des petits taquets en bois qui suffiront largement à former un bon isolement.

Supposons maintenant que nos objets sont plongés dans le bain et que l'opération commence. Suivant l'épaisseur de la couche qu'on désire, on laisse les pièces plus ou moins longtemps ; dès les premières minutes, lorsque les objets ont été convenablement préparés, ils se couvrent d'un très léger dépôt, et si on venait à les enlever, on aurait des pièces parfaitement nickelées, mais si légèrement qu'on pourrait dire d'elles qu'elles ne sont que blanchies. En les rinçant alors à plusieurs eaux, en les séchant avec du drap ou à la sciure, elles se présentent fort blanches et généralement très brillantes, mais, nous le répétons, la couche de nickel est infinitésimale et des objets ainsi préparés perdraient rapidement, par les plus légers frottements, le dépôt métallique qu'ils ont reçu.

Pour obtenir un dépôt d'une épaisseur notable, il faut prolonger l'opération pendant plusieurs heures et suivre assez attentivement ce qui se passe. Vient-on à constater que certaines parties ne se couvrent pas, on retire l'objet du bain, on le rince et on nettoie avec soin l'endroit non couvert ou mal couvert. La plupart du temps, un léger frottement à la pierre ponce ou à la ponce en poudre aura raison de l'inconvénient constaté, il n'y aura qu'à remettre au bain. Si le fait se renouvelait, et surtout au même endroit, il faut enlever l'objet, l'examiner avec plus de soin. Le défaut provient presque toujours d'un mauvais nettoyage, mauvais dégraissage ou décapage, il faut donc reprendre la série de ces opérations dès le commencement.

Pendant la durée du dépôt, les pièces même qui se couvrent bien doivent être surveillées ; il faut les agiter fréquemment dans le bain pour les mêmes raisons que celles que nous avons données dans le cuivrage ; il faut, en outre, changer d'autant plus fréquemment le point de suspension des pièces, que celles-ci ont des formes plus variées, et ceci pour répondre à l'application du principe essentiel que nous venons d'énoncer, à savoir : que pour que le nickelage se fasse convenablement, il faut que les objets qui y sont soumis présentent toutes leurs faces à égale distance des anodes. Quelques exemples feront mieux comprendre ce que nous recommandons : supposons que nous ayons à nickeler une soucoupe ou un plateau rond légèrement creux. Nous le suspendrons par son bord dans le bain, mais si l'envers de cet objet est à une distance déterminée de l'anode qui lui fait face, l'endroit qui est creux se trouvera à une distance plus grande de l'autre anode ; pour établir une égalité de dépôt, nous retournerons fréquemment l'objet, de façon que chacune de ses faces soit alternativement dirigée du côté de l'électrode de droite et du côté de l'électrode gauche, et nous surveillerons le temps de chaque position pour qu'il soit aussi égal que possible pour toutes. Mais nous n'aurons pas que ce mouvement à faire. Nous avons vu, en effet, que le bain n'a pas la même densité dans toute sa hauteur, il faudra donc, pour que le nickelage soit bien fait, que chaque partie de la pièce reste à peu près le même temps au fond, au milieu et en haut du bain. Notre objet étant rond, nous le suspendrons successivement par quatre points différents, suivant deux diamètres perpendiculaires. Opérant ainsi, nous aurons mis toutes les parties de la pièce très uniformément dans les mêmes positions par rapport aux anodes et par rapport à la densité du liquide du bain. Supposons maintenant une pièce de forme plus compliquée, comme un chandelier composé d'un plateau cylindrique muni de sa poignée et de la douille dans laquelle se met la bougie. Nous l'accrocherons à la tringle de façon à ce qu'il trempe dans le bain non pas verticalement, mais au contraire suivant une inclinaison très accusée, de manière que l'envers de son plateau présente bien ses deux faces aux électrodes, nous le retournerons au bout de quelque temps pour que chaque face du plateau soit restée à peu près le même temps à la même distance de chaque anode ; puis nous le suspendrons de façon à ce que la tranche de plateau soit perpendiculaire aux deux électrodes, ceci en vue d'assurer la douille d'un nickelage uniforme ; enfin nous le suspendrons complètement renversé par rapport aux premières positions afin que l'objet passe par tous les étages du liquide, etc.

Nous pourrions répéter à l'infini les recommandations à faire sous ce rapport, et qui varient avec les objets, mais le principe une fois connu, l'opérateur ayant l'objet sous les yeux saura prendre ses dispositions pour assurer la mise en pratique de ce principe dont dépend presque toujours l'homogénéité du dépôt métallique. Ceci fournit également l'explication de l'utilité de ne suspendre à une même tige que des objets de formes aussi semblables que possible. Cette disposition a surtout sa raison d'être dans les ateliers où fonctionnent des bains importants et où plusieurs ouvriers peuvent être occupés uniquement à modifier la position des objets ; il est bon alors qu'ils puissent exécuter leur travail régulièrement et que les pièces à manipuler se présentent dans un ordre rationnel et convenable.

Les objets ainsi traités et recouverts d'un dépôt de l'épaisseur voulue sont sortis du bain, et quoique mis très brillants, ils en sortent ternis, couverts d'une sorte de voile bleuté d'autant plus accentué que le séjour dans le bain a été plus long. On les rince bien à plusieurs eaux, puis on les sèche convenablement soit en les essuyant avec du drap, soit en les passant à la sciure, soit enfin en les mettant à l'étuve. Il ne reste plus qu'à leur rendre le poli, ce qui se fait simplement en les frottant vigoureusement avec du drap et du rouge à polir ou une peau de chamois si le dépôt de nickel est de faible épaisseur. Si le dépôt est un peu épais, le polissage devra être mené plus énergiquement, et l'on se servira alors de la brosse cylindrique en drap que nous avons décrite au chapitre du polissage.

La conduite du courant électrique a, dans les opérations de nickelage, une importance très grande, aussi nous proposons-nous de donner ici les indications les plus détaillées à ce sujet. Nous avons dit que le nickelage exige un courant de forte intensité, et nous avons même donné une mesure approximative en nombre d'éléments Bunsen. Cependant, il faut ajouter que, lorsqu'on veut obtenir de bons dépôts bien adhérents, surtout lorsqu'il s'agit de recouvrir de la fonte, du fer ou de l'acier, il est bon de commencer l'opération en ne faisant passer qu'un courant de faible intensité que l'on augmente graduellement au fur et à mesure que le dépôt de nickel s'effectue. Les indications suivantes, toutes de pratique et de coup d'œil, donneront d'utiles indications. Au début du passage du courant électrique, si celui-ci n'est pas assez fort, il peut être incapable de décomposer le bain et les pièces ne se couvrent pas, c'est alors que l'on voit les objets en cuivre principalement se couvrir de taches ou de marbrures noires. Si l'on augmente alors l'intensité, mais qu'elle ne soit pas encore suffisante, on obtient sur les pièces un dépôt noir ou gris, mais uniforme. Augmentant alors progressivement l'intensité, le dépôt s'effectue régulièrement. Si, au contraire, on commence par faire passer un courant trop intense, on a un dépôt très brillant, mais qui serait cassant et se lèverait ; il faut alors bien surveiller les pièces, et surtout aux endroits où elles présentent des reliefs vifs, car c'est là que se manifestera surtout le levage, c'est-à-dire aux parties les plus voisines des anodes; de plus on voit apparaître des bulles de gaz sur les fils de suspension des pièces. Enfin le courant étant encore plus intense, les objets se couvrent d'un précipité noir sans adhérence. On dit alors, en terme de métier, que les pièces sont brûlées.

On voit ainsi les limites dans lesquelles il faut se tenir. La pratique a démontré que l'intensité doit varier entre 0,3 ampère et 1,5 ampère par centimètre carré d'anode ; aussi, dans les grands ateliers qui s'alimentent de courant avec des dynamos, on connaît d'avance les dimensions des anodes, par conséquent le nombre d'ampères que doit débiter la machine et un ampèremètre interposé entre la dynamo et le bain permet de suivre très exactement la marche de l'opération et, en agissant sur le rhéostat, on règle le débit de la machine.

On peut adopter le même dispositif avec des piles, mais comme celles-ci s'usent au fur et à mesure qu'elles fonctionnent, et qu'au début de l'opération, lorsqu'on n'a besoin que d'un courant de faible intensité, il devient inutile de mettre en fonction toutes les piles d'une batterie, il est préférable de procéder à un couplage en quantité, permettant de mettre dans le circuit un, deux, trois ou plus d'éléments, suivant les besoins, et d'ajouter de nouveaux éléments, au fur et à mesure de l'accroissement qu'on cherche dans l'intensité du courant. On complète l'installation par un ampèremètre, qui permet d'agir avec la plus grande certitude. Ce dispositif simple, s'applique très bien aux ateliers déjà d'une certaine importance.

Pour les amateurs, l'ampèremètre pourra être remplacé par un simple galvanomètre (fig. 32 et 33), et ce sera à l'opérateur de noter les divisions que doit marquer l'appareil, pour que l'opération se fasse bien ; en un mot, cela devient un guide permettant de se mettre toujours dans les mêmes conditions, mais ce n'est plus un indicateur de mesure, dans le sens exact du mot, Enfin, dans ce cas, on pourra utiliser le mode de régulation du courant, que nous avons donné en parlant des piles.

Nous avons donné, dans tout ce qui précède, le plus d'indications possible, sans prétendre les avoir données toutes, car pour cela faire, il aurait fallu que nous nous placions dans les conditions les plus variées et les plus variables du nickelage, ce qui nous aurait entraîné beaucoup trop loin. Le lecteur, en rapprochant les cas spéciaux qu'il aura à résoudre, des généralités que nous avons données, arrivera sans peine à résoudre les problèmes les plus divers. Ainsi qu'il le peut voir, l'application matérielle, c'est-à-dire les manipulations de produits et la création du matériel, ne présentent pas de difficultés spéciales. La réussite dépend beaucoup de grands soins, d'une attention soutenue et d'observations constantes ; enfin, disons-le franchement, la réussite dépend aussi, et pour beaucoup, de nombreux insuccès dont l'opérateur ne devra pas se désoler, et qui ne devront pas le décourager, mais dont il devra surtout faire l'analyse pour en connaître le pourquoi, et par suite ne plus retomber dans les premières erreurs. En résumé, s'il est un métier auquel s'adresse le proverbe « c'est en forgeant qu'on devient forgeron », c'est bien la galvanoplastie.

Jusqu'à présent, nous n'avons examiné que le

cas de pièces qui doivent être entièrement revêtues d'une couche de nickel ; or, on peut avoir, dans la pratique, à ne réaliser le nickelage que sur l'extérieur d'une pièce creuse. Prenons l'exemple le plus simple ; on a un tube cylindrique, dont on ne veut nickeler que la partie extérieure. Le moyen est tout indiqué, et notre lecteur l'a déjà deviné ! il suffit de le fermer à ses deux extrémités, par un simple bouchon de liège. Si ce tube est assez mince et d'assez grand diamètre pour devenir trop léger et risquer de flotter sur le liquide, au lieu de plonger dedans, on le lestera par des matières pesantes quelconques, que l'on aura enfermées dans le tube entre les deux bouchons. Si l'objet, au lieu d'être un tube, et muni par conséquent d'ouvertures régulières, qu'un bouchon de liège fermera facilement, était d'une forme quelconque, on boucherait l'orifice ou les orifices, avec un peu de cire à modeler. En tous cas, il faudra toujours prendre, pour cet usage, un corps mauvais conducteur, tel que du liège, de la cire, de la résine, de la gutta-percha, etc., sur lequel il ne peut pas se produire de dépôt métallique. Il serait néfaste de fermer les orifices avec un métal, fer, cuivre, etc., qui pourrait se couvrir de métal précisément à sa jonction avec l'objet à nickeler, et qui, soudé ainsi, ne pourrait plus être enlevé. En outre, même si l'inconvénient en question ne se présentait pas, ces obturateurs métalliques consommeraient de la matière du bain en pure perte, ou encore, comme ils n'auraient pas été préparés en vue du nickelage, ils décomposeraient le bain, ce qui serait encore plus pernicieux.

On peut avoir à réaliser l'opération inverse, c'est-à-dire à former le dépôt de nickel sur la paroi intérieure d'un objet, et respecter la paroi externe, le cas est assez fréquent, pour des vases en cuivre, par exemple, qui seront ciselés ou repoussés, de façon à donner à l'objet un cachet artistique, alors que l'intérieur, devant contenir fréquemment de l'eau, aura besoin d'être nickelé pour éviter la formation de vert-de-gris. Pour réaliser un pareil ouvrage, on fera usage de ce qu'on désigne sous le nom de *réserve* ou *épargne*; c'est-à-dire que l'on recouvrira toute la surface à respecter (à *épargner*) de l'objet, avec un verni gras, étendu au pinceau, et que l'on fera bien sécher à l'étuve. Il n'y aura plus, après cela, qu'à passer l'objet au bain comme précédemment, la surface enduite de vernis sera respectée et seule la surface intérieure se garnira d'une couche de nickel.

Par le même procédé d'épargne, on pourra ménager à un même objet l'aspect des deux métaux. Si, en effet, on prend une pièce quelconque, en cuivre ou en fer, et que l'on dessine à sa surface des motifs avec le vernis gras en question, qu'on laisse sécher et qu'on porte au bain, le nickelage ne prendra que sur la surface non vernie. En nettoyant ensuite la pièce, soit par le simple polissage qui enlèvera le vernis, ou même en dissolvant celui-ci par un dissolvant approprié : benzine, sulfure de carbone, etc., on pourra obtenir des effets très heureux du mariage des deux tons fournis par les deux métaux différents.

Enfin, si l'on avait à nickeler l'intérieur d'un grand vase métallique, en opérant comme nous

l'avons dit plus haut, on aura besoin d'une cuve
d'autant plus vaste que l'objet à nickeler sera plus
grand, et la cuve sera toujours beaucoup plus
grande que l'objet, ce qui peut constituer une gêne,
voire même une impossibilité. Voici un moyen
simple de résoudre le problème très aisément. Après
avoir soigneusement préparé l'intérieur de l'objet,
suivant les principes que nous avons donnés, on le
posera sur un support isolant, qui peut être constitué par une série de plaques en porcelaine ou
même par des morceaux de dalle en verre. On verse
dans le vase le liquide du bain de nickelage, et on
relie le vase au pôle négatif du producteur d'électricité, quel qu'il soit. On dispose ensuite, à l'intérieur du vase, trempant dans le liquide et sans
qu'elles touchent ni le fond, ni les parois, des
anodes en nickel, suspendues à un support quelconque, mais isolées électriquement du vase et du
sol, on relie les anodes par un conducteur et ensuite au pôle positif du même producteur. Il n'y a
qu'à faire passer le courant électrique dans les conditions déterminées précédemment, pour que le
nickelage s'opère. Le support des anodes peut être
choisi en une matière bonne conductrice, on l'isole
du vase d'abord, puis du sol, en le faisant porter
sur une plaque en verre; on met en communication électrique les anodes avec le support, et
celui-ci avec le pôle positif du générateur d'électricité.

Ce procédé est, on le voit, très simple, il n'exige
plus de cuve et peut s'appliquer aux récipients les
plus volumineux: il offre, en outre, l'avantage de
laisser déposer le nickel à la hauteur qu'on désire

dans l'intérieur du vase, cette hauteur étant déterminée par celle du liquide à l'intérieur.

Les très petits objets peuvent se nickeler au sauté exactement comme nous avons appris à faire le cuivrage, c'est-à-dire à la passoire. Dans le nickelage seulement, il faudra imprimer à la passoire des secousses beaucoup plus fréquentes, afin de mettre les objets plus souvent en contact avec la spirale conductrice, pour assurer davantage le libre passage du courant électrique.

Tout ce que nous venons de dire du nickelage, s'adresse à l'opération faite à froid, c'est du reste la méthode la plus usitée; néanmoins, nous ne pouvons pas passer sous silence le nickelage à chaud, qui a été fort en faveur, surtout au début du nickelage. Beaucoup de praticiens prétendaient, en effet, que pour avoir un dépôt de nickel très blanc, il fallait commencer par faire le nickelage au bain froid, et, dès que le dépôt était complet et uniforme, passer l'objet au bain chaud. On est revenu de cette pratique, fort peu usitée maintenant, et que nous ne signalons qu'en vue surtout d'en faire ressortir les inconvénients.

Le bain chaud se fait dans une bassine en fonte émaillée, maintenue sur un feu doux, premier inconvénient, car ces récipients laissent toujours percer des parties du métal au travers de l'émail, et qui, attaqué par le bain, y met du fer. Dans les bains chauds, on se sert en général d'anodes insolubles (platine ou charbon), celles-ci ne se dissolvant pas, le bain devient rapidement acide, et il faut le neutraliser souvent. Malgré cette précaution, les pièces mises au bain sont légèrement at-

taquées, et arrivent à souiller rapidement le bain
en y introduissnt du fer ou du cuivre, suivant le
métal appelé à être recouvert. Il en résulte qu'il
faut souvent le purifier, tous les deux jours environ, ce qu'on réalise facilement en versant un peu
de sulfure de sodium, qui précipite les métaux
autres que le nickel. On laisse déposer, et le lende-
demain matin on tire à clair, puis on recommence
à s'en servir.

On voit que cette pratique n'est pas dénuée de
manipulations complémentaires, ensuite que le
bain n'est jamais pareil à lui-même, il varie à
tout instant, et a besoin d'être reformé de toutes
pièces assez souvent. Les bains à chaud se composent identiquement comme les bains à froid, mais
nous n'en dirons pas davantage, car sont de plus
en plus rares les praticiens qui les utilisent.

L'entretien des bains de nickelage à froid est
beaucoup plus simple ; on conçoit aisément que les
anodes solubles l'entretiennent continuellement ;
néanmoins, comme nous l'avons dit au paragraphe
où nous avons parlé des anodes solubles, celles-ci
ne restituent pas tout le nickel enlevé, il reste toujours un peu d'acide mis en liberté ; acide sulfurique, qui attaque légèrement les pièces mises au
nickelage, introduisant ainsi dans le bain du fer
ou du cuivre, et même de ces deux métaux, si le
bain sert en même temps à nickeler dès pièces de
l'un et de l'autre. Pour se débarrasser de ces impuretés, on peut, comme précédemment, se servir
du sulfure de sodium, qui précipitera les métaux
autres que le nickel ; on laisse déposer, on tire à
clair, et on est de nouveau en présence d'un bain

convenable, qu'il n'y a plus qu'à surveiller au point de vue de son degré d'alcalinité ou d'acidité, ce que nous avons appris à faire.

Ce mode de purification est fort usité, mais, comme le dit très justement M. Roseleur, il n'est pas toujours aussi efficace qu'il le faut, en raison de ce que l'acidité du bain rend incomplète l'action du sulfure de sodium. Aussi, M. Roseleur conseille-t-il l'emploi du carbonate de chaux (craie, blanc de Meudon), qui est en effet beaucoup plus rationnel et constitue un moyen absolument efficace. Voici comment on opère : on jette dans le bain débarrassé de ses anodes, du carbonate de chaux en poudre fine et par très petites quantités à la fois ; on constate, en agitant avec une baguette de verre ou un morceau de bois une assez vive effervescence, qu'on laisse se calmer, puis on recommence jusqu'à ce que le carbonate de chaux, ainsi introduit, ne produise plus d'effet et tombe simplement au fond. Pendant toutes ces additions de carbonate de chaux, on a soin de bien agiter toute la masse du liquide et assez longtemps. Puis on laisse le tout au repos pendant une nuit entière et l'on tire à clair. Le dépôt résiduel contient tout le fer, le cuivre à l'état de carbonates et le blanc de Meudon à l'état de sulfate de chaux insoluble et de carbonate de chaux qui n'a pas été attaqué. Il n'y a plus qu'à examiner le bain au point de vue de son acidité et, s'il en manque, on y ajoute de l'acide citrique, jusqu'à très légère réaction sur le papier tournesol bleu, ce que nous savons faire.

Quand on veut faire cette purification d'une façon plus rapide, on opère à chaud, mais alors il

faut mettre le carbonate de chaux avec beaucoup
plus de précautions, car l'effervescence qui se manifeste est plus vive. Quand le carbonate de chaux
reste sans action, on fait bouillir la solution et on
laisse déposer, ou l'on filtre, ce qui permet d'avoir
une solution claire en très peu de temps.

Enfin, disons qu'un bain qui a servi peut être
laissé hors de service longtemps et y être remis,
mais après les remarques suivantes. D'abord,
quand on voudra abandonner un bain pendant
quelque temps, il faudra prendre soin de le couvrir
pour le préserver de la poussière et autres impuretés, en même temps que pour l'empêcher de s'é-
vaporer. Il peut se faire qu'au moment de le remettre en service, on constate que tout le sel de
nickel s'est déposé en cristaux sur les bords de la
cuve, on vide alors celle-ci, on détache les cristaux
et on les fait fondre à chaud dans le liquide du
bain retiré, exactement comme si l'on opérait la
confection première du bain et suivant les indications que nous avons fournies à ce sujet. Enfin, et
c'est sinon général, du moins très fréquent, quand
les bains contiennent des acides organiques, il peut
arriver que la surface se couvre de moisissures, il
suffit de les enlever. Toutes ces mesures prises, le
bain peut être remis en service comme s'il était
neuf.

IV. NICKELAGE DU ZINC EN FEUILLES

Nous avons dit au début du nickelage, que le
zinc pour être nickelé, devait être préalablement
cuivré, et c'est le cas qui se présente pour le nicke-

lage du zinc en feuilles. Nous avons longtemps connu et nous connaissons encore le fameux article de Paris, fait en fer-blanc et qu'on dit souvent fait avec de vieilles boîtes à sardines ; or, depuis que le nickelage a été rendu pratique, on a beaucoup cherché à remplacer le fer étamé, qui est la boîte à sardines, par un métal nickelé, le nickel se conservant mieux que l'étain, et les Allemands les premiers, pour imiter l'article de Paris et même lui donner un cachet plus riche, ont recherché et trouvé les méthodes pratiques et économiques de fabrication du zinc nickelé. Si c'est sur le zinc qu'ils ont porté leurs recherches et non sur le fer, c'est qu'il fallait trouver un métal se soudant avec facilité comme le fer étamé ; le seul qui se présenta remplissant ces conditions fut le zinc qui, nickelé d'un seul côté, laissait l'autre libre à la soudure facile. Aujourd'hui, les méthodes allemandes sont également appliquées en France et le nickelage du zinc en feuilles est presque le monopole des usines déjà d'une importance assez considérable. Bien que notre ouvrage ne s'adresse pas à la grande industrie, nous avons cru utile de signaler celle-ci en raison de ce qu'elle montrera à nos lecteurs les difficultés qu'elle comporte, les moyens qu'on a employés pour les vaincre, et les mettre ainsi, soit à l'abri d'insuccès dont ils ne s'expliqueraient pas la cause, soit leur fournir de nouvelles connaissances qu'ils pourront mettre à profit dans des travaux analogues.

Le nickelage des feuilles de zinc est donc une opération délicate, et sa réussite dépend surtout de la bonne préparation du métal avant de l'envoyer au bain de nickelage, lequel n'agit presque jamais que sur une face de la feuille.

La bonne préparation de la feuille consiste d'abord à l'amener à un poli parfait, et ce n'est pas la moindre des difficultés. Le polissage se fait avec la meule en drap, telle que nous l'avons décrite au chapitre du polissage. Cette meule ou tampon, tourne à une très grande vitesse, 3,000 tours à la minute en moyenne, et frotte la surface à polir avec une bouillie de consistance moyenne faite de chaux de Vienne et d'huile. L'ouvrier polisseur doit être très habitué à ce travail pour le mener à bien, car il doit juger à l'œil si le poli est suffisant, bien qu'il ne lui apparaisse pas très visible en raison de la mixture ci-dessus que son tampon, dans la rotation, étale sur toute la surface à une épaisseur plus ou moins grande. Ne sont soumises au polissage que les feuilles de zinc ne contenant pas le moindre défaut, ni soufflure, ni gerce, ni éraillure, du reste le zinc destiné au nickelage doit être de toute première qualité.

Cette première opération achevée, la feuille est soumise à une seconde, absolument identique, mais dans laquelle la meule de drap ou tampon ne fonctionne qu'avec de la chaux de Vienne sèche. Ce second passage au tampon a pour effet de dégraisser complètement la feuille de zinc et de terminer le brillant commencé par la première opération. Dans les usines bien outillées, ce second polissage se fait d'une façon entièrement mécanique ; nous ne décrirons pas les machines qui l'accomplissent, nous dirons seulement que le tampon y est de la largeur de la feuille elle-même, que celle-ci, portée par un chariot, présente sa face à polir sous le tampon dans une marche ininterrompue.

Le dégraissage opéré, on rince à grande eau et, naturellement, si le dégraissage a été bien fait, l'eau mouille complètement la surface polie; s'il n'en est pas ainsi c'est un signe certain que la feuille contient encore des parties grasses qu'il faut faire disparaître. Lorsqu'au contraire on est sûr d'une propreté absolue, les feuilles sont portées de suite au bain de cuivrage, de manière à ce qu'elles n'aient pas le temps de s'oxyder à l'air.

Ici deux méthodes sont en présence suivant que l'on désire avoir les deux côtés de la feuille de zinc cuivrés, pour imiter à la fin du nickelage le cuivre nickelé, ou, ce qui est plus général, on ne veut cuivrer que la face seule destinée au nickelage. Dans le premier cas il faut, notre lecteur l'a déjà compris, traiter avec le même soin, au polissage, les deux faces de la feuille, puis passer au bain de cuivrage un peu plus longtemps qu'on ne le fera lorsqu'on ne veut qu'une surface nickelée.

Dans le second cas, on porte les feuilles au bain de cuivrage à froid dont nous avons donné la composition au chapitre cuivrage, mais en ayant soin de placer les feuilles dos à dos et serrées entre elles par quatre pinces, une à chaque coin, quand les feuilles ne sont pas très longues, ou par un nombre plus grand s'il est nécessaire, pour qu'elles se trouvent bien appliquées l'une contre l'autre, la face polie à l'extérieur. On passe ainsi au bain de cuivrage et on les y laisse juste assez de temps pour que la surface polie se recouvre uniformément d'une pellicule de cuivre suffisante pour préserver le zinc de l'attaque du bain de nickelage. En général, un séjour d'une ou deux minutes dans le bain est suffisant. Si les feuilles ne sont pas bien accolées l'une contre l'autre, le mal n'est pas très grand, car le liquide qui pourrait passer entre elles est en quantité faible, de plus la surface rugueuse du zinc se prête mal au dépôt.

Une fois le cuivrage terminé, on lave à très grande eau de manière à faire disparaître toute trace de la solution cuivreuse qui viendrait souiller le bain de nickelage en se combinant dans celui-ci. C'est là une observation très importante sur laquelle nous ne saurions trop insister. Cela fait il n'y a plus qu'à passer au bain de nickelage, mais ici des conditions très spéciales doivent être remplies pour que la surface non cuivrée ne puisse pas toucher le liquide, car celui-ci, nous l'avons déjà dit, attaque très vivement le zinc et se trouve dénaturé tout en abîmant le métal à recouvrir. Dans la grande industrie on utilise divers procédés dont nous ne donnerons qu'un aperçu très bref.

Une première méthode consiste à placer les feuilles, toujours dos à dos, dans des cadres spéciaux avec interposition entre les deux feuilles d'une bande de caoutchouc de quelques centimètres de largeur, qui assure leur justaposition complète et empêche le liquide du bain de nickelage de passer entre elles. Cette manière de faire est très pratique, ne constitue qu'une manœuvre de montage que des ouvriers habiles exécutent rapidement. Elle a par contre l'inconvénient d'empêcher le nickelage de se produire sur tout le pourtour de la feuille, laissant ainsi une bande d'une largeur de quelques millimètres sur les quatre bords non nickelée et qu'il faut faire disparaître ensuite à la cisaille.

Une autre méthode consiste à mettre la face qui ne doit pas être nickelée à l'abri des atteintes du bain ; à cet effet on recouvre les feuilles d'une couche très mince de paraffine, cette opération se fait à la machine, puis elles sont mises dos à dos, les faces paraffinées l'une contre l'autre, et sont placées dans le bain de nickelage. On évite ainsi l'inconvénient signalé ci-dessus, mais l'opération de paraffinage est délicate, il faut aussi que la tranche des feuilles soit paraffinée pour ne pas être attaquée par le bain et ce procédé n'est réalisable, avec ces complications, que dans les grandes usines bien outillées.

Le bain de nickelage peut être un de ceux que nous avons déjà indiqués, mais nous préférons la formule suivante donnée par M. Roseleur et dans laquelle la forte dose d'acide borique produit une très bonne conductibilité, qualité essentielle à ce genre de travail :

Sulfate double de nickel et d'ammoniaque.	600 gram.
Sulfate d'ammoniaque.	100 —
Acide borique.	250 —
Eau distillée	10 litres

Les feuilles de zinc à galvaniser sont placées dans le bain alternativement entre deux anodes de nickel, et le courant électrique doit avoir une forte intensité : de 1 à 1,2 ampères par décimètre carré de surface à nickeler.

Les feuilles recouvertes d'une couche suffisante

sont retirées du bain, bien rincées et passées au polissage d'autant plus énergique que la couche de nickel est plus forte.

Si nous sommes entré dans quelques détails de ces opérations qui ne se font guère que dans la grande industrie, c'est, nous le répétons, pour initier notre lecteur à divers procédés dont il peut faire son profit dans des applications réduites telles qu'en peuvent avoir à faire des amateurs. C'est ainsi qu'ils pourront très bien opérer sur de petites plaques de zinc en tenant compte de ce que nous avons dit pour leur polissage, qu'ils pourront préserver le côté non à nickeler par une couche de vernis gras appliquée au pinceau et qu'ils dissoudront ensuite, ou même avec de la paraffine chaude en couche très mince et qu'ils laisseront refroidir avant de porter au bain, enfin qu'ils pourront user du même stratagème pour le bain de cuivrage. Le courant étant, dans ce cas, fourni par des piles, ils devront s'assurer qu'elles produisent l'intensité voulue, celle que nous avons indiquée plus haut; enfin ils devront surtout s'appliquer : 1° à ne jamais mettre au bain de nickel du zinc qui aura été cuivré, sans avoir soin de le laver à fond, pour ne pas introduire de cuivre dans le bain de nickelage; 2° de ne jamais mettre en contact avec ce dernier du zinc métallique qui est fortement attaqué.

Les indications ci-dessus sont également bonnes à appliquer pour le nickelage de tous les objets en zinc; elles sont évidemment à modifier suivant les objets à traiter, mais les principes essentiels sont à respecter. Le zinc nickelé s'entretient très facilement propre et brillant comme tout autre métal sur lequel on a fait un dépôt de nickel et, grâce à cette propriété, il a donné un grand développement aux applications déjà nombreuses du zinc.

CHAPITRE IX

Argenture

—

Sommaire. — I. Argenture du cuivre et de ses alliages. — II. Balance Brandely pour vérifier la quantité d'argent déposé. — III. Passage de l'argenture au borax. — IV. Argenture du métal anglais. — V. Vieil argent, oxydé, nielle. — VI. Argenture du fer, de l'acier, de la fonte et du zinc.

Jusqu'à la découverte de la galvanoplastie, l'argenture se pratiquait par des procédés divers, souvent fort délicats et compliqués, dont le lecteur trouvera des descriptions très exactes dans le volume *Dorure, Argenture et Nickelage*, de l'Encyclopédie-Roret; la galvanoplastie vint opérer une véritable révolution dans cette industrie et apporta un concours précieux qui ne tarda pas à engendrer des productions absolument merveilleuses. Cette partie de l'électro-métallurgie a indroduit d'utiles et nombreuses améliorations dans les objets d'un usage journalier, aussi bien que dans les objets de luxe et dans les créations artistiques. C'est à cette industrie nouvelle que l'on doit particulièrement la production à bon marché de couverts de table qui sont ainsi rendus à la fois hygiéniques et élégants et qu'utilisent presque tous les ménages, si modestes que soient leurs ressources. C'est à elle également qu'on doit les objets les plus divers de l'orfèvrerie dans lesquels l'art pur se trouve rehaussé par l'éclat du métal précieux.

Il est facile de s'imaginer l'importance de l'argenture, quand on songe qu'en Amérique seulement, on estime le poids de l'argent appliqué à l'argenture galvanoplastique au chiffre énorme de 84,000 kilogrammes, et encore il s'agit d'une statistique vieille déjà de dix ans et qui accuserait aujourd'hui des quantités beaucoup plus considérables.

Nous avons vu, dans le premier chapitre de cet ouvrage, que les brevets de l'argenture, en particulier, se sont suivis de près, ceux d'Elkington en Angleterre et de Ruolz en France ont servi de base à l'établissement de cette industrie en France et elle s'est fondée sous la haute personnalité de M. Charles Christophle, alors bijoutier à Paris. Celui-ci voyant tout l'avenir réservé à l'argenture n'hésita pas à faire l'acquisition des brevets Elkington et de Ruolz et établit à Paris, rue de Bondy, un vaste atelier d'argenture qui existe toujours sous la direction de MM. Paul Christophle et H. Bouilhet, fils et neveu du premier.

La fabrication de l'argenture des couverts de table est une des branches les plus importantes des applications de l'électro-métallurgie par voie humide dans les ateliers de MM. Christophle et Cie. C'est par millions de couverts et par milliers de kilogrammes que se compte la fabrication de cette importante maison. L'orfèvrerie y tient aussi une place très importante et il en sort les productions les plus artistiques d'un prix très élevé en même temps que les objets les plus divers d'un usage courant.

L'argenture par galvanoplastie compte encore de nombreuses maisons d'une importance considérable, tant à Paris qu'en province, et, en raison du caractère de haute valeur artistique de l'orfèvrerie française, l'argenture qu'elle met largement à contribution a développé d'une façon considérable en France les procédés de dépôts d'argent sur les différents métaux usuels. Aussi ne croyons-nous pas exagérer en disant que les chiffres donnés ci-dessus pour la consommation du métal précieux en Amérique, doivent être à peu de chose près parfaitement applicables à ce que l'ensemble des fabriques d'argenture françaises peuvent consommer annuellement.

I. ARGENTURE DU CUIVRE ET DE SES ALLIAGES

Comme dans le cuivrage et le nickelage, l'argenture n'a jamais pour but que de recouvrir d'argent des métaux de prix ou de qualité inférieure, et parmi ceux-ci, le cuivre tout principalement, d'autant plus qu'il permet l'argenture directe, c'est-à-dire le dépôt d'argent immédiatement sur lui, ce qui ne peut se produire avec le fer, la fonte, l'acier, etc., ces derniers devant être préalablement cuivrés. L'argenture, nous venons de le voir, constitue une branche fort importante de l'industrie, mais elle peut aussi être appliquée en petit par des moyens très simples, à la disposition de tous amateurs ; c'est par cette partie que nous commencerons pour examiner ensuite l'argenture en grand ou argenture industrielle.

Les amateurs peuvent faire usage de l'appareil simple que nous représentons figure 43, et dont

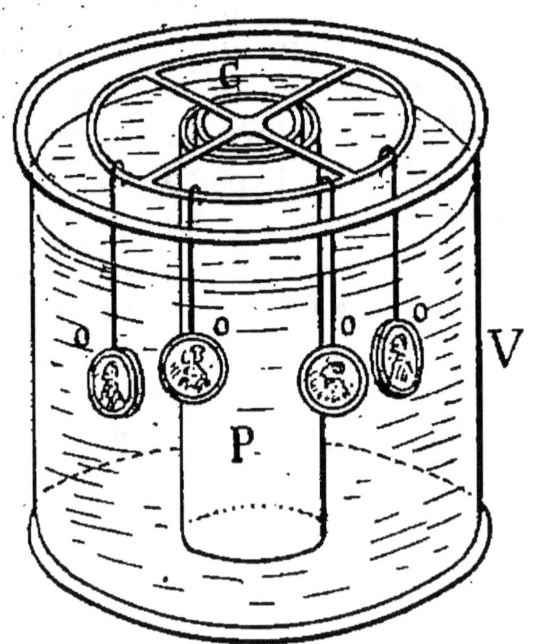

Fig. 43. Appareil simple d'argenture.

voici la description : un vase en verre V ou en grès, nous donnons la préférence au verre, qui permet de voir comment se comportent les objets, contient le bain d'argent dont nous donnerons ci-après la composition ; au centre et dépassant le niveau du liquide du bain, un vase poreux P contient une solution au dixième de sel gris ou de cyanure de potassium dissous dans l'eau ; dans le vase P, trempe un bâton de zinc relié d'une façon quelconque à un cercle ou croisillon C formé d'un grand cercle, relié à un petit cercle par quatre bras diamétralement perpendiculaires, se réunissant au centre en une petite platine à laquelle est fixé le zinc. Ce croisillon est en cuivre ou en laiton ; le diamètre de son grand cercle est tel que ce cercle se trouve, une fois en place, au milieu de l'espace annulaire compris entre le vase V et le poreux P. C'est à ce cercle que l'on suspend par l'intermédiaire de fils conducteurs les objets *oooo* à recouvrir du métal précieux. Grâce à la disposition du cercle C, les objets mis au bain sont tous à égale distance du poreux, ce qui est, nous l'avons déjà vu, une condition pour obtenir un dépôt uniforme. Quant au bain d'argent, il est composé de la façon suivante :

```
Nitrate d'argent fondu pur. . . . . . . .  150 gram.
Cyanure de potassium pur. . . . . . .  250  —
Eau distillée . . . . . . . . . . . . .  10 litres
```

Ce bain se prépare en faisant fondre d'abord le nitrate d'argent dans l'eau ; cette dissolution obtenue, on y ajoute le cyanure de potassium et l'on agite avec une baguette de verre jusqu'à dissolution complète et parfait mélange. On peut, si l'on veut, filtrer cette solution avant de s'en servir, car elle contient toujours un peu de fer provenant du cyanure. Cette précaution bien que toujours bonne, n'est pas indispensable, car le fer se dépose rapidement au fond du bain et ne constitue jamais une gêne pour l'opérateur.

Dans notre dessin (fig. 43) nous avons représenté comme objets à argenter, des médailles ; on devra les placer au bout du fil conducteur, de façon à ce qu'elles se trouvent à peu près au milieu de la hauteur du liquide et laisser l'opération s'effectuer en prenant soin seulement de les retourner à intervalles réguliers pour que chacune des faces reste à peu près le même temps devant le poreux. Si au lieu de médailles, nous avions des objets un peu longs, tels que fourchettes ou cuillers, il faudrait aussi avoir soin de les retourner bout pour bout, de manière que chaque extrémité trempe tantôt en haut, tantôt en bas du bain pour les raisons que nous avons déjà données.

Le bain dont nous venons de donner la composition ainsi que l'appareil simple ne conviennent que pour des amateurs ou des professionnels ne faisant de l'argenture que d'une façon intermittente, pour de petits objets, pour des couches d'argent relativement peu épaisses. Ce bain s'épuise assez rapidement puisque la quantité d'argent y est limitée, en outre il se détériore par suite de l'introduction du zinc dissous qui passe au travers des pores du vase P, il a donc besoin d'être renouvelé souvent et d'être purifié, ce dernier point constituant une opération chimique assez délicate. Enfin, disons que la dose de cyanure de potassium est bien plus forte que ne l'exige la théorie, mais elle convient bien à ces appareils simples ne développant qu'un faible courant, parce qu'elle constitue un bain meilleur conducteur du courant.

Pour l'argenture plus importante il est préférable de se servir de l'appareil composé dont nous donnons une disposition figure 44. V est un vase en verre comme le précédent, sur les bords duquel repose un support S, formé d'un cercle en cuivre ou en laiton relié à quatre branches. Au centre de ce cercle et baignant dans le bain est une anode d'argent de forme cylindrique A. Celle-ci est reliée

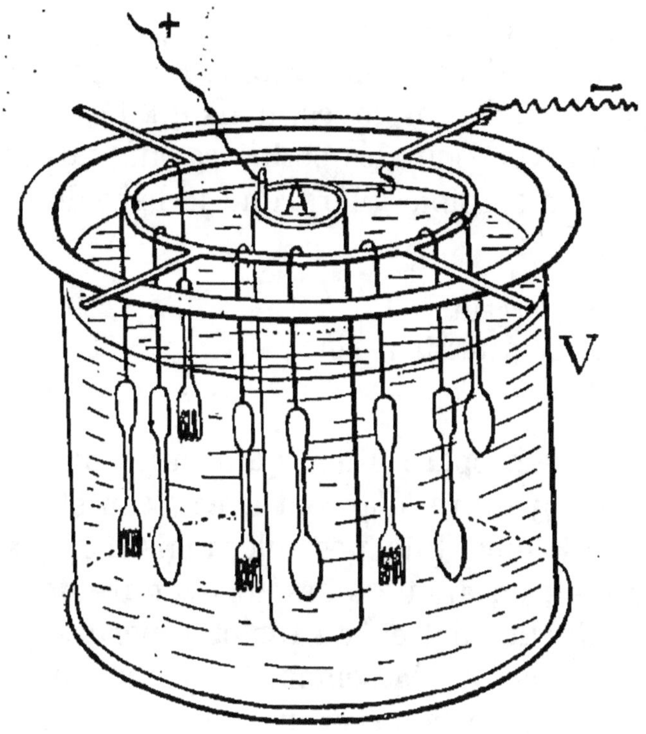

Fig. 44. Appareil composé d'argenture.

au pôle positif d'une pile ou batterie de piles par le fil conducteur marqué du signe +; le support S, lui, est relié au pôle négatif par l'intermédiaire du conducteur marqué du signe —. Les objets à recouvrir d'argent sont suspendus au cercle par des fils conducteurs et trempent dans le bain au milieu de l'espace annulaire compris entre le vase V et l'anode A. Pour obtenir un bon dépôt bien uniforme, il faudra de temps à autre changer le point de suspension des objets, s'ils sont longs, ainsi que nous l'avons dit précédemment.

Ici, le travail peut être continu, le bain récupérant sur l'anode la quantité d'argent qu'il perd par dépôt sur les objets traités.

Nous avons donné une première composition de bain qui est très employée, mais qu'il est préférable de réserver pour les petits travaux ; dans l'industrie on n'emploie guère que le bain dont voici la formule :

Cyanure d'argent	400 gram.
Cyanure de potassium pur.	500 —
Eau distillée	10 litres

Ce bain se prépare ainsi qu'il suit : on met ensemble le cyanure d'argent avec l'eau et on mélange aussi bien que possible, mais il n'y a pas dissolution ; on ajoute alors le cyanure de potassium graduellement et, au fur et à mesure qu'il se dissout, il dissout également le cyanure d'argent, dissolution qu'on favorise en agitant constamment avec une baguette en verre. Quand tout est dissous et le liquide clair, le bain est prêt à servir. De même que nous l'avons déjà fait remarquer, on peut filtrer s'il le faut pour se débarrasser de toute impureté avant de mettre le liquide dans le vase où doit s'opérer l'argenture. La composition de ce bain peut évidemment servir dans le petit appareil composé que nous venons de décrire. Dans l'argenture industrielle, les argenteurs préparent généralement eux-mêmes le cyanure d'argent, ce qui n'exige ni grand travail, ni appareils compliqués et assure un produit toujours meilleur, nous en donnons du reste le mode de préparation à la fin de cet ouvrage.

Dans l'argenture industrielle, comme dans le nickelage et le cuivrage, les cuves sont de dimensions appropriées aux objets à argenter et sont souvent très grandes ; dans ce cas on les fait en bois doublé de gutta-percha et le modèle que représente notre dessin (fig. 42) pourrait fort bien être utilisé en argenture, sauf que les anodes B B B B seront alors des plaques d'argent aussi pur que possible.

Nous donnons par notre dessin, figure 45, un modèle de cuve très employé par les argenteurs et qui diffère peu de la précédente. C'est une cuve en bois rendue étanche par un doublage en gutta-percha qui recouvre également les rebords ; un cadre formé d'une tringle en laiton repose sur les quatre rebords de la cuve et se termine par une pince ou borne qui sert à relier le cadre au pôle négatif (marqué du signe — sur la figure) d'un producteur d'électricité. Sur ce cadre il suffit de déposer des tringles également en laiton et passant par-dessus le bain, de ce fait ces tringles seront mises en communication avec le pôle négatif, il n'y aura plus qu'à y accrocher, par l'intermédiaire de fils conducteurs, les objets à argenter. Un autre cadre identique au premier, mais reposant sur des taquets isolants en bois posés sur les rebords de la

cuve, sera relié au pôle positif (marqué du signe $+$
sur la figure). C'est sur ce cadre qu'on placera les
tringles supportant les anodes solubles. On peut
avec des cuves semblables traiter à la fois un
grand nombre d'objets de petites dimensions qui
se trouvent ainsi entre deux anodes solubles et à
égale distance de chacune d'elles, ce qui, nous l'a-
vons vu, est une condition pour obtenir une bonne

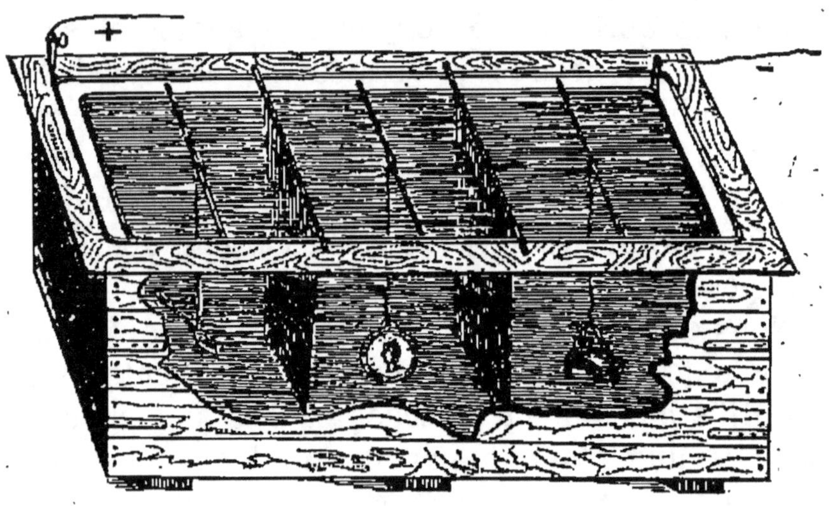

Fig. 45. Cuve d'argenture industrielle.

argenture. Si l'on avait à argenter des objets très
longs, il suffirait de les disposer ainsi que les
anodes solubles dans le sens longitudinal de la
cuve ; rien ne serait changée à cette dernière si ce
n'est la longueur des tringles supportant les pièces
à recouvrir d'argent et les tringles portant les
anodes solubles.

Quelle que soit la forme et la matière de la cuve
qu'on emploie, il faut toujours que cet appareil ait
une hauteur assez grande pour que les objets

qu'on y suspend aient au-dessus d'eux une couche de 10 centimètres d'épaisseur, tout en restant éloignés d'une égale distance du fond et des parois.

C'est dans des cuves de ce genre que se fait industriellement l'argenture des couverts de table, opération fort importante, car c'est par centaines de ces pièces que se compte la production journalière d'usines même d'importance moyenne, aussi nous arrêterons-nous un peu à cette spécialité qui nous apportera quelques renseignements dont notre lecteur pourra faire son profit dans des opérations analogues. Nous rappelerons encore que les couverts suspendus à leurs tringles devront être suspendus par en haut pendant la moitié de l'opération, puis par en bas pendant la seconde moitié de l'opération, de façon à assurer un dépôt uniforme sur toute l'étendue de la pièce. Chez les argenteurs disposant d'un outillage perfectionné, l'opération ci-dessus pendant son exécution se trouve complétée par une disposition qui permet de remuer les couverts continuellement dans le bain. A cet effet, toutes les tringles portant les couverts font partie, par un dispositif quelconque, d'un système mobile auquel un excentrique donne un mouvement régulier de va-et-vient qui provoque l'agitation continuelle des couverts. Cette agitation produit deux effets bien distincts, d'abord elle tend à uniformiser la densité du bain sur toute sa hauteur, ensuite elle évite sur les pièces la production de petites stries qui vont de haut en bas. Il est à remarquer, en effet, que si l'on abandonne des pièces à l'argenture dans un bain comme celui que nous venons d'indiquer, le métal ne se dépose pas uniformément mais semble suivre certaines directions suivant lesquelles il se dépose en plus ou moins grande quantité. Ce sont ces différences d'épaisseur du dépôt qui donnent lieu aux stries dont nous venons de parler. L'explication la plus plausible de cet effet paraît être la suivante : il se forme dans le bain, comme dans tout liquide formé de la dissolution de plusieurs corps, de véritables filets liquides de nature différente en tant que composition, il en résulte que le courant électrique qui est conduit par le liquide, est plus ou moins bien conduit suivant la nature du filet qu'il suit, d'où irrégularité dans le dépôt ; les filets les plus conducteurs amenant plus de métal sur l'objet et inversement. En agitant continuellement les pièces mises au bain, on brise ces filets, qui sont dirigés de l'anode à l'objet, et l'on établit une même conductibilité dans la masse entière et par suite un dépôt régulier.

Cette observation n'est qu'un détail, mais qui a sa grande importance, car de la régularité du dépôt dépend non seulement la valeur intrinsèque de l'objet fini, mais encore sa valeur au point de vue du bon aspect, de la solidité et du poli qu'il peut prendre.

Les argenteurs ont constaté maintes fois que le dépôt d'argent se fait mieux avec des bains ayant déjà servi quelque temps, c'est ce qu'on exprime en langage électrique en disant que les bains sont électrolysés. Aussi beaucoup de praticiens, et nous sommes partisans de ce principe, ont-ils coutume de vieillir artificiellement les bains neufs en les additionnant d'une certaine quantité de liquide puisé dans un bain qui a déjà servi.

Enfin, dans l'argenture industrielle, pour obtenir de beaux dépôts et surtout bien adhérents, qui permettent de passer les pièces au brunissoir afin de leur donner le plus bel éclat possible, on les passe, avant de les mettre au bain, au nitrate de mercure pour les bien amalgamer. C'est la huitième opération que nous avons signalée dans le chapitre consacré au décapage, mais sur laquelle nous ne nous sommes pas expliqué, étant donné que ce n'est plus du décapage proprement dit, mais bien une préparation toute spéciale des pièces destinées à être argentées ou dorées. Il est donc bon, croyons-nous, de la signaler ici où elle trouve sa place et son emploi tout naturellement. Les objets, parfaitement décapés par les différentes opérations que nous avons signalées au décapage du cuivre, sont portés dans le bain suivant :

Nitrate de mercure liquide, environ. .   10 gram.
Acide azotique à 36° Baumé.   20   —
Eau distillée . . . .   10 litres

Nous disons, dans cette formule, pour le nitrate de mercure *environ dix grammes* ; en effet, cette quantité n'est pas fixe, et le chiffre indiqué convient aux pièces moyennes ; pour les petites pièces destinées à recevoir une faible couche d'argent, on pourra diminuer la dose ; pour les grosses pièces, les couverts de table par exemple, appelés à recevoir une forte couche d'argent, on forcera au contraire la proportion du sel de mercure. Les pièces, au sortir de ce bain, sont bien rincées avant d'aller au bain d'argenture. Si le décapage a été bien exécuté, les couverts, en sortant du bain ci-dessus, doivent être blancs uniformément sur toute leur surface, comme s'ils venaient d'être argentés. Lorsque le bain mercuriel est faible, la teinte des pièces est à peine changée.

Tout ce que nous venons de dire au sujet de l'argenture comprend, bien entendu, que les pièces ont été au préalable parfaitement décapées suivant les principes énoncés à l'article décapage. De même lorsque l'argenture est terminée au degré auquel on a voulu l'amener, les pièces sont terminées par le polissage qui s'effectue au gratte-bosse ou au brunissoir. Le premier moyen donne un très beau poli, très agréable d'aspect, le second fournit un travail beaucoup mieux fini et un poli plus durable, mais ne peut guère s'appliquer qu'aux objets recouverts d'un dépôt suffisamment épais.

II. BALANCE BRANDELY POUR VÉRIFIER LA QUANTITÉ D'ARGENT DÉPOSÉ

Le dépôt d'argent se faisant d'une façon très régulière sur toute la surface de la pièce, lorsqu'on prend bien toutes les précautions que nous avons indiquées, il peut être utile soit de savoir très exactement, à tout moment, ce qu'une ou plusieurs pièces ont pris de métal précieux dans un temps déterminé, soit de régler le poids du dépôt à l'avance, de manière à ce que les pièces à argenter se couvrent d'un poids donné et pas plus. Le premier appareil qui ait été créé pour répondre à ces conditions est dû à M. Brandely ; nous le représen-

tons, figure 46, tel qu'il a été conçu par son inventeur. Cet appareil se compose d'une véritable
balance dont le pied ou support est fixé à la cuve
d'argenture, et porte le fléau dont une des extrémités se termine par un plateau B ordinaire, et
l'autre extrémité une tringle C en forme de parallélogramme, prise en son centre par des étriers qui

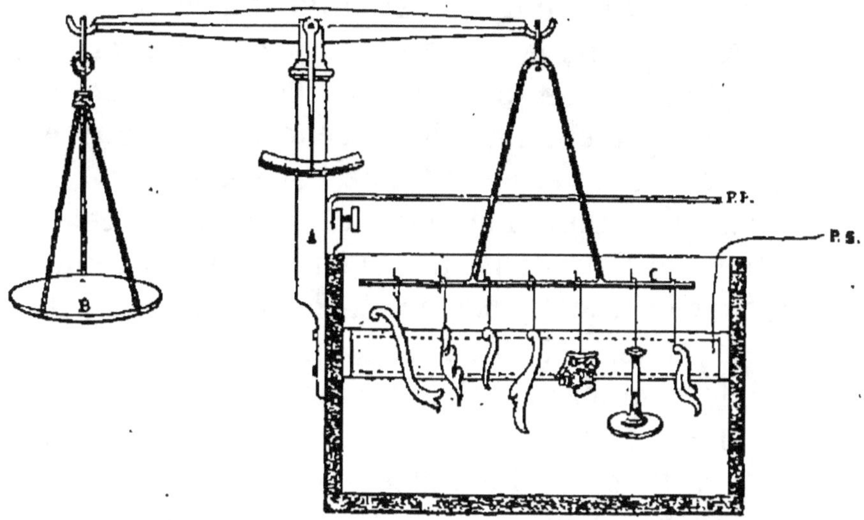

Fig. 46. Balance Brandely.

la maintiennent dans une position exactement horizontale, à quelques centimètres au-dessus du liquide. Cette tringle forme le second plateau de la
balance et reçoit les crochets qui supportent les
pièces. Celles-ci sont mises en relation avec le pôle
négatif de la source d'électricité par la barre P P,
fixée en A au pied de la balance, le courant passe
ainsi par le pied, le fléau, les tringles de suspension du parallélogramme, et enfin arrive à ce
dernier et par suite aux pièces. L'anode soluble

16,

plongeant dans le bain est reliée au pôle positif par le conducteur P S. Les pièces sont mises au bain d'argent comme d'habitude, et leur poids est équilibré par une tare formée de grenaille de plomb versée dans une sébile placée sur le plateau B ; l'aiguille indicatrice est alors verticale. On ajoute ensuite dans le plateau B le poids correspondant à celui de l'argent à déposer sur les pièces du bain ; l'équilibre étant rompu, l'aiguille indicatrice n'est plus verticale, mais dès que les pièces ont pris le poids d'argent dont on veut les recouvrir, l'équilibre se rétablit et l'aiguille reprend la position verticale, indiquant ainsi la fin de l'opération.

Nous avons tenu à signaler cet appareil, très élémentaire, qu'un amateur peut réaliser facilement avec une balance quelconque. Si le poids à mettre dans le plateau B était trop fort et entraînait le fléau de manière à soulever les objets hors du bain, il est facile de remédier à l'inconvénient en ménageant une petite butée soit contre l'aiguille, soit sous le bras du fléau, du côté du plateau B, pour ne donner au fléau que l'inclinaison suffisante pour que les pièces ne soient pas sorties du liquide. Lorsque celles-ci auront pris le poids d'argent voulu, on en sera averti comme précédemment par la verticalité de l'aiguille indicatrice ou par l'horizontalité du fléau.

Aujourd'hui, ce genre d'appareil est très répandu et, bien entendu, très perfectionné ; il est utilisé dans tous les ateliers importants d'argenture qui garantissent un poids fixe d'argent sur les objets qu'ils travaillent. Nous citerons entre autres la balance argyrométrique de M. Roseleur, fondée sur le même principe, mais qui est complétée par un dispositif qui ferme le courant, et par conséquent arrête le dépôt dès que celui-ci a atteint le poids cherché. D'autres de ces appareils sont à avertisseurs et mettent en action une sonnerie électrique prévenant l'opérateur au moment où l'opération est terminée, c'est-à-dire lorsque le dépôt a pris le poids voulu.

Nous nous sommes borné à donner, comme compositions de bains, les formules les plus usitées, et celles qui fournissent les résultats les plus sûrs; mais ces formules peuvent varier à l'infini, et tout chimiste peut en composer à son gré, qu'il saura faire réussir, en prenant certaines précautions spéciales, exigées par les différents corps mis en présence. Nous ne signalerons, parmi ces formules, que celle qui consiste à employer le chlorure d'argent au lieu de cyanure, car ce premier se comporte, à peu de choses près, comme le second.

Enfin, il est une observation que nous ne négligerons pas de faire, car elle peut être d'un grand secours dans l'argenture de pièces spéciales, de pièces d'orfèvrerie, par exemple. L'expérience a montré qu'un objet se couvre d'une quantité d'autant plus forte de métal, qu'il est à une distance moindre de l'anode soluble. Ainsi, deux plaques parfaitement planes, disposées dans le bain d'argenture, à une distance différente de l'anode : la plaque la plus proche de cette dernière se recouvrira d'une couche d'argent plus épaisse que la plaque qui en est la plus éloignée. Cette propriété est tout naturellement mise à profit, dans l'argenture des pièces destinées à un usage constant. Si celles-ci, en effet, présentent des reliefs sensibles, ils se trouveront, de ce fait, plus près de l'anode soluble, et, par conséquent, se couvriront d'une couche d'argent plus épaisse que le corps de la pièce. Or, à l'usage, ce seront précisément ces reliefs qui, plus exposés aux frottements, s'useront davantage et plus vite ; c'est donc une excellente condition qu'ils soient plus chargés de métal. Mais, ce que les circonstances ou le hasard accomplit d'heureux, il faut que le galvanoplaste sache le reproduire et le provoquer. Donc, quand on aura à argenter une pièce présentant des sinuosités très accentuées, pour assurer un dépôt uniforme sur toute la pièce, il sera bon de contourner l'anode suivant les sinuosités du modèle. — Ainsi, pour prendre un exemple très simple : si l'on avait un cylindre à argenter, pour avoir un dépôt régulier sur toute sa périphérie, il serait bon de le mettre dans le bain, au centre d'un cylindre formé par l'anode enroulée. S'il s'agissait d'un objet aux formes plus compliquées, on ne pourrait évidemment donner à l'anode la forme en creux, pour ainsi dire, de l'objet à argenter, mais on pourrait contourner suffisamment l'anode pour lui donner à peu près, grossièrement, le profil du modèle. C'est ainsi que l'on procède pour l'argenture de certaines pièces d'orfèvrerie, qui présentent souvent des formes très contournées, mettant certaines de leurs parties relativement loin des anodes, par rapport aux autres parties.

Il ne faut pas perdre de vue, du reste, que l'argenture, comme toutes les opérations galvanoplastiques, est une opération qu'il faut conduire avec beaucoup de soins et surtout énormément d'attention, l'opérateur doit donc suivre son travail d'une façon continuelle, et observer tout ce qui se passe, ce sera pour lui la meilleure instruction et le plus sûr moyen d'assurer la réussite de ses travaux.

III. PASSAGE DE L'ARGENTURE AU BORAX

Nous avons tenu à signaler cette opération, parce qu'elle a été fort en usage au début de l'argenture, et qu'il est bon que le lecteur, non seulement la connaisse, mais sache quel était son but. On peut, du reste, l'appliquer utilement, à la condition, toutefois, que la pièce recouverte d'argent soit en bronze. Le bain au cyanure d'argent présente un inconvénient, c'est de déposer sur l'objet, en même temps que de l'argent, un sel de ce métal connu en chimie sous le nom de sous-cyanure d'argent; ce sel a le désagrément, pour l'argenteur, de noircir rapidement à la lumière, et par conséquent de faire perdre l'éclat aux pièces argentées; c'est ce qui faisait dire, du reste, que le bain au cyanure faisait noircir l'argent. Pour remédier à cet effet fâcheux, on passait l'argenture au borax, et voici comment on opérait : l'objet sorti du bain après avoir reçu la quantité d'argent voulue, était rincé à l'eau pure puis séché. On le trempait ensuite dans une solution concentrée de borax, et on l'exposait à une chaleur assez forte produite par un foyer de charbon de bois ou de braise ardente, mais ne dégageant pas de fumée. Quand l'objet était assez chaud pour ne plus pouvoir être tenu à la main, on le plongeait dans l'eau seconde, de là dans l'eau pure, et enfin on le rinçait à grande eau.

Cette opération, toute chimique, et due à Mourey, habile argenteur, enlevait le sous-cyanure d'argent. Nous le répétons, cette opération peut se faire, mais pour des pièces de bronze argentées. Cependant, on a trouvé un moyen bien plus simple de se débarrasser du sous-cyanure de mercure ; il consiste à laisser la pièce argentée quelque temps dans le bain, après qu'on a cessé de faire passer le courant. Le cyanure du bain dissout le sous-cyanure sans toucher à l'argent et, après cela, il n'y a plus qu'à traiter la pièce comme d'habitude.

IV. ARGENTURE DU MÉTAL ANGLAIS

Sous le nom de métal anglais, nous entendons une série d'alliages dans lesquels l'étain est le métal dominant, et qui servent énormément dans une certaine classe de l'orfèvrerie ; c'est avec ces alliages qu'on fait surtout les théières, les cafetières, les pots à lait chaud, etc. L'argenture de ces objets est toute naturelle, puisqu'ils sont appelés à figurer, dans un service, au milieu de l'argenterie ; aussi, avons-nous cru utile de consacrer un paragraphe spécial à ce genre d'articles.

Le moyen le plus simple serait évidemment de procéder d'abord au cuivrage du métal anglais, et puis à l'argenture de ce cuivre. Mais ce qui a fait rechercher l'argenture directe, c'est que le métal anglais a la couleur blanc-gris de l'argent ; par conséquent, si la couche d'argent qui le recouvre vient à s'user, l'objet change peu d'aspect ; alors que s'il est préalablement cuivré, il laissera apercevoir la teinte rouge du cuivre, avant même que le dépôt d'argent soit complètement enlevé par l'usure ; ces conditions spéciales ont fait rechercher l'argenture directe et, à ce point de vue, c'est M. Roseleur qui a fourni le procédé à la fois le plus simple et le plus efficace.

Ce savant chimiste conseille d'opérer de la façon suivante : procéder d'abord à un décapage parfait, comme nous l'avons indiqué pour l'étain ; puis à un dégraissage au bain de potasse chaude, bain qui doit être fréquemment renouvelé et tenu constamment propre. On rince bien alors les objets à l'eau pure, et on les ponce très soigneusement avec de la poudre très fine de pierre ponce. Ce ponçage doit être absolument irréprochable ; on rince bien à l'eau, puis on met au bain de potasse, en ne faisant que passer les pièces dedans qui, en en sortant et sans rinçage, sont mises directement au bain d'argenture, lequel est composé comme suit :

Potasse caustique.	200 gram.
Nitrate d'argent fondu blanc	450 —
Cyanure de potassium pur	1.500 —
Eau distillée.	10 litres

On fait passer, au commencement, un courant de forte intensité, de façon à provoquer un dépôt général rapide. Puis on continue, en diminuant progressivement l'intensité du courant, et on laisse l'argenture s'opérer doucement. Dans cette opération, il est indispensable d'entourer l'objet à argenter par l'anode soluble, de façon à ce que toute la surface se recouvre également et rapidement, suivant le principe que nous avons émis plus haut.

Quelques opérateurs ne laissent l'objet dans le bain ci-dessus, que le temps nécessaire à le recouvrir complètement d'une pellicule d'argent, et le font passer ensuite au bain d'argenture ordinaire. C'est un moyen qui donne de bons résultats, mais qui produit aussi quelquefois des stries sur le dépôt ; aussi, croyons-nous meilleur d'opérer l'argenture complète dans le même bain.

Quelques professionnels conseillent, pour l'argenture directe du métal anglais, de se servir du bain d'argent ordinaire, mais de le modifier, en y ajoutant de 10 à 15 0/0 de nickel. Il est assez curieux, en effet, de voir que le bain d'argenture qui se refusait, pour ainsi dire, à recouvrir le métal anglais, s'y prêtera au contraire très facilement, dès qu'on l'a additionné d'un peu de cyanure de nickel. Sans vouloir condamner ce procédé, dont se trouvent bien un assez grand nombre d'opérateurs, nous n'en sommes pas très partisans car, au point de vue purement chimique, nous ne conseillerons jamais le mélange de sels de différents métaux. Une longue pratique, une habitude spéciale de ce genre de bains, peut conduire à de bons résultats, mais on peut aussi y trouver de graves mécomptes, car deux métaux aussi différents que l'argent et le nickel, manquent rarement de présenter certaines anomalies par suite de leurs actions réciproques et puis le bain finit, au bout de peu de temps d'usage, par présenter une composition complexe qu'il est difficile, sinon impossible de ramener à la normale. On n'a dès lors qu'une ressource, c'est de rejeter la solution après en avoir extrait, par des procédés assez longs et coûteux, le métal précieux.

Enfin, il existe d'autres formules que notre lecteur pourra facilement reconstituer sans que nous ayons à les lui indiquer, et qui consistent à commencer par cuivrer légèrement le métal anglais, puis à le nickeler, et enfin à l'argenter. Le procédé est rationnel, mais nous n'avons pas besoin de nous étendre longuement sur ses inconvénients, dont le principal consiste à nécessiter trois bains, trois opérations préparatoires, etc., et enfin à présenter un objet recouvert de trois couches de métaux différents pouvant par conséquent avoir des adhérences inégales.

V. VIEIL ARGENT, OXYDÉ, NIELLE (1)

On sait que les objets en argent prennent avec le temps, une teinte grise, gris bleu, et même noire, qui donne aux pièces d'orfèvrerie un cachet artistique tout spécial et fort apprécié des amateurs. Il est donc naturel que le galvanoplaste, lorsqu'il fait du dépôt d'argent sur des pièces d'orfèvrerie de style ancien, cherche à leur donner, en outre de la couche de métal précieux, cette patine

(1) Voir aussi chapitre XXI, *Coloration des métaux*, *Oxydation.*

spéciale qui complétera l'illusion d'un objet ancien, d'où les différents procédés de vieillissement pour ainsi dire de l'argent.

Plusieurs cas sont à considérer, que nous allons examiner rapidement. Un objet d'argent ancien, offrant des creux prononcés et des reliefs vifs, présentera dans les premiers un aspect plus ou moins foncé, passant du gris sale au gris bleu et allant jusqu'au noir, tandis que les seconds, étant plus continuellement soumis aux frottements par l'usage, restent brillants ou tout au moins assez blancs. Dans ce cas, les creux sont de couleur foncée, non seulement du fait de l'attaque de l'argent par l'atmosphère, mais aussi par suite du dépôt qui s'y est formé d'une série de matières étrangères telles que les poussières de l'air, les condensations charbonneuses de la fumée, etc. Pour réaliser artificiellement ce travail du temps, il faut procéder comme lui et introduire dans les creux une matière étrangère. Pour cela, en délaie dans de l'essence de térébenthine de la mine de plomb en poudre bien fine, et de façon à en former une bouillie très claire. Si l'on voulait ne pas avoir le ton noir un peu dur que donne la mine de plomb, on n'aurait qu'à y mélanger un peu de sanguine ou d'ocre rouge, de manière à imiter la teinte cuivrée, mordorée, du vieil argent. La bouillie faite à la nuance voulue, on en couvre l'objet complètement avec un pinceau doux et on laisse sécher. On donne, après dessiccation, un coup de brosse douce qui, rencontrant surtout les reliefs, en retire la mixture déposée du reste en ces endroits en couche très mince, et rend à ceux-ci leur couleur primitive d'argent neuf, et enlève en même temps les parties de l'enduit qui n'ont pas adhéré au métal ou bien y ont formé des surépaisseurs. Pour terminer convenablement l'objet, il n'y a plus qu'à passer légèrement, sur tous les reliefs, un chiffon doux imbibé d'alcool qui nettoie complètement les portions à maintenir dans leur neuf.

Ce procédé fort simple donne d'excellents résultats et imite parfaitement la patine antique des vieux objets d'argent. Si l'opération était manquée et qu'il faille la recommencer, ou si l'on voulait faire disparaître l'apparence ancienne pour revenir au métal neuf, il suffira de laver l'objet dans la benzine qui dissoudra la bouillie, de bien le brosser et de l'essuyer.

Dans le second cas, du vieil argent ne présente qu'une teinte noire uniforme sur toute sa surface, c'est ce qu'on exprime, d'une façon fort impropre du reste, en disant que l'argent est *oxydé*. L'expression étant devenue une locution de métier, nous l'avons respectée, mais nous donnerons la véritable opération chimique qui se produit pour faire mieux saisir la recherche des procédés à appliquer pour obtenir l'oxydé. L'argent soumis à l'action de l'air ne *s'oxyde pas*, il *se sulfure;* ce métal, en effet, est très délicat sous l'action du soufre en si petite quantité qu'il le rencontre ; un exemple que tout le monde a eu sous les yeux le prouve surabondamment : quand on manipule des œufs avec un objet d'argent, celui-ci se noircit, parce que l'œuf contient du soufre. Donc, pour oxyder de l'argent, il faut chercher à le sulfurer, et le sulfure qui se forme, l'enduit complètement d'une couche qui, lorsqu'elle est assez épaisse, devient très noire et fort résistante, pouvant être amenée au brillant parfait.

Comme les produits sulfurés sont abondants, les méthodes d'oxydation de l'argent peuvent être nombreuses, nous en citerons quelques-unes. Un procédé très simple et qui réussit bien, consiste à mettre l'objet d'argent à oxyder dans une capsule de porcelaine et verser dans celle-ci assez de sulf-hydrate d'ammoniaque pour recouvrir complète-ment la pièce à patiner. On chauffe très légèrement et la pièce noircit par la formation à sa surface d'un sulfure d'argent de couleur bleue, noirâtre, intense. On retire alors la pièce de la capsule, on la lave, on la frotte avec une brosse à l'eau de savon, opération qui lui communique un lustre fort agréable à l'œil, et cela sans lui faire perdre de sa nouvelle couleur. Avec le bout d'un linge fin et doux trempé de quelques gouttes du bain d'argenture ou simplement d'une solution de cyanure de potassium, on frotte les parties qui offrent le plus de relief et qui doivent garder l'aspect métal-lique.

Il faut avoir soin de faire cette opération dans une pièce éloignée de celle où se trouve le bain d'argenture qui souffrirait considérablement des vapeurs de sulfhydrate d'ammoniaque. Si l'on opère en grand, c'est-à-dire avec une quantité con-sidérable de sulfhydrate d'ammoniaque, il faut opérer soit en plein air, soit sous la hotte d'une cheminée offrant un bon tirage, car les émana-tions du liquide sulfhydrique sont non seulement désagréables, mais encore délétères et peuvent amener des accidents organiques, tels que commencement d'asphyxie.

Au lieu de sulfhydrate d'ammoniaque, on peut employer de l'acide sulfhydrique gazeux dont la préparation est très simple, ou de l'acide sulfhydrique en solution dans l'eau et nouvellement préparé, ou tout autre sulfure soluble tel que le sulfure de calcium (barège). Cependant, parmi tous ces sulfures, le sulfhydrate d'ammoniaque est celui qui donnera le plus de facilités dans ses applications, en même temps que les résultats les plus sûrs.

Voici maintenant une autre formule que nous tenons de M. Roseleur. Dans de l'eau ordinaire chauffée entre 70° ou 80° on ajoute 8 à 9 grammes par litre de sulfhydrate d'ammoniaque ou la même proportion en poids de sulfure de potassium, et enfin 2 à 3 grammes de carbonate d'ammoniaque. On plonge les pièces à oxyder dans le liquide ainsi formé et on les voit immédiatement se couvrir d'un dépôt de sulfure d'argent magnifiquement irisé, puis quelques instants après, le dépôt passe au noir bleu foncé qui persiste d'une façon définitive. Il n'y a plus qu'à sortir la pièce du bain, à la rincer et à la passer au gratte-bosse, si l'on veut un beau poli. On obtiendra les reliefs vifs de la couleur métallique comme nous l'avons indiqué plus haut.

Quand on opère l'oxydation de grandes pièces qu'on ne saurait immerger dans un bain, on les badigeonne au pinceau avec du sulfhydrate d'ammoniaque et on les met à l'étuve.

De quelque formule que l'on fasse usage, il faut

avoir soin de ne se servir des liquides sulfureux que lorsqu'ils sont de préparation récente, ils se décomposent en effet très rapidement au contact de l'air, en laissant déposer le soufre, ce dont on se rend compte facilement, car à ce moment le liquide cesse d'être limpide et finit même par devenir laiteux, cet effet est dû à des particules très ténues du soufre qui se précipite. Si l'on plongeait les pièces dans un pareil milieu, elles se noirciraient bien, mais le dépôt de sulfure d'argent ne serait pas adhérent, la simple pression du doigt suffit à l'enlever et à laisser à sa place une empreinte rougeâtre faisant croire que le métal sousjacent est du cuivre.

Il est enfin un autre genre d'oxydé qui a eu sa vogue et qui donne à l'argent une coloration brunchocolat, c'est l'oxydé à l'eau de javelle. Pour faire cet oxydé, on prend de l'eau de javelle concentrée que l'on coupe de moitié d'eau ordinaire et l'on chauffe légèrement ce mélange dans lequel on plonge alors les objets à oxyder pendant quelques secondes. On les en retire, on les rince à l'eau pure et on brosse les reliefs pour leur donner l'éclat de l'argent pur.

L'eau de javelle dont il faut se servir est ce qu'on désigne dans le commerce des produits chimiques sous le nom d'hypochlorite de soude et c'est chez les droguistes ou fabricants de produits chimiques qu'il faut se la procurer et ne pas prendre cette eau de javelle concentrée fort en usage aujourd'hui pour le blanchissage et que débitent tous les épiciers ou marchands de couleurs. Cette eau de javelle qui convient bien au blanchissage du linge, ne saurait convenir pour l'usage que nous signalons.

Les préparations artificielles du vieil argent telles que nous venons de les indiquer, se prêtent évidemment à une foule d'applications et permettent aussi la combinaison du vieil argent avec l'argent neuf sur un seul et même objet. On peut, en effet, à l'aide d'un pinceau couvrir certaines parties d'une même pièce avec un vernis de réserve comme nous savons le faire, puis passer à l'oxydation. Cette dernière opération faite, il suffira de dissoudre le vernis dans un liquide approprié, pour avoir sur une même pièce des parties blanches et des parties noires qui, dans certains cas, peuvent donner lieu à des motifs fort heureux de décoration. Ceci nous amène à parler de la dernière opération indiquée au titre du présent paragraphe, le *Nielle*.

L'objet d'argent niellé comporte toujours l'opération artistique de la gravure dans laquelle les creux sont noirs et les reliefs conservent le blanc d'argent. Aussi le nielle ne s'applique-t-il que sur l'argent massif et non sur l'argent déposé électriquement car la couche ainsi obtenue est trop mince pour supporter la gravure. Si nous indiquons le niellage ici, c'est autant pour compléter l'article du noircissement artificiel de l'argent que pour mettre en garde notre lecteur contre la tentative qu'il pourrait faire d'essayer le niellage sur dépôt galvanique.

Le nielle constitue aussi une opération de sulfuration de l'argent, mais dans laquelle le sulfure d'argent est préparé à l'avance, appliqué sur l'objet et soudé pour ainsi dire au métal sous-jacent. Pour nieller, il faut donc préparer la matière d'abord, ce qu'on fait de la façon suivante : on prend deux creusets profonds ; dans le premier, on fait fondre au feu une certaine quantité de soufre, et dans le second creuset on amène à la fusion un mélange d'argent, de cuivre et de plomb. Quand le contenu du second creuset est fondu, on le projette dans le premier, on mélange bien et on coule sur un plateau de cuivre.

Voici, d'après Mackensie, les proportions des matières constituant le mélange :

Premier creuset

Soufre en fleur . . . . 750 gram.
Sel ammoniac. . . . . 75 —

Second creuset

Argent . . . . 15 gram.
Cuivre . . . . 40 —
Plomb . . . . 80 —

et l'on opère comme il est dit ci-dessus. Le mélange coulé, solidifié et refroidi est alors pulvérisé finement pour l'usage. Quelques praticiens reprochent à la formule ci-dessus sa trop grande teneur en plomb qui donne un nielle trop noir ; chacun peut évidemment modifier la proportion de ce métal et varier ainsi le ton du noir.

Le mélange formé comme nous l'avons dit et réduit en poudre est délayé dans un peu d'eau contenant du sel ammoniac en dissolution, il est prêt à servir, on l'étend alors avec un pinceau sur l'argent, on porte le tout au moufle à une température telle que le nielle se fond et fait corps avec l'argent.

Nous avons dit que le graveur intervenait dans l'argent niellé et voici comment : si l'on veut avoir les fonds noirs et les reliefs blancs brillants, la pièce d'argent est d'abord livrée au ciseleur qui fait ses dessins, et c'est après ce travail que l'on recouvre le tout de la composition ci-dessus et qu'on passe au moufle. Une fois le nielle fondu, l'objet est entièrement noir, il suffit alors de le passer au poli à plat qui n'use le nielle que sur les reliefs et le respecte dans les creux. On a donc les reliefs blancs et les fonds noirs. C'est le nielle le plus usité dans l'orfèvrerie en général. Mais on peut nieller l'argent de façon à ce que ce soit au contraire les reliefs qui soient noirs et les creux qui soient blancs. Cette sorte de nielle se fait énormément en Russie, et l'orfèvrerie d'argent du Caucase comme celle du gouvernement de Toula s'est fait à ce point de vue une réputation universelle. Pour obtenir ce résultat, voici comment il faut opérer : la pièce d'orfèvrerie commence par être passée d'abord au nielle d'où elle revient totalement couverte d'un enduit noir uniforme, ce n'est qu'après cette opération qu'on la confie au ciseleur qui y creuse ses dessins. Dans son travail, le ciseleur creuse le métal assez profondément pour dépasser la couche de nielle qui est d'une épaisseur très faible, il arrive donc ainsi à mettre dans ses creux l'argent à nu qui se présente alors en blanc dans les fonds, et forme ces objets d'un style assez spécial, mais fort appréciés de nombreux amateurs.

17.

VI. ARGENTURE DU FER, DE L'ACIER, DE LA FONTE ET DU ZINC

Bien que l'on argente peu les différents métaux ci-dessus, sauf le zinc qui sert beaucoup dans l'ornementation, on peut cependant avoir occasion de procéder à cette opération, ce qui nous fait la signaler. D'une façon générale, on ne procède jamais directement et l'on commence toujours par cuivrer légèrement ces métaux, par les procédés que nous avons indiqués et c'est sur cette pellicule cuivreuse qu'on fait le dépôt d'argent. Quelquefois, pour le zinc en particulier, au lieu de cuivrer on laitonise comme nous l'indiquerons au chapitre suivant.

Beaucoup de chercheurs ont tenté d'éviter le cuivrage ou le laitonage des pièces en fonte, fer, acier ou zinc, mais nous devons dire que leurs efforts n'ont jamais abouti à des procédés très pratiques. Quelques-uns, par des tours de main spéciaux, par une connaissance très approfondie des procédés qu'ils ont imaginés, enfin par une expérience consommée, ont pu réaliser l'argenture directe des métaux ci-dessus, mais leur manière d'opérer ne serait pas à la portée de débutants, ni même de praticiens déjà habiles, aussi conseillerons-nous de préférence de passer toujours par l'opération préalable et supplémentaire du cuivrage.

A titre d'indication, voici le procédé de G. Sartori pour argenter le métal Bessemer. On commence par dégraisser très soigneusement l'objet à argenter, avec une lessive de potasse bouillante, puis, après l'avoir rincé à l'eau froide, on l'attaque légèrement par une dissolution faible d'acide chlorhydrique dans l'eau et on le frotte au sable fin. On fait ensuite un bain composé d'une solution faible d'acide chlorhydrique dans laquelle on verse une solution de nitrate de mercure jusqu'à ce qu'une lame de cuivre bien propre trempée dans ce bain se recouvre d'un enduit blanc. Ceci fait, on plonge l'objet en métal Bessemer dans le bain ci-dessus et on le relie au pôle négatif d'une pile, tandis que le pôle positif de cette dernière est relié au bain par une électrode en charbon ou en platine. En quelques instants l'objet est recouvert de mercure, on le sort alors du bain, on le rince et on le met au bain d'argenture. Le dépôt d'argent achevé on rince bien l'objet et on le soumet à l'action d'un feu vif pour chasser le mercure; il n'y a plus après qu'à passer au polissage.

Comme on le voit, ce n'est pas tout à fait l'argenture directe, mais bien l'argenture sur mercure avec tous ses inconvénients et avec celui, en outre, d'être obligé de faire déposer le mercure à la pile, le métal Bessemer ne pouvant pas s'amalgamer facilement. Nous pourrions citer encore plusieurs autres procédés, mais qui, tous, comprennent une préparation tout à fait spéciale du métal à recouvrir et qui, s'ils n'exigent pas le dépôt de deux métaux, entraînent à des manipulations délicates et longues auprès desquelles le cuivrage préalable constitue une véritable simplification.

Ce que nous disons ne doit évidemment pas décourager les chercheurs, car il est certain que l'argenture directe du fer, de la fonte et autres métaux sera bien accueillie des galvanoplastes et même de la consommation, elle pourra procurer de nouveaux débouchés à ces métaux ; mais il faudra que le mode opératoire soit simple, rapide et peu coûteux.

CHAPITRE X

Laitonage

Le *laitonage* ou *laitonisage* a pour but de déposer sur les objets généralement en fer ou en zinc une couche de laiton ou cuivre jaune qui donne à ces objets l'apparence du cuivre jaune. On fait énormément de choses en fer laitoné, ainsi les agrafes, les vis pour charnières en laiton, les clous, les pitons, etc., se font en fer laitoné. L'économie ainsi réalisée peut être considérable, attendu que le fil de fer vaut de cinq à six fois moins que le fil de laiton et c'est surtout en partant de cette matière première qu'on fait les divers articles que nous venons d'énumérer. Une foule de pièces servant dans la tapisserie ou l'ameublement sont en fer laitoné, tels les patères, les rinceaux, les tringles à rideaux, etc. Enfin le laitonage sert énormément à recouvrir le zinc dit zinc d'art, lequel prend alors l'aspect du vrai bronze; de plus, en ce qui con-

cerne ce métal, comme nous l'avons dit précédemment, on le laitonise souvent avant de l'argenter
ou de le dorer. A ce point de vue seul, le laitonage
prend une importance industrielle considérable,
car on fait en quantité énorme un grand nombre
d'objets destinés à remplacer le bronze doré. L'article pendules entre autres, candélabres, etc., fait
l'objet d'une industrie fort développée.

Le laitonage s'opère à froid ou à chaud; la
seconde méthode est la moins employée et ne sert
guère que pour une production spéciale que nous
examinerons en dernier lieu. Le laitonage nécessite
exactement le même outillage que le cuivrage et
les mêmes procédés; dans un bain de laitonage,
les anodes solubles au lieu d'être des lames de cuivre rouge comme dans le cuivrage, sont des lames
de laiton ; enfin les pièces à laitoner sont préparées
identiquement de la même façon que s'il s'agissait
de les cuivrer. Malgré cette grande similitude
entre les deux opérations nous ferons observer que
le laitonage exige énormément de soins et surtout
d'attention de la part de l'opérateur et on le comprendra facilement. Le laiton, en effet, est un
alliage de cuivre et de zinc, et le dépôt par l'électricité ne sera bon qu'à la condition qu'il soit lui-
même un alliage des deux métaux et dans les proportions voulues. De même que si l'on fait fondre
ensemble du cuivre et du zinc, l'alliage ne sera
du beau jaune que l'on connaît que si les compo-
sants entrent dans des proportions déterminées
(environ 67 de cuivre et 33 de zinc), de même le
dépôt électrique ne sera bien jaune que s'il comprend ces proportions des deux éléments constitu-

tifs. De même qu'en fondant l'alliage si l'on met trop de cuivre l'alliage est rouge, ou si l'on met trop de zinc il devient blanc, de même, si le dépôt amène trop de cuivre, il sera rouge, ou trop de zinc, il sera blanc. On voit donc qu'en dehors de la marche régulière de l'opération au point de vue d'un bon dépôt uniforme et adhérent que nous avons déjà signalée pour le cuivrage, l'opérateur aura à surveiller la bonne marche sous le rapport de la quantité de chacun des métaux qui se portera sur l'objet à laitoner. C'est cette attention que nous allons essayer de mettre en éveil chez notre lecteur de façon à le familiariser avec tous les cas particuliers qui peuvent se produire au cours de ses opérations.

Comme pour tous les autres dépôts métalliques produits par le courant électrique, il existe un assez grand nombre de formules pour les bains de laitonage; nous n'en citerons que quelques-unes qui, éprouvées par des praticiens émérites, donnent assurément de bons résultats. Une des meilleures que nous connaissions est celle de M. Roseleur ainsi constituée :

Carbonate de soude cristallisé (cristaux de soude)	200 gram.
Bisulfite de soude.	250 —
Acétate de cuivre (verdet).	150 —
Chlorure de zinc pur fondu	100 —
Cyanure de potassium pur.	450 —
Ammoniaque.	100 —
Eau distillée	10 litres

Pour faire ce bain on commence par dissoudre

dans une terrine le carbonate de soude et le bisulfite de soude dans trois litres d'eau environ. Puis dans une seconde terrine on fait une sorte de bouillie avec le verdet, un litre d'eau et les 100 grammes d'ammoniaque, puis on délaie ce magma dans environ deux litres d'eau et l'on ajoute alors le chlorure de zinc qui, très avide d'eau, se dissout rapidement. On mélange alors le contenu des deux terrines, ce qui donne une bouillie assez claire d'un vert blanchâtre. On fait alors dissoudre les 450 grammes de cyanure dans ce qui reste d'eau à mettre dans le bain et l'on verse doucement cette dissolution sur la bouillie en agitant constamment avec une baguette en verre. Le cyanure de potassium dissout graduellement le magma premièrement formé et l'on obtient en fin de compte un liquide parfaitement limpide, si les produits dont on s'est servi sont purs. On peut, comme nous l'avons déjà fait remarquer à propos du cuivrage, laisser déposer ce bain et ne l'employer que le lendemain de sa préparation après l'avoir décanté. En tout cas il est bon de le préparer soit au grand air, dans une cour, soit sous la hotte d'une cheminée à fort tirage pour éviter les émanations de gaz délétères qui se dégagent à la préparation. Le bain ainsi préparé est mis dans la cuve, laquelle, nous le répétons, est identique à celle de l'argenture (fig. 22). Les anodes solubles sont en laiton, reliées au pôle positif du producteur d'électricité, l'objet à laitoner étant relié au pôle négatif de la même façon par les mêmes dispositifs que dans l'argenture.

Comme nous l'avons dit, l'opérateur doit surveiller très attentivement l'opération que nous allons suivre avec lui pour lui faire saisir tous les détails.

D'abord le courant dont il faut faire usage doit être assez intense, environ 1/2 ampère par décimètre carré de cathode ou objet à laitoner. Dès que nous mettons l'objet au bain, nous le verrons se couvrir assez irrégulièrement en ce sens que nous percevrons qu'à certains endroits la pièce présente des dépôts rouges et à d'autres des dépôts gris. Agitons le bain et nous verrons souvent le phénomène inverse, les parties qui étaient rouges deviendront grises et *vice versa*. Ce phénomène ne doit pas nous effrayer et notre objet n'est pas manqué pour cela. Comme notre bain contient en somme deux sels dissous bien différents : sel de cuivre et sel de zinc, sa conductibilité électrique n'est pas uniforme et suivant la résistance qu'éprouve le courant, il déposera plus d'un métal que de l'autre. On exprime le fait électriquement en disant que le bain n'est pas électrolysé. Mais quelque temps de passage du courant suffira à cette électrolysation et le mal se réparera de lui-même. Aussi n'y a-t-il rien à faire, surtout ne pas ajouter de nouveaux produits et attendre simplement que le bain soit prêt au point de vue électrolytique. Cependant, comme l'opération débute mal, on est enclin à ne risquer qu'un objet par exemple quand le bain est fait pour un grand nombre, pour être sûr de limiter le déchet si déchet il doit y avoir. Mais alors on commet la faute de soumettre cet objet à un bain trop fort et à ralentir l'électrolysation du bain, puisque le courant n'aura comme direction qu'un objet, perdu en quelque sorte dans la masse, et l'on est certain, en opérant ainsi, de manquer la pièce. On use alors d'un artifice absolument rationnel, on ne met bien au bain qu'un objet, ce qui remplit un des désirs de l'opérateur de ne risquer que le déchet d'une pièce, mais alors on met aux autres tringles à la place d'objets à traiter des lames de laiton représentant à peu près la surface des objets manquant, ce qui donne satisfaction à la théorie. On met ainsi le bain dans l'état réel qu'il doit avoir en définitive, ce qui ne le fait pas trop fort pour un seul objet, et on permet au courant de le traverser dans toute son étendue, ce qui aide son électrolyse et la hâte. Cet artifice est très fréquemment employé dans l'argenture, mais disons de suite que lorsque l'opérateur est un peu familiarisé avec son travail, qu'il est sûr de son bain, il préfère y tremper de suite tous les objets à traiter, ce qui lui évite de dépenser du courant en pure perte et de retarder son travail.

Quand le bain est bien électrolysé, ce qui peut demander plus ou moins de temps, suivant ses dimensions, temps qui peut varier de quelques heures pour un petit bain, à un jour ou deux pour un grand bain ; quand le bain est bien électrolysé, disons-nous, le dépôt s'effectue convenablement avec une belle couleur jaune. Nous noterons alors l'intensité du courant qui passe soit par l'ampèremètre, soit par le voltamètre comme nous l'avons appris à faire, afin de maintenir notre courant bien uniforme et pour nous servir aussi d'indication dans une opération suivante. Car le bon dépôt dépendra uniquement de la régularité d'intensité du courant.

Nous nous souvenons que dans l'exposé que nous avons donné sur le principe de l'anode soluble nous disions que celle-ci ne restituait pas tout à fait au bain ce que l'objet à recouvrir lui enlevait. Pour le cuivre comme pour l'argent cette différence entre ce qui est pris au bain et ce qui lui est rendu par l'anode est assez peu sensible pour qu'un bain de cuivrage ou d'argenture puisse durer fort longtemps. Il n'en n'est plus de même pour le laitonage. L'anode soluble rend beaucoup moins que ne prend l'objet à recouvrir, d'où la nécesssité d'enrichir le bain, ce qui se fait en ajoutant dans les proportions de la formule ci-dessus une dissolution de verdet et de chlorure de zinc dans le cyanure de potassium. Cette addition doit se faire progressivement par petite quantité à la fois, lorsqu'on constate que le dépôt se fait trop lentement et surtout lorsqu'on s'est bien assuré au préalable que l'intensité du courant n'a pas diminué.

En d'autres termes supposons que, surveillant le dépôt, nous voyons qu'il se fait trop lentement; il nous faudra d'abord consulter notre appareil indicateur d'intensité du courant; s'il nous montre un affaiblissement, nous forcerons le courant jusqu'à la bonne intensité et tout doit rentrer dans l'ordre. Si cette manœuvre ne nous ramène pas le dépôt convenable c'est que notre bain est appauvri et nous ajouterons le mélange de sel comme nous venons de l'expliquer, jusqu'à retrouver la marche normale du dépôt.

Si nous venons à constater que le dépôt est trop

rouge, nous procéderons toujours dans le même ordre et consulterons l'intensité du courant ; celle-ci étant restée normale c'est que notre bain ne contient plus assez de zinc ou contient trop de cuivre. Ne pouvant enlever le cuivre en excès, nous ajouterons, doucement encore, un peu de cyanure de zinc ou encore nous remplacerons la ou les anodes en laiton par des anodes de zinc.

Si au contraire, nous constatons que le dépôt est trop blanc, toujours si l'intensité du courant n'a pas varié, nous en conclurons que notre bain n'a pas assez de cuivre, nous y ajouterons donc un peu de cyanure de cuivre, ou bien nous remplacerons la ou les anodes de laiton par des anodes de cuivre.

Nous pouvons encore constater, mais cela au bout d'un certain temps de marche, que notre dépôt n'est plus brillant mais devient mat, nous remédierons à cet inconvénient en mettant un peu d'acide arsénieux. Pour cela nous puiserons quelques litres de bain et nous y ferons dissoudre de l'acide arsénieux dans la proportion de 1,5 gramme à 2 grammes par litre du bain total et nous verserons cette solution dans le bain et l'agiterons. Nous pourrions également employer de l'arséniate de soude, par exemple, mais alors nous en mettrions de 3 à 4 grammes par litre du bain. Cette addition nous rendra le brillant au dépôt.

Enfin, à force d'ajouter des sels pour compenser l'appauvrissement, nous obtiendrons un bain de plus en plus concentré et qui pourra l'être trop à un moment donné pour rester bon conducteur du courant ; nous devrons donc limiter cette concentration, et la limite peut être comprise entre 5° et 15° de l'aréomètre Baumé. Il faudra donc ne jamais dépasser cette limite supérieure et dès qu'on l'atteindra, mettre assez d'eau pour ramener le degré de concentration dans les limites ci-dessus. Le conseil que nous croyons bon de donner aux opérateurs consiste à leur recommander de prendre de temps à autre, assez souvent pour commencer, le degré de concentration de leur bain et de noter le degré auquel ils obtiennent les meilleurs résultats. Ceci connu, ils feront bien de ramener périodiquement, avant chaque opération par exemple, leur bain à ce degré de concentration qui leur aura fourni de bons résultats.

Voici maintenant quelques autres formules de bains qui sans avoir notre préférence sont utiles à noter au cas où l'on ne pourrait pas se procurer les produits que nous avons signalés plus haut :

Formule Elsner. — Mélanger en poids 2 parties de sulfate de cuivre avec une partie d'eau ; 2 parties de sulfate de zinc avec une partie d'eau et 4 parties de cyanure de potassium pur dans assez d'eau pour dissoudre le tout. Ajouter à la fin un peu d'une solution de potasse caustique.

Formule Heeren. — Dissoudre une partie de sulfate de cuivre dans 4 parties d'eau chaude, 8 parties de sulfate de zinc dans 16 parties d'eau, 18 parties de cyanure de potassium dans 36 parties d'eau.

On voit par ces deux formules comprenant les mêmes produits, combien il y a de variations dans les proportions, ce qui nous amène à répéter que chaque opérateur se fait un peu sa formule à lui et que souvent elle lui réussit parfaitement grâce à la grande pratique qu'il en a, alors qu'elle serait reconnue très défectueuse par un autre.

Enfin nous signalerons une dernièr formule due à M. Brandely qui était passé maître en matière de galvanoplastie. Cette formule s'adresse surtout à la préparation des objets en zinc destinés à être dorés, argentés ou à recevoir la patine du bronze :

Cyanure de cuivre. . . . .   1 kil.
Cyanure de zinc 0 500
Cyanure de potassium pur. 4 500
Eau . . . .   25 à 30 lit.

Pour préparer ce bain on fait dissoudre le cyanure de potassium dans une chaudière en cuivre contenant 25 à 30 litres d'eau et on y ajoute peu à peu le cyanure de cuivre et le cyanure de zinc jusqu'à complète dissolution, en la favorisant par une température de 35° à 40°. La dissolution accomplie, on verse le bain refroidi et décanté dans la cuve où tout doit être disposé comme pour l'argenture, les anodes solubles étant des lames de laiton.

Le laitonage peut se faire aussi à chaud, comme nous l'avons dit, mais le procédé n'est guère en usage que chez les laitoniseurs en fils de fer ou de zinc. La composition du bain reste la même que pour les dépôts à froid; quant à la cuve, elle est faite généralement en tôle et mise soit directement au-dessus d'un foyer qui élève la température du bain vers 55° à 60°, soit au bain-marie. La cuve est entourée à l'intérieur, tapissée en quelque sorte d'anodes solubles en laiton reliées au pôle positif du producteur d'électricité. Quant aux fils ils sont trempés dans le bain avec les précautions et les dispositions que nous avons spécifiées au cuivrage et sont suspendus en rouleaux par l'intermédiaire d'un fil conducteur qui s'attache à une tringle, laquelle repose sur les bords de la cuve dont elle est isolée électriquement par des tasseaux en bois ; cette tringle est reliée au pôle négatif.

Généralement, la cuve qui contient le bain a la forme d'un demi-cylindre et les anodes solubles épousent cette forme ; grâce à ce dispositif, les rouleaux de fils présentent toutes leurs spires à égale distance de l'anode, condition essentielle, nous le savons, pour obtenir un dépôt régulier. Tout ce que nous avons dit du bain à froid reste applicable au bain de laitonage à chaud, en ce qui concerne son entretien, et son enrichissement.

Le fil, lorsqu'il a reçu la couche d'épaisseur voulue, est retiré du bain, rincé à l'eau pure et bien séché. On le passe ensuite à la filière, opération correspondant pour lui au polissage, car il en sort beau et brillant, prêt à être employé à la fabrication des divers objets que nous avons signalés. Au point de vue de la qualité finale du produit obtenu, le laitonage à chaud n'offre aucune supériorité sur le laitonage à froid.

CHAPITRE XI

Dorure

—

Sommaire. — I. Bains de dorure. — II. Dorure proprement dite. — III. Réparation des dorures, préparation de la poudre d'or. — IV. Quantité d'or nécessaire pour obtenir une belle couleur. — V. Dorure au pinceau électrique. — VI. Dorure galvanique au mercure. — VII. Mise en couleur.

Il est généralement admis que, de toutes les substances qui, avec l'or et l'argent, entrent dans la composition des bains, le cyanure de potassium et l'acide cyanhydrique sont les plus importantes. Ce sont elles qui jouent le principal rôle, le rôle indispensable, et cela est si vrai que, sans elles, on n'obtient ni une belle dorure, ni une belle argenture. Quant aux proportions suivant lesquelles on emploie les diverses substances, elles peuvent varier à l'infini. Aussi nous contenterons-nous de choisir, parmi les innombrables formules qui existent, celles que l'on regarde comme donnant les résultats les plus satisfaisants.

I. BAINS DE DORURE

La dorure peut se faire *à chaud* ou *à froid*, mais elle est plus solide et d'un ton plus riche dans le premier système que dans le second. Ordinairement, on ne dore à chaud que les petits objets. Quant aux pièces de grandes dimensions, on les dore le plus souvent à froid, à cause de la difficulté que pourrait présenter le chauffage d'une masse énorme de liquide. Toutefois, depuis plusieurs années, la dorure à froid tend à disparaître des ateliers où il y a une machine à vapeur.

Nous ferons remarquer pour commencer que, généralement, les doreurs étendent trop leurs bains avec l'eau; il y en a même qui emploient jusqu'à un litre d'eau par gramme d'or. En agissant ainsi, il est impossible d'obtenir une grande richesse de ton, car, plus on met d'eau, plus la dorure est rouge et terne. En outre, avec un bain très étendu et peu épuisé, il peut arriver que les objets sortent avec une couleur de bronze, au lieu d'une belle couleur d'or. Les bains qui suivent permettent d'éviter ces inconvénients. Ils sont, en effet, assez concentrés pour donner toujours une dorure riche et éclatante. Dans toutes les formules, nous indiquons la quantité d'or à employer et non la quantité de chlorure.

Bains fonctionnant à froid

1. Or réduit en chlorure . . . .   3 gram.
   Cyanure de potassium . . . .   25 —
   Eau . . . .   1 litre

2. Or réduit en chlorure . . . .   5 gram.
   Cyanure jaune de potassium . . . . . .   150 —
   Potasse caustique . . . .   30 —
   Eau.   1 litre

3. Or réduit en ammoniure. . . . .   5 gram.
   Cyanure de potassium. . . . . .15 à 20 —
   Eau. . . . .   1 litre

4. Or réduit en cyanure. . . . .   5 gram.
   Cyanure de potassium. . . . .   15 —
   Eau. . . . .   1 litre

5. Oxyde d'or . . . .   5 gram.
   Cyanure de potassium. . . . .   20 —
   Eau. . . . .   1 litre

Dans la seconde formule on peut remplacer la
potasse caustique par une égale proportion de carbonate de potasse.

Pour préparer tous ces bains, on fait dissoudre
le cyanure et la potasse dans l'eau, on tient la liqueur en ébullition pendant une dizaine de minutes, on filtre et l'on ajoute le sel d'or.

Bains fonctionnant à chaud

1. Or réduit en chlorure . . . .   10 gram.
   Cyanure jaune de potassium . . . .   150 —
   Bicarbonate de potasse. . . . .   50 —
   Chlorhydrate d'ammoniaque . . . .   20 —
   Eau. . . . .   5 litres

2. Or en chlorure . . . .   5 gram.
   Cyanure de potassium. . . . .   8 —
   Bisulfite de soude . . . .   35 —
   Phosphate de soude . . . .   200 —
   Eau.   2 à 3 litres

3. Or en chlorure . . . .   5 gram.
   Cyanure de potassium . . . .   10 —
   Bisulfite de soude . . . .   50 —
   Phosphate de soude . . . .   300 —
   Eau. . . . .   5 litres

Galvanoplastie. Tome I.   18

4. Or en chlorure . . . . 5 gram.
　 Cyanure de potassium. . . . . 5 —
　 Bisulfite de soude . . . . 50 —
　 Phosphate de soude . . . . 300 —
　 Eau. . . . . 5 litres

La troisième formule convient surtout pour la dorure du cuivre et du laiton, et la quatrième pour la dorure de l'acier et de l'étain.

Au moment de l'emploi, les bains fonctionnant à chaud sont contenus dans des cuves disposées de manière à être chauffées, et leur température doit être maintenue entre 50 et 80 degrés centigrades.

II. DORURE PROPREMENT DITE

Maintenant que nous savons comment se préparent les bains, nous allons dire de quelle manière il convient de procéder à la dorure proprement dite, c'est-à-dire à la précipitation du métal précieux contenu dans le bain.

Pour plus de clarté, nous supposons qu'il s'agit d'un objet de cuivre rouge ou de laiton, et nous le prendrons au moment où il entre à l'atelier du doreur.

Suivant le cas, la pièce est d'abord recuite ou dégraissée, puis dérochée et passée successivement à l'eau-forte vieille et à l'eau-forte vive, en prenant les diverses précautions dont nous avons parlé au chapitre du décapage.

Toutefois, si elle a été dégraissée par la lessive de soude et si elle n'est pas couverte d'oxyde, on peut supprimer le dérochage et même le passage aux eaux-fortes et la soumettre immédiatement à l'action des acides à brillanter ou à mater; mais cette suppression n'est pas approuvée par tous les doreurs : on préfère généralement faire ces opérations.

Quoi qu'il en soit, si, après le passage à l'eau-forte vive, la pièce a une surface mate ou légèrement piquée, on la fait revenir au brillant en plongeant, pendant une quinzaine de minutes, dans l'*eau-forte à brillanter*; mais, comme nous l'avons dit, elle sort noire de cette liqueur et doit être décapée de nouveau.

On passe le plus souvent aux acides à brillanter, rarement aux acides à mater. Ce passage étant effectué, et nous supposerons que c'est dans le premier sens, on lave rapidement la pièce à grande eau, puis, sans perdre de temps, on la plonge dans le bain de nitrate de mercure. Il n'y a plus alors qu'à la rincer de nouveau et à la placer dans la cuve ou appareil à précipiter.

Dans cet appareil, la pièce est suspendue au conducteur du pôle négatif ou pôle zinc, au moyen du fil de cuivre qui a servi à la passer dans les liqueurs de décapage. Le bain d'or est chaud et l'enveloppe de toutes parts. Si plusieurs objets étaient accrochés ou attachés au même fil, il faudrait agiter de temps en temps celui-ci, afin de changer les points de contact.

La dorure est terminée au bout de 15 à 20 minutes. Si la couleur est trop rouge, on plonge la pièce dans un bain de blanchiment, que l'on prépare en faisant dissoudre 80 grammes de cyanure de potassium et 3 grammes d'argent dans 5 litres

d'eau. Il suffit d'une immersion de quelques secondes dans ce bain pour pâlir et même blanchir
les objets dorés trop rouges, après quoi on les repasse un instant au bain d'or.

Quand la pièce est dorée d'une bonne couleur,
et qu'elle n'est point tachée, on la rince à l'eau
propre et on fait sécher dans de la sciure chaude.
Quelques traités recommandent de prendre de la
sciure de buis ; mais nous préférons de beaucoup
la sciure de sapin ou de tout autre bois tendre,
parce qu'elle est plus spongieuse et, par conséquent, absorbe plus rapidement l'humidité.

Nous venons de supposer qu'on dorait brillant
un objet de cuivre ou de laiton. Nous allons recommencer notre description en ayant en vue la dorure mate d'un objet de zinc, d'une pendule par
exemple. Ces deux genres constituant les deux extrêmes, toute autre pièce rentrera plus ou moins
dans l'un ou dans l'autre.

Nous avons dit que le zinc ne peut bien recevoir
la dorure qu'après avoir été préalablement soumis
au cuivrage ou au laitonage. Après avoir donc décapé la pendule par un des procédés usités pour
cela, on la cuivre ou on la laitonise, puis on la
tient pendant quelques heures dans un bain à mater spécial, dont nous dirons la préparation. Au
sortir de ce bain, on la rince, on la passe au nitrate
de mercure, on la rince de nouveau et enfin, on la
dispose dans l'appareil à précipiter. Il ne reste plus
alors qu'à passer à l'eau et à sécher à la sciure. Si
les choses ont été faites avec soin, l'objet de zinc
est d'un beau jaune mat. Pour le rehausser, on en

brunit généralement quelques parties; mais, si la dorure est très faible, ces parties rougissent parce que le cuivre reparaît sous l'action du brunissoir. Quand ce cas se présente, on repasse la pièce au bain d'or, et l'on termine par un rinçage et un séchage à la sciure chaude.

Nous avons dit au début qu'on a eu l'idée de remplacer les piles par des machines électro-magnétiques. Cette idée est devenue aujourd'hui pratique. Nous allons exposer sommairement comment on procédait, il y a quelques années, en Angleterre, le pays où les expériences ont d'abord été exécutées avec le plus de suite et sur l'échelle la plus grande. Nous laisserons la parole au professeur Majocchi.

« On fait usage en Angleterre, dit ce physicien, du courant électrique produit par le magnétisme pour appliquer un métal en dissolution sur un autre métal. On se sert pour cela d'une machine électro-magnétique à rotation continue (comme celle de Clarke), d'où l'on induit un courant électrique par le fil de l'armature.

« Dans l'électro-moteur destiné à cet ouvrage, le diviseur du courant est assujetti à l'armature. Ce diviseur est formé d'une tige de laiton que l'on attache par une de ses extrémités à l'armature même, au moyen d'un étrier de laiton dont elle est munie. A l'autre extrémité on fixe un cylindre de buis; sur chacune des bases de ce dernier, on attache une bande de laiton formant un cintre surbaissé.

« Un des bouts du fil de l'armature communique

avec l'une des deux bandes de laiton établies sur
les bases du cylindre de bois, et l'autre bout avec
l'autre bande.

« Quatre molettes d'acier, fixées à vis sur autant de colonnettes de laiton qui s'élèvent sur la
base de l'appareil, sont disposées de telle sorte que
lorsque deux de ces molettes sont pressées contre
les bandes fixées au cylindre de laiton, les deux
autres s'éloignent de la surface du même cylindre,
et réciproquement.

« Vers l'extrémité inférieure des colonnettes est
pratiqué un trou destiné à livrer passage au fil de
cuivre assujetti par des vis, et qui unit les colonnettes deux à deux à la même partie du diviseur.

« Lorsqu'on veut dorer, argenter, etc., on place
auprès des colonnettes un vase de terre contenant
la solution métallique préparée comme je le dirai
plus loin.

« L'objet que l'on veut recouvrir d'un dépôt
métallique, après avoir été bien décapé, est mis en
communication avec le fil de deux des colonnettes,
tandis que le fil des deux autres colonnettes communique à une pièce de métal semblable à celui
qui fait partie de la dissolution.

« On plonge l'objet dans la dissolution contenue
dans le vase de terre, après avoir plongé préalablement, en tout ou en partie, dans cette même
dissolution, la plaque de métal en contact avec
l'autre fil. La quantité de cette plaque qu'il faut immerger doit être proportionnée à la superficie que
présente l'objet à dorer. Il faut encore avoir soin
que l'objet et la plaque soient placés assez près

l'un dé l'autre dans la dissolution, mais néanmoins sans se toucher.

« On imprime un mouvement de rotation à l'armature par le moyen propre à l'appareil électro-moteur, le courant d'induction s'éveille et traverse la dissolution, la décompose et réduit le métal sur l'objet, comme à l'ordinaire. L'arbre et par suite l'armature peuvent recevoir un mouvement rotatoire de 600 tours et plus par minute. La distance entre les deux extrémités de l'armature et les pôles de l'aimant en fer à cheval, peut varier depuis une fraction de millimètre jusqu'à quelques centimètres, dans le but de régler la force du courant électrique, suivant que l'on veut obtenir un dépôt plus ou moins rapide sur l'objet. En effet, la quantité de métal réduit varie, dans un temps donné, suivant la distance qui sépare l'armature et les pôles de l'aimant. Il est évident que cette quantité doit aussi varier avec le nombre des révolutions de l'armature, dans un temps donné, et avec la proportion de métal contenue dans un poids donné de la solution où plonge l'objet.

« Les solutions que l'on emploie dans ce procédé sont semblables à celles dont on se sert dans la méthode ordinaire : on prend 12 kilogrammes de la meilleure potasse du commerce, on les verse dans 14 à 15 litres d'eau que l'on fait bouillir dans un vase de fer, jusqu'à ce que l'alcali soit dissous.

« La solution est versée dans un vase de terre convenable, où on la laisse en repos jusqu'à son entier refroidissement; on la filtre alors, et l'on y ajoute 6 litres d'eau distillée. On fait passer à travers cette solution, après l'avoir filtrée, un courant de gaz acide sulfureux, obtenu par les moyens connus, jusqu'à ce qu'elle en soit saturée, et en évitant avec soin un excès de soufre.

« Pour préparer le bain d'or, on fait dissoudre 100 parties d'or fin dans un mélange de 308 parties d'acide nitrique, 364 parties d'acide chlorhydrique, et 336 parties d'eau distillée. On évapore la solution, on la fait cristalliser, on dissout les cristaux dans un demi-litre d'eau distillée, et l'on précipite l'or par le carbonate pur de magnésie; on lave alors le précipité, d'abord avec de l'eau distillée, acidulée par l'acide nitrique, ensuite avec de l'eau distillée seule. Enfin l'on ajoute à ce précipité bien lavé une portion de la solution sulfureuse de potasse suffisante pour le dissoudre, plus tard on en ajoute un cinquième de plus afin qu'il y ait un peu d'excès. On agite le liquide, puis on le laisse reposer pendant vingt-quatre heures, on le filtre, et alors on peut s'en servir. »

OBSERVATIONS DIVERSES

Dorure à chaud

Quand on dore à chaud, on se sert rarement de l'anode soluble. On préfère employer pour anode une lame de platine de 4 à 5 millimètres de largeur, et 4 à 8 centimètres de longueur. En commençant, on la plonge de 2 ou 3 centimètres, et, sur la fin, on la retire de manière qu'elle n'entre dans le bain que de 2 ou 4 millimètres, qu'elle ne fasse, en quelque sorte, que l'effleurer.

Dorure à froid

La dorure à froid, contrairement à la dorure à
chaud, ne réussit bien que lorsqu'elle est faite avec
lenteur. C'est surtout pour elle qu'il serait à désirer
que l'ouvrier eût quelques connaissances de physique et de chimie pour franchir facilement les
obstacles qui se présentent à chaque instant, et
vaincre les difficultés sans tâtonnement. Il est vrai
qu'il en évite beaucoup par la grande habitude,
mais aussi quelquefois il travaille des journées entières sans pouvoir réussir. Il serait impossible
d'indiquer le moyen de parer à chaque difficulté, à
chaque insuccès ; il faudrait un volume, mais il
suffit d'indiquer les causes principales d'erreur,
pour que l'on puisse, avec un peu d'intelligence,
rentrer dans les conditions d'un bon travail.

1° On a une dorure brune ou noire lorsqu'il y a
une trop grande intensité de courant ; c'est ce qui
arrive dans les bains épuisés qui opposent moins
de résistance au courant. On doit alors diminuer
le nombre d'éléments de pile.

2° Les objets ne se dorent pas ou les objets dorés
se dédorent lorsqu'il n'y a pas assez d'intensité, ce
qui arrive dans les bains neufs qui ne sont pas
électrolysés et partant mauvais conducteurs ; le
courant est refoulé dans les éléments, où il éprouve
moins de résistance au passage que dans le bain.
Quelquefois le courant se renverse, le positif devient négatif et le négatif joue le rôle positif, de
manière que les objets attachés au zinc de la pile
sont attaqués, et que l'anode se charge de métal,

Dans ce cas on augmente le nombre des pièces à dorer jusqu'à ce que le bain soit électrolysé. Le renversement du courant a également lieu quelquefois, quand un diaphragme est fendu.

3° La dorure est terne, de mauvaise couleur et peu adhérente par une trop grande quantité d'électricité. On y remédie : 1° en diminuant les liquides dans les vases ; 2° en plongeant moins l'anode dans le bain ; 3° en mettant plus de surfaces à dorer ; 4° enfin, en prenant de plus petits éléments. Nous nous sommes efforcés, au début de cet ouvrage, de faire comprendre aux doreurs la différence qui existe entre la quantité et l'intensité de l'électricité. Ils croient généralement qu'il est égal d'employer quatre grands couples ou huit petits. Aussi les personnes qui emploient un petit nombre de grands couples, s'exposent-elles à de grandes variations dans la marche des piles, et à compromettre la beauté de leur travail, en rejetant la faute sur le temps, l'air, les brouillards, etc.

4° Il arrive encore quelquefois, lorsqu'on emploie un bain neuf et préparé depuis peu de temps, que l'on ne peut pas s'en servir pour dorer, même en y laissant les objets six à huit heures et quelle que soit l'intensité de la pile. Il est alors curieux de voir l'oxygène se dégager sur l'anode et l'hydrogène sur la catode sans qu'elles éprouvent de changement et sans que l'or soit réduit. Nous avons été appelé plusieurs fois chez les doreurs pour vérifier le fait qu'ils ne savaient à quoi attribuer, quoiqu'ils eussent préparé leurs bains comme à l'ordinaire. On n'a pas encore reconnu la cause de cet état particulier du bain, mais on connaît le moyen de le ramener à l'état normal, c'est-à-dire dans les conditions voulues pour lui faire donner une belle dorure.

Il faut, pour cela, électrolyser le bain en opérant de la manière suivante : On attache au zinc de la pile un conducteur en cuivre rouge suffisamment long pour qu'il forme une bague de la grandeur du vase contenant le bain, ou une bague plus petite ; on le descend au fond de ce bain et on fait plonger légèrement l'anode. Alors le fil conducteur se do-

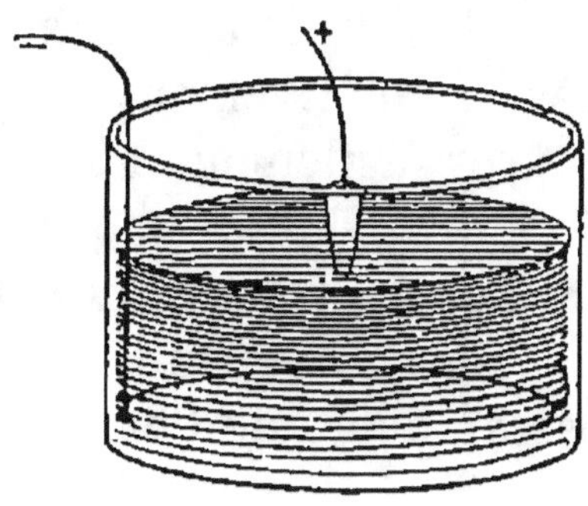

Fig. 47. Electrolysation du bain d'or.

rera, et, après une demi-heure, on pourra suspendre une ou plusieurs pièces à dorer présentant ensemble la surface d'une pièce de 5 francs, puis, lorsqu'elles seront dorées, on pourra introduire de plus grands objets, car alors le bain sera électrolysé. La figure 47 représente cette disposition des conducteurs.

Couleur blanche que prend quelquefois la dorure

On peut voir, lorsqu'on dore des objets de fer, de bronze ou de cuivre, au moyen de la dissolution d'or dans le cyanure de potassium, qu'il arrive souvent que la couche d'or qui se dépose est plus blanche que lorsque l'or est simplement dissous dans le cyanoferrure jaune de potasse. On observe même parfois que, lorsqu'on fait usage d'une lame d'or comme anode, et qu'il y a absence complète de toute trace de platine et d'argent, néanmoins les objets se recouvrent d'un enduit blanchâtre au lieu d'une belle couche d'or. A là suite d'expériences entreprises pour chercher la cause de ce phénomène, Elsner a reconnu qu'il se manifestait surtout quand la dissolution de cyanure de potassium était en grand excès relativement à l'or. L'enduit blanc se dissout très facilement dans l'acide chlorhydrique ou l'acide nitrique, ce qui montre qu'il n'est pas de l'or. Tout porte à croire qu'il est tout simplement du potassium réduit qui s'attache au métal et s'oppose au dépôt de l'or.

Ors de couleur

Dès l'origine de la dorure galvanique, on reconnut qu'il ne serait pas impossible de produire à volonté les *ors de couleur* en modifiant l'action ou la composition des bains. Après Boettger qui, à ce qu'il paraît, fit les premières observations à ce sujet, Elsner, Frankestein et autres, proposèrent des procédés qui contribuèrent beaucoup à faire trouver la solution du problème.

Pour produire l'*or rouge*, on ajoute souvent au bain d'or une dissolution de cyanure de potassium et de cuivre, c'est-à-dire une certaine quantité du bain qu'on emploie pour le cuivrage rouge; mais en agissant ainsi, la dorure qu'on obtient est d'un brun terne qui ressemble à du bronze. Il est infiniment préférable de cuivrer préalablement l'objet et de le dorer ensuite avec une grande pile, puis, si la couleur n'est pas assez haute, de le *passer en cire*, opération qui sera décrite au paragraphe consacré à la *mise en couleur*.

Ce qu'il ne faut pas oublier, c'est qu'un bain qui a longtemps servi et qui est épuisé d'or, donne une dorure plus rouge qu'un bain neuf, et que la dorure est d'autant plus rouge que le bain est plus étendu d'eau, ou que la force électrique est plus grande relativement à la surface à dorer.

Quand l'or du bain contient de l'argent, la dorure n'a pas deux fois de suite la même couleur, parce que l'argent se précipite plus facilement que l'or; il arrive même un moment où tout l'argent a disparu. En tirant parti de cette observation, on est parvenu à produire des dorures dont la nuance varie depuis le *vert poireau* jusqu'au *jaune-blanc* très pâle. Il suffit pour cela de verser dans le bain d'or une dissolution de cyanure double de potassium et d'argent. Quelques praticiens recommandent, en outre, d'opérer avec une anode d'or allié. La nuance dépend naturellement de la proportion des substances employées. Aussi doit-on ajouter le cyanure double peu à peu jusqu'à ce que le dépôt prenne la teinte voulue. Toutefois, en général, la quantité d'argent est de 1/24 à 1/18 du poids de l'or. Avec 1/24 d'argent la dorure est déjà blanche, c'est-à-dire d'un jaune pâle; avec 1/18 elle est verte. Si l'on augmentait davantage la dose de l'argent, les premiers objets qu'on mettrait dans le bain seraient simplement argentés.

De toutes les dorures de couleur, la *dorure rose* est la moins facile à réussir. Pour l'obtenir, on commence par dorer au jaune avec un bain chaud. Au sortir du bain, on jette l'objet dans l'eau, puis, sans le sécher, on le passe légèrement au nitrate acide de mercure. Enfin, on dore au rouge et à chaud dans un bain qui a servi à dorer le cuivre. Après cette deuxième dorure, on pâlit la teinte rouge qu'il présente en le tenant dans un vieux bain d'argent, jusqu'à ce qu'il ait la teinte voulue.

On produit aussi une dorure rose en dorant d'abord à chaud comme nous venons de le dire, puis, passant au nitrate et enfin plongeant dans un bain chaud composé ainsi qu'il suit : bain d'argenture neuf, 1 partie; bain de dorure également neuf, 25 parties; bain de cuivrage aussi neuf, 15 parties.

M. Tomasi, dans son *Traité théorique et pratique d'électro-chimie*, indique le bain suivant pour obtenir la dorure rose :

Bain d'or A.	10 parties
Bain de cuivrage B.	3.5 —

Le bain d'or A est composé de :

Eau distillée.	10 litres
Phosphate de soude	500 gram.
Bisulfite de soude	125 —
Cyanure de potassium	5 —
Chlorure d'or	20 —

Le bain de cuivrage B est formé de :

Eau distillée.	10 litres
Acétate de cuivre	200 gram.
Carbonate de soude.	200 —
Bisulfite de soude	200 —
Cyanure de potassium	200 —

On conçoit qu'on peut, sur une même pièce, combiner les ors rouge, rose, jaune et vert, de manière à obtenir des effets d'une grande beauté. C'est au goût et à l'habileté des opérateurs à déterminer à l'avance ces effets et à trouver moyen de les produire.

Dorure mate

On sait qu'au lieu d'être brillante, la dorure a souvent un aspect terne ou mat. On lui donne facilement cet aspect quand on dore au mercure, mais la chose parut d'abord peu aisée quand on voulut l'obtenir au moyen de la dorure à la pile.

Elsner, l'un des premiers, proposa de dorer au mat l'argent et le bronze en rendant mate la superficie du premier par une opération préalable, et en argentant préalablement le second par l'argenture galvanique.

En agissant ainsi, il obtint une très belle dorure mate, que l'on pouvait brunir aux endroits où l'on voulait qu'elle fût brillante. Dans le mémoire où il rendit compte de ses essais, il fit remarquer que le dépôt de l'or sur une surface mate ayant lieu plus lentement que sur une surface brillante, il fallait prolonger plus longtemps l'immersion dans le bain d'or.

Le procédé d'Elsner avait deux grands défauts. D'une part il était dispendieux ; de l'autre, il donnait aux objets une couleur verdâtre. En outre, l'argent sous-jacent se sulfurait à la longue et noircissait la dorure...

Un peu plus tard, l'inventeur opéra d'une autre manière, en s'inspirant d'un travail publié par le physicien russe de Briant et qui fut de la part de Jacobi l'objet d'un rapport favorable à l'Académie impériale de Saint-Pétersbourg. Voici ce qu'il raconte à ce sujet :

« J'ai démontré qu'au moyen de mon procédé on peut obtenir une dorure mate tant sur l'argent que sur le laiton. Je dois ajouter maintenant à cette communication que le laiton et le bronze deviennent très propres à recevoir cette sorte de dorure, pourvu qu'on les déroche avant la dorure jusqu'à ce qu'ils aient acquis une belle couleur jaune. Ces objets n'ont rien à redouter de l'opération de la mise en couleur usitée en France, puisqu'ils n'en éprouvent aucun dommage et prennent un aspect des plus riches.

« Depuis, j'ai encore réussi à obtenir par le procédé galvanique une dorure mate qui ne le cède en rien au plus beau mat de Paris. J'ai été amené à cette découverte par un écrit de Jacobi sur la dorure galvanique, dans lequel j'ai trouvé des détails circonstanciés sur un mode de dorure de M. de Briant. Ce dernier emploie, comme bain d'or, une solution de cyanoferrure jaune de potassium qu'il fait bouillir pendant quelques minutes avec l'oxyde d'or, et avec une certaine quantité de potasse caustique. Il sépare ensuite par la filtration un précipité brun (hydroxyde de fer) qui se forme pendant la réaction. Le liquide jaune et limpide qu'on a filtré constitue la solution d'or qui doit servir de bain. L'oxyde d'or, comme on le sait déjà, s'obtient en faisant digérer de la magnésie dans une solution de chlorure d'or.

« J'ai préparé ce liquide de la manière suivante : deux ducats, représentant à peu près 7 grammes, ont été dissous comme à l'ordinaire dans l'eau régale. Après avoir évaporé le liquide et recueilli le sel presque sec, je l'ai redissous dans l'eau pure à laquelle j'avais mêlé 250 grammes de magnésie calcinée, qui forma avec l'eau une espèce de pâte liquide ; je l'ai versée dans un vase de porcelaine que j'ai fait chauffer (1). L'aurate de magnésie ou le composé formé par la magnésie et l'oxyde d'or privé de son chlorhydrate, avait une couleur jaune clair. J'ai recueilli sur un filtre, lavé à l'eau et chauffé avec de l'acide nitrique étendu d'eau. L'hydroxyde brun d'or, qui est le produit de l'action de l'acide sur l'aurate de magnésie, fut séparé du liquide au moyen d'une seconde filtration, et jeté ensuite avec le filtre sur lequel il avait été recueilli, dans une solution bouillante de 250 gr. de cyanoferrure jaune de potassium et 30 gr. de potasse caustique. L'ébullition fut continuée pendant près de cinq minutes, et le liquide fut encore filtré pour le débarrasser du dépôt d'oxyde de fer qui s'était formé. J'obtins ainsi un bain d'or propre à donner une dorure d'un mat précieux sous tous les rapports.

---

(1) Au lieu d'un vase en porcelaine, on peut employer une capsule de verre ou un ballon.

« Le liquide préparé par moi diffère peu de celui de M. de Briant ; il a cependant sur ce dernier le double avantage d'être plus facile à préparer et de coûter moins. J'ai pu obtenir avec une solution préparée comme je viens de le dire, un beau mat de Paris (1). Je dirai plus loin comment je suis arrivé à ce résultat.

« Cette expérience qui fournit une nouvelle preuve de la préférence qu'on doit accorder pour la dorure au cyanoferrure jaune de potassium est de la plus haute importance, puisqu'elle démontre jusqu'à l'évidence qu'on peut abandonner l'usage du cyanure simple de potassium, qui, outre ses propriétés délétères, est d'un prix beaucoup plus élevé. Je dirai toutefois que j'ai doré de la même manière avec une solution de cyanure d'or dans le cyanure simple de potassium, mais sans obtenir de meilleurs effets qu'avec le cyanoferrure jaune, qui sera toujours préférable sous le rapport de la salubrité et de l'économie.

« Ainsi que je l'ai déjà dit, j'ai employé comme bain d'or la solution préparée d'après la formule indiquée plus haut ; mais, pour tout le reste de l'opération, j'ai suivi de point en point les prescriptions de M. de Briant, pour obtenir un beau mat ressemblant à celui de Paris. M. de Briant ne s'est point servi, pour décomposer la solution d'or, d'une pile composée d'un grand nombre d'éléments, mais bien d'un simple couple de Daniell. Quant à moi, j'ai aussi fait usage, dans mes expé-

(1) En prenant l'ammoniure d'or au lieu de l'oxyde d'or, on arrive au même résultat, ainsi qu'avec le cyanure d'or, et la préparation en est plus facile.

riences, d'un seul élément. Il se compose d'un vase
d'environ 18 centimètres de hauteur sur 9 centimètres de diamètre, dans lequel j'introduis un triple cylindre de cuivre, de terre poreuse et de zinc,
c'est-à-dire composé d'un cylindre de cuivre en
feuille, assez grand pour contenir un cylindre de
terre dégourdie et non vernie, qui reçoit lui-même
un troisième cylindre plus petit de zinc. Entre le
premier et le second cylindre, et entre le second et
le troisième, il doit se trouver un espace vide de
20 millimètres de diamètre. L'espace qui se trouve
entre le vase et le cylindre de cuivre ainsi qu'entre
ce dernier et le tube de terre sera rempli avec une
solution de sulfate de cuivre; on versera dans le
diaphragme en terre une solution de sel marin, et
enfin on y plongera le tube de zinc. Un fil de cuivre est enroulé à plusieurs tours sur le cylindre de
cuivre, et se termine en une lame de platine (1)

(1) Plusieurs personnes ont conseillé de substituer à la
lame de platine qui termine le pôle positif, une lame d'or
pour la dorure et une lame d'argent pour l'argenture,
lorsqu'on se sert de la pile de Daniell. En effet, le pôle
positif étant formé du même métal que celui du bain,
tandis que ce dernier s'en dépouille et se dépose sur le
pôle négatif, le pôle positif, à son tour, se dissout par le
même courant, et rend à la solution une partie du métal
qu'elle a perdu. De cette manière, elle conserve plus
longtemps la propriété de dorer ou d'argenter, puisque
le métal cédé par la solution est remplacé à l'instant
même, sans aucune dépense de temps ni de matière.
L'usage du pôle positif soluble a été découvert d'abord
par Jacobi et Spencer. MM. Boquillon, Walker et Ruolz
ont ensuite adopté une électrode soluble d'or pour les
solutions d'or, et Walker une électrode soluble d'argent
pour les bains d'argent.

Il faut, pour assurer le succès de l'opération, que le

qui y est soudée. Le cylindre de zinc communique par un fil de cuivre à l'objet à dorer. Tout étant ainsi disposé, je plongeai les deux extrémités des conducteurs dans le bain d'or, en ayant soin toutefois qu'ils ne se touchent pas. Dans le commencement, il ne se manifesta aucun changement sensible dans le liquide, signe certain que le courant était faible ; mais, au bout de vingt-quatre heures, je trouvai le fil de cuivre et l'objet qui y était attaché (c'était une statuette d'argent massif, haute de 12 à 15 centimètres) couverte d'une dorure mate de la plus grande beauté. J'étendis alors la solution d'or avec un peu d'eau, et je continuai l'immersion de la même statuette pendant l'espace de six à huit heures. Au bout de ce temps, je la retirai, je la lavai à l'eau de pluie, je la plongeai pendant quelques minutes dans l'eau de pluie bouillante, enfin je la séchai à l'air, ce qui se fit en peu de temps, et j'avais obtenu un mat magnifique.

« J'ai encore obtenu une fort belle dorure mate sur le bronze, mais je dois prévenir que j'avais eu soin à l'avance d'argenter au mat la statuette sur laquelle j'opérais, et qui avait 12 à 15 centimètres de hauteur. La couleur de la dorure était jaune d'or mat, mais un peu plus pâle que celle que j'avais obtenue sur la statue d'argent massif dont j'ai parlé plus haut.

« Je ferai remarquer que, suivant mon usage

pôle positif soluble soit d'une grandeur proportionnée à celle des objets qu'on veut recouvrir de métal, et, autant que possible, adapté à la forme générale de ces objets, constant, mon opération fut exécutée à la température de l'atmosphère, sans chauffer aucunement le bain d'or.

« Je rappellerai encore que bien que les objets fussent brillants et même brunis avant de les plonger dans le bain, je n'en obtins pas moins un mat de fort belle apparence ; d'où il suit que pour avoir une dorure qui présente cet aspect, il faut remplir ces conditions essentielles : employer la solution dont nous avons indiqué la préparation, et se servir d'un courant très faible qu'on fait agir pendant longtemps.

« Le bain d'or dont j'ai fait usage était préparé depuis plus de six mois ; il avait servi à dorer une grande quantité d'objets de métaux différents ; il me serait donc impossible de dire au juste la nature de sa composition. Dans tous les cas, il sera toujours infiniment préférable pour produire la dorure mate, de se servir du liquide préparé avec l'oxyde d'or comme je l'ai enseigné, les résultats seront toujours plus certains, ainsi que je m'en suis convaincu par l'expérience (1).

« Le beau mat que l'on obtient ainsi se comporte absolument comme celui de la dorure au mercure. Il faut donc prendre garde de le toucher ou de le frotter fortement ; sans cela, les parties qui auraient subi un frottement énergique se montreraient brillantes et polies comme si on les avait brunies. »

____

(1) Nous avons essayé plusieurs bains à l'oxyde d'or, et souvent, mais sans remarquer la supériorité sur ceux à l'ammoniure et au cyanure d'or.

Depuis les travaux d'Elsner, on a fait un grand nombre de recherches en vue du matage. On a imaginé à ce sujet un assez grand nombre de procédés ; mais, quel que soit celui qu'on adopte, on ne doit pas oublier ce qu'a dit M. Becquerel : que telles sont les surfaces quand on les plonge dans un bain de dorure, telles elles en sortent. Par conséquent, si un objet est mat avant l'immersion, il l'est après, et *vice versa*. Une autre remarque dont il convient de tenir compte, c'est que le meilleur moyen de produire le mat sur le cuivre, le laiton, le bronze et le zinc, c'est de cuivrer préalablement l'objet.

Le mat s'obtient de deux manières : mécaniquement ou chimiquement.

Matage mécanique

Il existe deux procédés pour mater mécaniquement.

1° On crible le métal de trous très rapprochés et très peu profonds à l'aide de tiges d'acier trempé, dont une extrémité porte des dents plus ou moins fines, tandis qu'avec un marteau on frappe à petits coups sur l'extrémité opposée.

2° Après avoir recouvert le métal d'une poudre d'émeri, de pierre ponce ou de toute autre matière dure, on promène sur cette poudre un tampon de bois sur lequel on frappe avec un marteau. Les grains de la poudre s'enfoncent dans le métal et y produisent un égal nombre d'empreintes.

Matage chimique

Pour mater chimiquement, on corrode le métal, soit avec des acides, soit avec des sels acides ; nous avons parlé de ce moyen en décrivant les diverses opérations qui constituent le décapage. On peut aussi mater en recouvrant l'objet à dorer, soit d'une argenture légère par le procédé du grainage (*mat à l'argent*), soit en y faisant déposer une couche épaisse d'or (*mat à l'or*), soit en le cuivrant au moyen d'une dissolution de sulfate de cuivre (*mat au mercure* ou *mat galvanoplastique*).

De tous les matages, celui qui se fait à l'aide du cuivrage est incontestablement le plus beau, quand il est bien fait ; c'est aussi le plus économique, mais aucune des opérations de la dorure ne présente autant de difficultés pour arriver à une complète réussite. Tout ce que nous pourrions dire relativement aux précautions à prendre ne pourrait mettre en état d'agir à coup sûr. Ici, comme en tant d'autres choses, la pratique seule est capable d'apprendre ce qu'il faut rechercher et ce dont on doit s'abstenir. Ce n'est qu'en opérant journellement qu'il est possible d'acquérir le coup d'œil, de savoir de quelle manière il convient d'agir lorsque le mat n'a pas l'aspect qu'on voudrait produire, lorsqu'il est trop gros ou trop fin, trop serré ou trop clairsemé, trop terne ou trop brillant, etc. Aussi nous bornerons-nous à indiquer les règles générales qui doivent présider à l'opération, laissant aux praticiens le soin d'étudier les cas particuliers.

Supposons d'abord qu'il s'agisse de mater un objet de zinc. On commence par le *ragréer*, c'est-à-dire par faire disparaître les aspérités, fissures, rebarbes, etc., qui peuvent s'y trouver. Cette opération achevée, on le décape comme à l'ordinaire, puis on le passe dans un bain chaud ou froid de cuivrage ou de laitonisage galvanique au cyanure. On le laisse dans ce bain pendant quelques minutes, juste le temps nécessaire pour qu'il se recouvre d'une pellicule de cuivre ou de laiton. On le rince alors à grande eau et on le porte dans le bain à mater.

Ce bain se prépare en ajoutant à 10 litres d'eau, 1 litre d'acide sulfurique, puis jetant dans le mélange autant de sulfate de cuivre qu'il en peut dissoudre. La liqueur ainsi obtenue marque $24°$ à l'aréomètre de Baumé. On y verse de l'eau pour la faire descendre à $16°$ et le bain de matage est prêt à servir.

L'opération a lieu dans un vase de porcelaine, de grès ou de verre, ou dans une cuve d'ardoise ou de bois doublée de gutta-percha. On introduit le bain dans cet appareil, puis on y dispose un ou plusieurs diaphragmes en porcelaine dégourdie, remplis d'eau très légèrement acidulée par 1/100 d'acide sulfurique. Dans chacun de ces diaphragmes plonge une lame de zinc reliée par un fil de cuivre à une tringle de même métal ou de laiton, dont les extrémités s'appuient sur les bords du vase. L'objet à mater est également suspendu à cette tringle et de la même manière, mais il baigne dans la dissolution cuivreuse.

La durée de l'immersion dans le bain de matage

varie suivant l'étendue de la surface à mater et l'intensité du courant. Dans les conditions qui précèdent, si la surface à mater est grande et le courant faible, on a presque toujours le mat soyeux en douze heures. On conçoit qu'en diminuant la surface à mater ou en augmentant la force du courant, on change forcément les conditions et, par suite. les résultats de l'opération : le mat devient de plus en plus gros et terne. En poussant même plus loin dans cette voie, on finit par n'avoir qu'un dépôt rouge brun pulvérulent.

Avec un bain plus chargé de sulfate de cuivre, on obtient également un beau mat ordinaire, et en moins de temps, parce qu'on peut se servir d'un courant plus fort. Dans ce cas, on peut faire en une heure le même mat que le bain ci-dessus ne produit qu'en douze heures.

Quand le mat est terne, on peut l'éclaircir en passant vivement aux acides à brillanter, mais il perd de sa fraîcheur, et pour la lui rendre, il faut le reporter au bain de cuivre, où il suffit de le laisser quinze à trente minutes.

Le mat au cuivre, lorsqu'il est bien réussi, présente une couleur rose tendre d'une grande fraîcheur. Il n'y a plus alors qu'à rincer l'objet à l'eau, après quoi on le passe au nitrate de mercure et on le dore.

La dorure mate produite au moyen d'un dépôt préalable de cuivre par voie galvanique est applicable, non seulement au zinc, mais encore au fer, à la fonte, à l'acier et à tous les alliages ; mais on ne doit pas oublier que, comme celles que donnent les autres matages chimiques, elle ne convient qu'aux objets destinés à ne pas être exposés à de fréquents frottements.

En terminant, nous dirons quelques mots du *mat coton*. Le mat ainsi appelé ne peut s'employer que pour de petits objets de laiton frappés, pour des statuettes de même métal et des articles de peu de valeur. Il consiste à faire séjourner les pièces, pendant quinze à trente minutes dans un acide à mater hors d'usage auquel on a préalablement ajouté autant de zinc qu'il a pu en dissoudre. Ce mat est très doux, mais terne; on l'éclaircit en passant vivement aux acides à mater.

III. RÉPARATION DES DORURES. FABRICATION DE LA POUDRE D'OR

1° Lorsqu'un petit objet de bijouterie est taché en sortant du bain d'or, il y a avantage à le gratte-bosser et à le redorer ensuite; il n'en devient que plus beau, et la dorure est plus forte et sans beaucoup de frais.

Il n'en est pas de même quand l'objet est volumineux, comme une pendule ou un candélabre, par exemple, surtout s'il y a plusieurs petites taches. Alors on essaye d'enlever les taches en passant dessus avec un pinceau mouillé une solution concentrée de cyanure de potassium, pendant que la pièce est chaude. Si les taches ne s'en vont pas, on passe dessus de la poudre d'or mouillée avec une solution de gomme arabique.

On a des *poudres d'or* de toutes les nuances pour

assortir avec les dorures ; elles sont faites avec les rognures du livret d'or ; par conséquent c'est chez les batteurs d'or qu'on les achète. Toutefois, ces poudres ne peuvent servir que pour le mat. Si la dorure à réparer est brillante, polie ou brunie, il faut recourir à la dorure au bouchon.

Nous venons de dire que la poudre d'or se trouve chez les batteurs d'or. Nous croyons néanmoins utile d'indiquer comment on peut la préparer soi-même.

Premier procédé. — On dissout de l'or fin dans une eau régale composée avec acide chlorhydrique 3, acide azotique 1 ; on évapore l'excès d'acide et l'on précipite par le sulfate de protoxyde de fer ; on lave plusieurs fois le précipité à l'acide sulfurique étendu de quatre fois son poids d'eau ; ensuite on le lave à l'eau jusqu'à ce qu'elle ne rougisse plus le papier de tournesol. Enfin, on chauffe cette poudre jusqu'au rouge très obscur pour lui faire prendre sa couleur d'or.

Deuxième procédé. — On dissout l'or comme au précédent, on évapore à siccité dans une capsule de porcelaine un peu grande et en tournant de manière que le chlorure d'or s'étende en couche mince sur tout l'intérieur de la capsule, et l'on continue de chauffer jusqu'à ce que tout le chlore soit dégagé, et que l'or ait repris l'éclat métallique : on ne doit pas s'arrêter à la couleur jaune serin qui succède à la couleur noire, mais pousser jusqu'au jaune métallique.

Troisième procédé. — Après avoir précipité l'or par le sulfate de fer, on lave, puis on introduit la poudre brune dans un tube de verre, qu'on chauffe à l'endroit où est déposée cette poudre, et l'on fait, pendant ce temps, passer dans le tube un courant d'hydrogène. Cette poudre est plus spongieuse et s'applique plus facilement que les précédentes.

Quatrième procédé. — On peut aussi obtenir une bonne poudre d'or en broyant du livret d'or avec du miel, que l'on dissout ensuite dans de l'eau chaude; mais cette poudre est longue à préparer et revient à un prix plus élevé que les précédentes, que l'on appelle *poudres chimiques.*

On ajoute à la poudre d'or de la poudre d'argent ou de la poudre de cuivre, suivant la coloration particulière qu'on veut obtenir.

2° Si la dorure est trop rouge, on peut souvent la rendre plus pâle en la *déchargeant,* c'est-à-dire en la laissant deux ou trois minutes dans un bain d'or, dont on a supprimé le courant, ou retiré entièrement l'anode ; elle devient alors plus jaune.

3° Quand une dorure à froid a une mauvaise teinte, quoique la quantité d'or déposé soit convenable, on peut la faire aisément revenir au ton. Un des moyens les plus simples consiste à mettre l'objet dans une dissolution de nitrate de mercure jusqu'à ce qu'il ait pris une nuance blanche, puis à le chauffer pour faire évaporer le mercure, enfin à le gratte-bosser.

IV. QUANTITÉ D'OR NÉCESSAIRE POUR OBTENIR UNE BELLE COULEUR

Des expériences faites par M. Outerbridge, directeur du laboratoire d'essais de la Monnaie de Philadelphie, ont montré combien est faible l'épaisseur qu'il suffit de donner à une pellicule d'or pour produire une belle couleur, quand le métal est appliqué par les procédés électro-chimiques.

Ayant pris une feuille de cuivre laminée à un 1/5000 de pouce anglais, soit, en mesures françaises, à 0^{m}000125, il en découpa une bande de 2,5 sur 8 pouces (0^{m}0625 sur 0^{m}20) représentant par conséquent, une surface de 20 pouces carrés (0^{m2}0125), et, après l'avoir nettoyée avec soin et polie, il la pesa sur une balance de précision. Une couche d'or suffisante pour donner une belle couleur fut alors déposée sur cette bande, après quoi on sécha sans frotter et l'on pesa de nouveau. La pesée indiqua une augmentation de poids de 1/10 de grain (0 gr. 0064), démontrant ainsi qu'un grain d'or (0 gr. 064) suffit pour couvrir électriquement une surface de 200 pouces carrés (1^{m2}25); avec la même quantité d'or battu on ne recouvrirait que 75 pouces carrés (0^{m2}046875).

En prenant pour base le poids de 1 pouce cube d'or (0^{m3}000015625), M. Outerbridge a trouvé que l'épaisseur de la pellicule d'or, déposée par voie gavanique, était de 1/980400 de pouce, tandis que celle de l'or battu était de 1/367650. Il a encore constaté que, vue au microscope, cette pellicule s'est montrée parfaitement continue avec un aspect d'or pur sur toute sa surface. Séparée du cuivre à l'aide de l'acide nitrique, cette même pellicule était transparente et, regardée au jour, elle avait la belle couleur verte caractéristique de l'or.

Poussant encore plus loin ses belles expériences, M. Outerbridge est parvenu à produire, toujours galvaniquement, des pellicules d'or continues d'une épaisseur de 1/2798000 de pouce, c'est-à-dire 10,584 fois plus mince qu'une feuille de papier d'impression ordinaire. A ce degré infiniment réduit d'épaisseur, il ne faut qu'un 35/1000 d'un grain d'or pour couvrir une surface de 20 pouces carrés et, avec un grain, on pourrait couvrir près de 4 pieds carrés de cuivre ($0^{m2}36$).

Moyen de connaître la quantité d'or, déposé

Pour se rendre compte de la quantité d'or déposé, il suffit de faire deux pesées ; la première sur l'objet décapé et séché, la seconde sur l'objet doré et séché. Ce moyen est très exact ; néanmoins il est peu commode quand il s'agit de déposer un poids d'or déterminé d'avance, parce qu'alors deux pesées ne suffisent pas, il faut en faire plusieurs pendant la durée de l'immersion et l'on ne peut arriver juste au point voulu qu'en tâtonnant.

Dans ce cas, il faut employer l'appareil de M. Brandely, qui règle lui-même la durée de la dorure et l'interrompt aussitôt que la quantité d'or déposé atteint le poids voulu (voir page 280).

V. DORURE AU PINCEAU ÉLECTRIQUE

Si nous ne nous trompons, cette dorure n'a été décrite dans aucun ouvrage. Nous en avons eu l'idée en voyant un physicien prestidigitateur, M. Roberti, faire des dessins de différentes couleurs sur un mouchoir blanc mouillé avec du prussiate jaune de potasse. Ce mouchoir était étendu sur une plaque de laiton en communication avec le zinc d'une pile de Bunsen de six couples, tandis que le conducteur du charbon communiquait avec une broche métallique que l'on passait sur le mouchoir, où elle formait un dessin bleu, si la broche était en fer, et rouge si elle était en cuivre.

En partant de ce principe, si l'on met la pièce à décorer en communication avec le zinc d'une pile, et qu'au lieu d'une broche en fer on prenne une pointe en or ou un pinceau formé de la réunion de fins fils d'or, et qu'ensuite on trempe cette pointe ou le pinceau dans une dissolution d'or très concentrée et fortement cyanurée, en les passant sur les endroits que l'on veut dorer, on voit aussitôt la dorure s'effectuer sur la pièce. On doit faire attention de toucher le moins possible la plaque avec la pointe ou le pinceau, qui doit, comme on le comprend, être en relation avec le pôle charbon de la pile, et du moment où les deux métaux se touchent, il n'y a plus d'action sur le liquide.

Nous avons encore modifié le procédé de la manière suivante : posant la dissolution sur l'objet au moyen d'un pinceau ordinaire, nous enfonçons légèrement une pointe d'or dans le liquide, sans toucher la pièce à dorer, et l'or se précipite aussitôt.

Dans certains cas, on peut encore supprimer la pile et la remplacer par une pointe en zinc bien décapée qui, en se dissolvant, précipite l'or. Il est bon, alors, d'ajouter à la dissolution d'or un peu d'acide cyanhydrique, mais celle d'argent marche très bien sans cela. Dans ce dernier cas, c'est une petite modification de la dorure à la plaque, qui peut avoir son utilité dans certaines occasions, soit pour dorer ou argenter une partie où l'or n'aurait pas pris, ou encore quand l'or aurait été enlevé par une cause quelconque, sans qu'il soit nécessaire de replonger toute la pièce. Voici dans quel cas nous avons employé cette manière d'opérer.

Nous avions à décorer une tabatière en argent avec un sujet gravé et ciselé ; nous couvrîmes, avec l'épargne n° 2, les parties qui devaient rester blanches et, avec une dissolution d'or rouge, les parties qui devaient prendre cette couleur, puis nous touchâmes le liquide avec la pointe métallique pendant environ 30 secondes. Quand la dorure fut faite, nous séchâmes la place et mîmes du bain d'or vert dans un autre endroit. Nous suivîmes la même marche pour le platine, le cuivre, etc. Après que tout le dessin fut couvert de ces différents métaux, nous fîmes dissoudre l'épargne dans l'essence de térébenthine, en chauffant, et nous eûmes un dessin en ors de couleur.

Une autre méthode de faire un dessin doré, mais d'une couleur d'or seulement : c'est, après avoir adouci ou poli l'objet en argent, de faire graver le dessin qui doit rester doré. On nettoie la gravure avec une brosse et de l'esprit-de-vin, et, si l'on veut, on y ajoute un peu de rouge à polir. Après avoir séché avec un linge fin pour ne pas rayer, on dore le tout, puis on guilloche les parties qui doivent être blanches ; on peut encore donner quelques coups de burin poli dans la dorure pour en rehausser le ton. C'est le moyen généralement employé pour décorer l'orfèvrerie ; il présente, sur tous les autres, l'avantage de faire un dessin correct et d'avoir une coupe franche sur les bords.

Si l'on veut plusieurs couleurs d'or, de platine, d'argent, de cuivre et même de fer sur un objet, on couvrira d'abord le tout d'épargne, puis on découvrira le dessin, que l'on dorera très rouge ; on couvrira les parties qui doivent rester rouges avec l'épargne, puis on dorera au bain vert, et l'on couvrira ce qui doit rester vert, pour platiner et couvrir, et ainsi de suite. Quand tous les métaux ont été appliqués successivement, on enlève l'épargne et l'on a un dessin en ors de couleur.

Pour contenir les bains d'or et d'argent, il faut éviter l'emploi de vases en bois vernis ou enduits de résine, de cire, etc., ces substances étant solubles dans le cyanure de potassium. On peut prendre des vases en terre émaillée, en faïence, en verre ou en porcelaine. Un amateur peut se contenter des premiers, mais un industriel doit se servir seulement de vases en porcelaine, et principalement de capsules, s'il doit chauffer ses bains.

VI. DORURE GALVANIQUE AU MERCURE

M. Dufresne a imaginé un procédé de dorure excellent qui tient à la fois à la dorure au mercure et à la dorure à la pile.

L'objet est plongé dans un bain neutre de mercure composé de nitrate de mercure, neutralisé par du carbonate de soude et additionné de cyanure de potassium, et on le soumet à l'action du courant. Il se recouvre d'une façon régulière d'une couche épaisse de mercure. On le dore par les procédés ordinaires. On replonge la pièce dans le bain de mercure galvanique, et on évapore ce dernier sans avoir besoin de frotter la pièce.

VII. MISE EN COULEUR

La mise en couleur était une opération fort en usage, nous dirons même indispensable dans l'argenture et la dorure galvaniques au moment où ces méthodes étaient nouvelles et quand la pratique, aidée de la théorie, ne connaissait pas encore le fin mot des réactions qui se produisent par le fait du courant électrique dans ces mélanges fort complexes que sont les bains d'argenture et de dorure. La mise en couleur était en résumé une réparation dans les imperfections inévitables que rencontrait une industrie nouvelle, imperfections très graves au fond puisque, comme le disait Ed. Becquerel, de l'Institut, en ce qui concernait l'argenture en particulier, « elles menaçaient d'entraîner la chute d'une industrie naissante ». La plus grave, la seule du reste pour l'argenture, c'était ce changement de ton, ce jaunissement de l'argent déposé, dû à la présence de sous-cyanures d'argent dont nous avons parlé au chapitre de l'argenture ; bien des procédés ont été mis en avant pour y remédier, et nous avons vu que le passage au borax était le seul reconnu bon pour les pièces de bronze recouvertes d'argent. Plus tard, on découvrit le procédé de laisser les pièces argentées quelques instants au bain après avoir supprimé le courant, procédé que nous avons indiqué à sa place, et qui réussit d'une façon générale. On peut donc dire qu'à l'encontre de ce qui se passait autrefois, la mise en couleur des objets recouverts d'un dépôt d'argent ne s'exécute plus et n'est que la suite naturelle des opérations galvaniques ordinaires et courantes.

Il n'en est pas tout à fait de même pour les dépôts d'or, qui continuent, dans bien des ateliers, à faire l'objet de la mise en couleur, quoique bon nombre de praticiens l'évitent aujourd'hui en suivant avec attention les indications que nous avons données ; son importance reste cependant assez grande pour que nous lui consacrions un paragraphe.

La mise en couleur de la dorure est nécessitée parce que la dorure sortant du bain n'a pas toujours la nuance exacte qu'on désire ; parce que la surface des objets est salie en divers endroits par des particules de métaux étrangers ou de leurs oxydes. La mise en couleur consiste à obvier à ces inconvénients.

Si la dorure est épaisse, on prend les substances suivantes :

Salpêtre	40 gram.
Alun.	25 —
Sel de cuisine.	35 —

Après avoir mélangé ces trois sels, on les fait fondre dans leur eau de cristallisation et à une température d'environ 100°. Suspendant alors l'objet doré à un fil de laiton, on le plonge à plusieurs reprises dans ce mélange, de manière qu'il en soit bien mouillé, puis on l'introduit dans un four à moufle que les doreurs appellent *moufti*.

Ce fourneau se compose de deux cylindres concentriques, l'un en terre cuite à l'extérieur, l'autre en petits barreaux de fer à l'intérieur. C'est dans l'espace annulaire compris entre les deux cylindres que l'on place le combustible, lequel est du charbon de bois et du coke en parties à peu près égales, et l'on réserve le vide central pour recevoir l'objet à mettre en couleur. Cet objet étant donc bien recouvert de la composition ci-dessus, on l'introduit dans le fourneau, en le tenant toujours par le fil de laiton. Sous l'action du feu, les sels se dessèchent d'abord puis entrent en fusion. A ce moment, on enlève l'objet et on le jette aussitôt dans de l'acide sulfurique très faible. Le mélange salin qui recouvre la dorure se dissout immédiatement et celle-ci se montre avec une magnifique teinte chaude et uniforme.

Si l'objet à traiter n'est recouvert que d'une mince couche d'or, la composition ci-dessus serait trop active, et pourrait corroder la dorure sur quelques points. Il vaut mieux alors se servir du mélange suivant :

Salpêtre.	250 gram.
Alun.	250 —
Sulfate de zinc	125 —
Sulfate de fer.	125 —

L'opération qu'on désigne sous le nom de *passage*

à *l'or moulu* consiste à recouvrir la dorure d'une espèce de vernis qui en relève singulièrement le ton. On commence par gratte-bosser avec soin, on brunit même, si l'usage auquel la pièce est destinée le veut ainsi.

Ces préliminaires achevés, on enduit l'objet avec un pinceau d'une bouillie claire composée de salpêtre, de sulfate de fer, de sulfate de zinc, d'alun et d'une matière colorante, en proportions variables suivant la nuance plus ou moins rouge, plus ou moins jaune, qu'il s'agit d'obtenir.

Si la dorure est forte, on la fait revenir, c'est-à-dire qu'on la chauffe sur un feu de charbon de bois très clair jusqu'à ce que les sels fondus et desséchés prennent un aspect brunâtre.

Si, au contraire, elle est faible, on se contente d'y laisser séjourner la composition pendant quelques minutes.

Dans les deux cas, au sortir du feu dans le premier, après le contact de la mixtion dans le second, on lave vivement l'objet à *l'eau rouge*, c'est-à-dire dans de l'eau chaude où l'on a délayé une certaine quantité du mélange; puis on le sèche, soit sur le feu, soit dans une étuve. Il ne reste plus alors qu'à faire tomber la couleur en excès qui n'adhère pas, en frappant verticalement et à petits coups avec une brosse à manche munie de longs poils : c'est ce qu'on appelle *décharger*.

Si la nuance n'est pas bonne, si la quantité ou *charge* d'or moulu est trop faible ou n'est pas répartie également, il suffit, pour l'enlever, de passer l'objet dans de l'eau aiguisée par 1/10 d'acide sulfurique, après quoi on recommence l'opération.

En procédant comme nous venons de le dire, on se trouve bien des mélanges suivants :

A. — *Or moulu rouge*

1. Salpêtre . . . . 75 gram.
   Alun . . . . 75 —
   Sulfate de fer. . . . . 30 —
   Sulfate de zinc. . . . . 30 —
   Ocre rouge ou sanguine . . . . . 60 —

2. Salpêtre. . . . . 30 gram.
   Alun . . . . 30 —
   Sulfate de fer. . . . . 4 —
   Sulfate de zinc. . . . . 8 —
   Ocre rouge ou sanguine . . . . . 30 —

On broie finement toutes les matières et l'on en forme une bouillie avec du vinaigre d'une force moyenne. On peut y ajouter une infusion alcoolique de safran, de rocou, de sangdragon, etc., pour varier la couleur.

B. — *Or moulu jaune*

Salpêtre. . . . . 20 gram.
Alun . . . . 50 —
Sulfate de zinc. . . . . 10 —
Sel marin. . . . . 3 —
Ocre rouge . . . . 17 —

Dans certaines circonstances, on met en couleur au moyen du *passage en cire*. L'opération ainsi appelée consiste à rehausser la couleur de la dorure en se servant de compositions dont la cire fait partie, et que l'on désigne, d'une manière générale, sous le nom de *cires à dorer*.

On chauffe d'abord l'objet, puis on y applique une couche de la composition qu'on a choisie. On chauffe alors de nouveau jusqu'à ce que la cire prenne feu. Ce résultat obtenu, il n'y a plus qu'à mettre l'objet dans l'essence de térébenthine pour dissoudre la cire, après quoi on le gratte-bosse.

La formule suivante donne une cire rouge d'un bon usage :

Cire jaune	120	gram.
Vert-de-gris	30	—
Sulfate de cuivre	30	—
Alun	30	—
Ocre rouge	30	—

Après avoir fait fondre la cire, on y incorpore les autres substances, qui ont été préalablement réduites en poudre fine, et, avec la pâte ainsi obtenue, on forme des bâtons de la longueur et de la grosseur qu'on désire. Pour cirer un objet, il suffit, quand il a été chauffé, de le frotter avec un de ces bâtons.

Le passage en cire peut servir pour l'orfèvrerie et la fausse bijouterie, mais non pour l'horlogerie. On conçoit, en effet, qu'il serait à peu près impossible de chauffer les pièces délicates qui constituent le mouvement des montres, sans nuire plus ou moins à leurs qualités : c'est à l'aide des bains qu'on les met en couleur.

Une autre remarque, c'est que la mise en couleur de la dorure galvanique ne peut être faite avec les sels, parce qu'en agissant ainsi, on ne produirait aucun résultat. Cela provient de ce que, pour cette dorure, on emploie généralement de l'or à 1000/1000, c'est-à-dire de l'or fin. Cet or est inaltérable au feu, par conséquent il ne s'oxyde pas, et, dès lors, il n'y a point d'oxyde à détruire par les acides des sels.

Le passage dans les dissolutions salines ne peut être utile que pour les dorures fortement alliées au cuivre, ou par l'or à 750/1000 et au-dessous, puisque ces dissolutions n'ont d'autre objet que de dissoudre les métaux attaquables par elles et de mettre l'or fin à nu à la surface de l'objet.

Le même procédé est encore inapplicable aux mouvements d'horlogerié, parce que, ici, on ne veut point de mat, mais un grainage brillant. D'ailleurs, la dorure galvanique, faite lentement dans un bain riche, présente le mat des pendules à la deuxième ou troisième immersion, si l'on a soin d'aviver chaque fois.

CHAPITRE XII

Dépôts métalliques divers

—

Sommaire. — I. Etamage. — II. Zingage. — III. Plombage. — IV. Ferrage. — V. Antimoniage. — VI. Platinage. — VII. Bismuthage. — VIII. Cadmiage. — IX. Aluminage. — X. Palladiage et Iridiage.

I. ÉTAMAGE

Nous avons, jusqu'à présent, passé en revue les dépôts métalliques les plus usités et qui forment, presque pour chacun d'eux en particulier, autant d'industries très importantes produisant des matières d'un usage de plus en plus répandu. Mais à ces dépôts ne se borne pas l'application de la galvanoplastie et si tous les métaux ne sont pas encore utilisés à en recouvrir d'autres, ce n'est pas que l'opération soit impossible, mais plutôt parce qu'elle n'offre aucun intérêt pratique ou simplement économique. Nous pensons néanmoins qu'il est bon de signaler la façon d'obtenir quelques-uns de ces dépôts spéciaux qu'un amateur ou même un praticien peut se trouver dans l'obligation de réaliser en vue d'usages tout particuliers.

Nous commencerons par l'*étamage*, mais nous nous empressons de faire remarquer qu'il est beaucoup plus économique de le produire directement et sans secours de l'électricité, à la façon du chaudronnier. A ce point de vue, nous ne pouvons qu'engager le lecteur à consulter ce qui est dit au Manuel du *Chaudronnier*, de l'Encyclopédie-Roret.

L'étamage galvanique des pièces se fait comme pour tous les autres dépôts métalliques, c'est-à-dire qu'il comprend comme première opération un décapage très soigné suivant le corps sur lequel on veut opérer et en suivant les indications que nous avons fournies. L'appareillage est aussi le même; si l'on fait usage de la méthode dite à anodes solubles, celles-ci seront constituées par des feuilles d'étain que l'on peut se procurer facilement dans le commerce à un grand état de pureté, étant donné que la marque d'étain la meilleure est celle connue sous le nom d'étain *Banka;* puis la seconde l'étain *Billiton* et enfin la troisième l'étain des *Détroits*. Nous engageons les praticiens à exiger que leurs anodes soient faites avec la première de ces marques.

Avant de donner les différentes formules de bains, car il en est pour l'étamage comme pour les autres dépôts métalliques, les formules sont nombreuses, nous ferons remarquer que, comme les anodes de laiton dans le laitonisage, les anodes d'étain dans les bains d'étamage ne rendent pas en métal tout ce que le dépôt prend à la solution, qu'il faut par conséquent entretenir la richesse du bain en l'alimentant du sel d'étain dont on a fait choix. Dans les formules ci-dessous nous avons choisi celles qui émanent d'auteurs ou de praticiens compétents, laissant de côté une infinité d'autres, constituant des variantes plus ou moins heureuses et créées par des spécialistes :

Formule de M. Roseleur

Sel d'étain (protochlorure d'étain). . . . . 175 gram.
Pyrophosphate de soude . . . . 350 —
Eau distillée. . . . . 10 litres

Pour préparer ce bain on dissout d'abord le pyrophosphate de soude dans l'eau bien chaude, puis, lorsque la dissolution est complète et le liquide bien clair, on y incorpore le sel d'étain qui se dissout également, mais après avoir présenté au début un précipité floconneux blanc qui disparaît par l'agitation, ne laissant qu'un liquide bien clair qui sert à l'étamage et qu'on emploie à chaud. Pour cela il est mis dans un chaudron en fer et amené à la température voulue, variable suivant les opérateurs et les objets à étamer, mais qu'on peut fixer approximativement entre 60° et 80°. Il faut avoir soin, bien entendu, d'isoler du chaudron les tringles qui supportent les objets, à l'aide de petits tasseaux d'un isolant électrique quelconque, en bois ou mieux en porcelaine. Le courant a besoin d'avoir une assez grande intensité, environ 1 à 1,2 ampères par décimètre carré de surface des objets.

L'étamage galvanique donne un dépôt mat et très blanc qui le fait facilement confondre avec l'argenture; pour avoir un dépôt brillant, il suffit de passer l'objet au polissage par le gratte-bosse. L'étamage galvanique peut être utilement appliqué à la fonte et au fer, pour la préparation de récipients destinés aux usages culinaires. Le bain ci-dessus s'entretiendra en y ajoutant une dissolution de sel d'étain dans du pyrophosphate de soude, dissolution faite dans les proportions indiquées dans la formule.

Voici maintenant d'autres formules dont on peut se trouver bien :

Formule Hesse

Sel d'étain	250 gram.
Phosphate de soude.	500 —
Sel ammoniac.	500 —
Eau distillée.	10 litres

Ce bain s'enrichira comme le premier au fur et à mesure de son appauvrissement en y ajoutant graduellement une dissolution de sel d'étain, de phosphate de soude et de sel ammoniac préparés dans les proportions ci-dessus.

Pour étamer le zinc, le même auteur recommande le bain suivant :

Lessive de soude caustique à 16° Baumé. .	10 litres
Sel d'étain	200 gram.

A moins d'être parfaitement sûr de la qualité de la lessive de soude, il est bon, avant de s'en servir à préparer le bain, de la faire bouillir, dans un chaudron en fer, avec un peu de chaux vive; 100 grammes de cette dernière dans les dix litres suffiront d'une façon générale. On s'assure ainsi la décarbonatation de la lessive de soude (suppression de l'acide carbonique), décarbonatation nécessaire pour obtenir un bon dépôt d'étain. La précaution que nous signalons sera indispensable lorsqu'on aura une lessive de soude un peu ancienne et surtout qui aura été laissée en contact avec l'atmosphère.

Formule Hern

Sel d'étain. . . . . 300 gram.
Acide tartrique . . . . 210 —
Carbonate de soude. . . . . . . 300 —
Eau distillée. . . . . 10 litres

Formule Cox

Ce bain se prépare en précipitant une dissolution concentrée de sel d'étain, par une solution de phosphate de soude. Le précipité recueilli sur un filtre et bien lavé, est dissous dans une lessive de soude concentrée; on ajoute à la solution 5 0/0 d'ammoniaque ordinaire du commerce, on étend d'eau et le bain est prêt à servir.

Formule Weigler

Nous ne donnons cette formule qu'à titre d'indication, car elle est peu employée et ne nous paraît pas très pratique même pour l'étamage du zinc, pour lequel elle a été composée spécialement, le bain se saturant rapidement de chlorure de zinc :

Bichlorure d'étain. . . . . 1.000 gram.
Eau distillée. . . . . 10 litres

Nous ne conseillons l'emploi de cette formule que dans les cas où l'on n'aurait que de petites pièces de zinc à étamer et des opérations de courte durée à réaliser, pour la raison que nous venons de donner.

On a aussi proposé le bain de composition suivante :

Sel d'étain	250 gram.
Oxalate d'ammoniaque.	1.250 —
Eau.	10 litres

qui peut s'appliquer avec succès à l'étamage du zinc. L'emploi de cette formule doit être fait avec prudence dans les manipulations, l'oxalate d'ammoniaque étant un poison violent. Enfin, on a encore proposé pour l'étamage du zinc la formule comprenant un alliage formé de 89 grammes d'étain, 6 grammes de nickel et 5 grammes de fer, alliage transformé en un chlorure triple de ces trois métaux par l'action de l'acide chlorhydrique. Le chlorure ainsi obtenu et bien neutre est alors additionné de phosphate de soude caustique. Nous reprochons à ce bain la présence à l'état de dissolution d'un sel de trois métaux, dont la décomposition par le courant électrique est toujours assez irrégulière et demande une certaine habitude de la part de l'opérateur ; enfin la préparation même du chlorure neutre des trois métaux signalés exige une certaine pratique des manipulations chimiques que tous les galvanoplastes peuvent ne pas avoir.

On emploie souvent aussi un bain formé simplement d'une dissolution dans l'eau contenant 5 0/0 de stannate de soude.

Voici maintenant deux autres formules de bains s'appliquant assez bien à tous les métaux :

1° On dissout l'étain dans l'acide chlorhydrique et on neutralise par de la potasse caustique. Le liquide est précipité par le cyanure de potassium et le précipité obtenu, après avoir été bien lavé, est dissous dans une solution concentrée de potasse que l'on étend de dix fois son volume d'eau ; c'est la formule *Birgham* ;

2° On dissout 100 grammes de sel d'étain dans 5 litres d'eau, on ajoute ensuite une dissolution de 15 grammes de potasse dans 100 grammes d'eau, puis 15 grammes de phosphate de soude dissous dans 30 grammes d'eau. Enfin on ajoute 15 grammes de cyanure de potassium. C'est le procédé *Fearn*.

Il existe un autre procédé d'étamage, qui n'empruntant en rien l'énergie électrique, est néanmoins fort utilisé industriellement et, si nous le signalons ici, c'est en raison de son importance et pour que notre lecteur sache le distinguer de l'étamage galvanique. Nous ne nous étendrons donc pas sur le procédé lui-même et nous n'en donnerons que le principe. Soit à étamer un objet en fonte : on choisira un sel d'étain approprié dans la dissolution duquel on fera tremper : 1° l'objet en fonte à étamer, et 2° une ou plusieurs plaques d'un autre métal, de zinc par exemple. Ce dernier, en raison d'une affinité chimique spéciale, tend à remplacer l'étain dans la composition du sel et à mettre ce dernier métal en liberté lequel alors se portera sur la fonte, la recouvrant d'une couche blanche. Ce procédé très répandu et qui s'applique en grand dans l'industrie s'appelle, en raison du phénomène qui détermine l'étamage : procédé par *substitution* ou de *double affinité*. C'est par ce procédé que se préparent tous ces objets en fonte pour la cuisine et qu'on désigne souvent sous le nom de *fonte argentine*.

II. ZINGAGE

Le zingage galvanique s'emploie encore moins peut-être que l'étamage galvanique, car le procédé appelé *galvanisation* est très simple et peu coûteux : en quelques mots voici comment on opère la galvanisation : les pièces bien décapées sont trempées dans un bain de zinc fondu et en sortent complètement recouvertes d'une couche de zinc. On le voit, il est impossible de trouver procédé plus élémentaire et cela explique assez pourquoi le zingage par l'électricité est si peu usité. Nous en donnerons cependant quelques recettes parmi celles qui sont le plus fréquemment mises en œuvre :

C'est d'abord le procédé *Watt*, assez compliqué en tant que préparation du bain, mais que nous signalons volontiers en raison du concours demandé au courant électrique pour la préparation même du bain. On dissout 7 kilogrammes de cyanure de potassium dans 100 litres d'eau distillée et l'on verse dans cette solution 2 kil. 500 d'ammoniaque du commerce ayant une densité de 0,880. On agite et on place plusieurs vases poreux, analogues à ceux des piles, dans la solution, et on verse dans chacun d'eux une solution de cyanure de potassium renfermant 110 grammes de cyanure par litre d'eau. Le niveau du liquide dans les vases poreux et dans le vase extérieur doit être sensiblement le même. On place dans les vases poreux des pièces de fer ou de cuivre que l'on relie au pôle négatif d'une pile. On place dans la dissolution du cyanure de potassium et d'ammoniaque des lames de zinc laminé de bonne qualité, décapé à l'acide chlorhydrique, et on les relie au pôle positif de la même pile. On fait passer le courant et on le maintient jusqu'à ce que la solution du récipient extérieur (contenant la dissolution de cyanure et d'ammoniaque) ait pris environ 20 gram. de zinc par litre de solution. On enlève les lames de zinc et les vases poreux, on fait dissoudre 2 kil. 500 de carbonate de potasse dans une partie de la solution contenue dans le récipient extérieur, et on réunit ensuite le tout en mélangeant et en agitant. On laisse reposer et l'on décante. On a ainsi le bain prêt à servir et que l'on utilise comme tout autre bain pour dépôt métallique.

On voit par ce qui précède que la seule préparation du bain est assez longue et compliquée, aussi préfère-t-on au procédé Watt la composition de bains faits à base de sels de zinc comme pour les autres dépôts métalliques. Voici, par exemple, une formule de bain indiquée par M. Roseleur :

Chlorure de zinc pur.	250 gram.
Cyanure de potassium pur.	600 —
Carbonate de soude cristallisé. . . .	300 —
Eau	10 litres

On dissout d'une part le cyanure de-potassium

et d'autre part le carbonate de soude et le chlorure de zinc, puis on mélange les deux dissolutions qui doivent donner un liquide tout à fait limpide. S'il se produisait un léger précipité floconneux rendant le liquide un peu louche, il suffira d'ajouter un peu d'ammoniaque pour le faire disparaître.

Dans le zingage galvanique, on se sert, bien entendu, d'anodes solubles formées de plaques de zinc; celles-ci seront choisies du métal le plus pur, facile à se procurer aujourd'hui où, grâce aux immenses progrès réalisés dans la métallurgie du zinc, les usines importantes telles que celles de la Société de la Vieille-Montagne par exemple, produisent couramment du zinc ne contenant que dix millièmes d'impureté. On place les anodes enveloppant aussi bien que possible les objets à zinguer quand ceux-ci ont des formes contournées; quand il s'agit de zinguer des surfaces planes, des feuilles de tôle par exemple, on met dans le bain alternativement une feuille de tôle, une anode de zinc, une feuille de tôle, une anode de zinc, comme nous avons vu qu'on le faisait dans le nickelage.

Troisième formule

Chlorure de zinc.	500 gram.
Cyanure de potassium.	500 —
Eau distillée.	10 litres

Quatrième formule. — Elle est à base de zincate de soude. On fait dissoudre de l'oxyde de zinc dans une solution concentrée de soude et on étend de dix fois son volume d'eau. On préfère cependant se servir du sulfate de zinc et, pour cela, on en dissout 1 kilogr. dans 15 litres d'eau et l'on ajoute de la soude en excès de façon à dissoudre l'oxyde qui se précipite d'abord. On a ainsi un excellent bain de zingage et dont le prix est très bas.

Toutes ces formules sont susceptibles de modifications plus ou moins importantes au gré des opérateurs qui sont guidés souvent, soit par des préférences personnelles, soit par la facilité plus ou moins grande de se procurer tel ou tel sel de zinc, soit enfin par des questions de prix de revient. En raison du peu d'emploi des dépôts galvaniques de zinc, notre lecteur comprendra que nous passions rapidement sur ce sujet.

III. PLOMBAGE

Le plombage par le courant électrique est encore moins utilisé peut-être que le zingage, nous n'en dirons donc que quelques mots suffisant à indiquer les principes généraux de cette opération.

On prépare un premier bain, connu sous le nom de *bain français*, en dissolvant 10 grammes de litharge dans 100 grammes de potasse caustique et 2 litres d'eau distillée. On se sert d'anodes de plomb, et comme celles-ci ne restituent pas la quantité de métal enlevée à la solution, on recharge de temps à autre avec un peu de litharge.

On peut encore préparer un bain, dit *bain américain*, en dissolvant de l'acétate ou du nitrate de plomb dans l'eau. Si l'on emploie ce bain à un faible degré de concentration et un courant d'intensité faible, le plomb se dépose facilement. La teneur en sel de plomb doit être de 10 grammes par litre de bain.

D'après Japing, le plombage peut s'effectuer en formant comme bain une bouillie assez claire de sulfate de plomb dans l'eau et en faisant passer le courant. Nous employons le mot bouillie, car le sulfate de plomb est insoluble dans l'eau et il ne faudrait pas chercher à obtenir un liquide clair.

D'après Weil, on peut opérer comme suit : on dissout de l'azotate ou de l'acétate de plomb dans l'eau et on y ajoute, en excès, de la lessive concentrée de soude caustique. Tel est le bain qui s'emploie à chaud de 70-75°; il suffit alors d'y plonger les objets à plomber en les mettant en contact avec une lame de zinc. Le dépôt s'effectue convenablement, mais il a l'inconvénient de renfermer une assez forte proportion de zinc. Suivant M. Tommasi on peut avoir un dépôt de plomb pur et d'épaisseur croissante en utilisant le même bain, mais en y plaçant un vase poreux dans lequel on a versé de la lessive de soude et, dans cette lessive, plongé une lame de zinc. L'objet à plomber est immergé dans le bain et mis en communication avec le zinc du vase poreux par l'intermédiaire d'un fil conducteur.

Le plombage ne sert guère qu'à recouvrir de la tôle de fer, qui se trouve alors préservée contre l'action corrosive de certains acides, sans prise ou presque sans prise sur le plomb, aussi terminerons-nous le paragraphe du plombage en donnant la formule suivante, très employée dans le plombage

de tôles destinées à faire certains objets destinés à
l'industrie des produits chimiques :

Azotate de plomb.	250 gram.
Azotate de cuivre	50 —
Cyanure de potassium	100 —
Soude caustique.	250 —
Eau distillée.	10 litres

Ainsi que nous venons de le voir dans les différentes formules ci-dessus, en dehors de l'azotate et
de l'acétate de plomb, on se sert plus souvent des
oxydes de plomb, ce qui justifie ce que nous disions un peu plus haut, que le plomb est peu
attaquable par les acides ; il forme donc peu de
sels.

IV. FERRAGE

Nous avons vu, au chapitre *cuivrage*, que c'é-
taient surtout des objets de fer qu'on cherchait à
cuivrer pour les protéger de la rouille et des intempéries de l'atmosphère. Il peut donc paraître pour
le moins surprenant que le *ferrage* ou *aciérage* consiste principalement, dans la pratique, à recouvrir
des objets de cuivre d'une couche de fer. Le fait
est cependant exact et le ferrage, très peu employé
du reste, n'est guère utilisé industriellement qu'à
recouvrir d'une couche de fer les planches de
cuivre gravé ou les clichés de cuivre ; dans ce cas,
il s'agit de donner à ces dernières une plus grande
résistance à l'action de la presse d'imprimerie, et
grâce à ce ferrage, des clichés peuvent durer beau-

coup plus longtemps et fournir un bien plus grand nombre d'épreuves.

Comme dans les dépôts métalliques que nous avons déjà examinés, les formules de ferrage ou d'aciérage sont assez nombreuses, et nous n'en signalerons ici que deux :

1° On fait dissoudre 250 grammes de sel ammoniac (chlorhydrate d'ammoniaque) dans un litre et quart d'eau distillée, et l'on plonge dans ce liquide d'une part, un fil conducteur relié au pôle négatif d'une pile ; d'autre part, une plaque de tôle de fer aussi pure que possible, mise en communication avec le pôle positif de la même pile, et destinée à servir d'anode soluble. L'action du courant donne naissance à un chlorure de fer ammoniacal. On enlève alors le fil négatif et on suspend à sa place la pièce de cuivre convenablement décapée, comme nous l'avons indiqué. La décomposition électrolytique du chlorure de fer ammoniacal qui a été formé d'abord recouvre rapidement l'objet en cuivre d'une couche de fer très dure.

Dans ce bain, l'anode soluble lui restitue à peu près tout le métal enlevé au liquide par l'électrolyse, il n'y a donc pas à le recharger, en fer du moins ; par contre, il s'appauvrit en chlorhydrate d'ammoniaque, et il est nécessaire, de temps à autre, de le recharger de ce sel d'une façon progressive, et lorsque le dépôt ne s'effectue plus ou ne s'effectue que lentement.

2° La formule suivante est indiquée par M. Roseleur et est constituée ainsi :

Sulfate de fer. . . . . 250 gram.
Chlorhydrate d'ammoniaque . . . . 500 —
Eau distillée. . . . . 10 litres

Il faut dissoudre d'abord le sulfate dans l'eau légèrement aiguisée par un peu d'acide sulfurique ; on doit éviter l'emploi du sulfate de fer ordinaire et vieux, ou qui est *rouillé*, suivant l'expression usitée ; cette rouille est en effet un oxyde de fer, qui, pour se dissoudre et se transformer en sulfate, exigerait l'emploi d'une plus grande quantité d'acide sulfurique. Cette première dissolution faite, on y ajoute le sel ammoniac jusqu'à dissolution complète ; on laisse déposer ou l'on filtre. Ce bain, qui s'emploie à froid, est alimenté en métal usé par des anodes en tôle de fer comme précédemment, et n'a besoin d'être rechargé qu'en sel ammoniac avec précautions et graduellement.

Comme observation spéciale, nous dirons que les bains dont nous venons de donner les compositions doivent être soustraits, autant que possible, à l'action de l'air, aussi doit-on se servir de cuves plutôt hautes que larges, et, dans le cas particulier du ferrage des clichés ou planches de gravures, faudra-t-il de préférence les plonger au bain dans le sens de leur longueur ; on peut ainsi n'avoir qu'une cuve offrant à l'air une très faible surface.

V. ANTIMONIAGE

A partir de l'antimoniage, les dépôts métalliques suivants ne sont pour ainsi dire pas employés, du moins d'une façon industrielle et pour des besoins courants. Nous les signalons un peu à titre de curiosité, et aussi pour que notre lecteur puisse voir la généralisation de cette pratique fort intéressante des dépôts métalliques par la méthode d'électro-métallurgie par voie humide. Enfin, on peut se trouver en face de cas tout à fait spéciaux, cas assez fréquents dans la construction d'appareils de physique, d'électricité ou même de chimie où un métal, pour être préservé de l'action spéciale d'un réactif, demande à être recouvert d'une couche du seul métal ou d'un des seuls métaux sur lesquels le réactif en question soit sans effet. C'est, à notre avis, les seules circonstances justifiant l'emploi des dépôts dont nous allons parler maintenant en commençant par l'antimoniage ou dépôt d'antimoine.

Les bains d'antimoniage sont assez nombreux ; nous n'en citerons que quelques-uns :

1° Sulfure d'antimoine en poudre . . . 500 gram.
   Carbonate de soude . . . . 100 —
   Eau. . . . . 10 litres

Pour préparer ce bain, on fait bouillir les produits ci-dessus environ une heure ensemble, on filtre la solution bouillante et on la laisse reposer ; il se forme un précipité d'oxysulfure d'antimoine (kermès minéral). On fait bouillir de nouveau cette poudre avec le liquide surnageant, et c'est dans cette solution chaude que l'on suspend les pièces à antimonier. On emploie comme anodes solubles des plaques d'antimoine.

2° Tartre stibié (émétique) . . . . 300 gram.
   Acide tartrique . . . . 300 —
   Acide chlorhydrique . . . . 450 —
   Eau distillée . . . . 3 lit. 5

Ce bain, imaginé par Gore, doit s'utiliser avec un courant d'une intensité assez forte ; il présente le désavantage sur le premier d'être moins conducteur du courant électrique, ce qui exige que celui-ci soit fort ; de plus, à cause des matières qui entrent dans sa composition, il est d'un prix élevé.

3° Le bain suivant a été proposé par Hillich :

   Oxyde d'antimoine . . . . 550 gram.
   Acide fluorhydrique . . . . 500 —
   Phosphate d'ammoniaque . . . . . . 130 —
   Eau distillée . . . . 10 litres

Ce bain se prépare en faisant dissoudre l'oxyde d'antimoine dans l'acide fluorhydrique et en ajoutant à cette dissolution le phosphate d'ammoniaque dissous lui-même à saturation et à chaud ; enfin l'on complète le volume de 10 litres. Cette formule donne de bons résultats ; nous lui reprochons la nécessité de la manipulation de l'acide fluorhydrique, corps très dangereux à manier, en raison des brûlures graves qu'il fait sur la peau. En outre, l'acide fluorhydrique se débite en bouteilles spéciales faites entièrement en gutta-percha, qui sont d'un prix élevé et d'une conservation difficile, car si l'acide fluorhydrique n'attaque pas à proprement parler la gutta-percha, il la durcit, celle-ci se gerce alors et le flacon perd toute sa valeur. Nous ne conseillerons l'emploi de cette formule qu'aux personnes assez habituées aux manipulations chimiques.

VI. PLATINAGE

Le platinage opéré sur une certaine épaisseur s'obtient bien avec le courant électrique, et les différents usages de ce dépôt métallique sont assez limités ; nous avons vu, en parlant de certaines piles ou d'électrodes, ou d'anodes insolubles, qu'on se servait fréquemment de lames de platine ou simplement de lames de cuivre platinées ; à ce point de vue, le platinage peut avoir une certaine importance, et bien de nos lecteurs, pour préparer leur outillage de galvanoplastie, pourront souvent y avoir recours. La préparation du bain est assez délicate, en ce sens qu'elle exige une certaine habitude des manipulations chimiques. On prend d'abord du chlorure de platine bien sec (ce sel est très hygrométrique, absorbe facilement l'humidité de l'air, il faut donc le tenir dans des flacons parfaitement bouchés et même dont le bouchon sera enduit d'une couche de paraffine) provenant de la transformation de 10 grammes de platine métallique que l'on dissout dans 500 grammes d'eau distillée et qu'on filtre. On fait dissoudre, d'autre part, dans 500 grammes d'eau distillée la quantité de 100 grammes de phosphate d'ammoniaque, et l'on mélange les deux dissolutions bien claires. Il se produit alors un abondant précipité, qui est du phosphate ammoniaco-platinique, et l'on a au-dessus un liquide d'une teinte orangée. On ajoute alors progressivement, par petites quantités et en agitant constamment, une solution préparée d'avance et bien claire, composée de 500 grammes de phosphate de soude dans un litre d'eau.

Le mélange est porté à l'ébullition, et l'on maintient le même volume de liquide en ajoutant, au fur et à mesure des pertes subies par l'évaporation, de l'eau distillée qu'on a soin de maintenir bouillante à côté de soi. L'ébullition du liquide doit durer tant que l'on ne perçoit plus à l'odorat l'odeur caractéristique de l'ammoniaque, ou que le liquide en ébullition est devenu franchement acide, ce dont on peut se rendre compte par le papier de tournesol bleu qui doit devenir rouge. Du reste, en dehors de ces deux moyens de contrôle, on en possède un troisième, tout naturel, c'est que le liquide, de jaune paille qu'il était, devient tout à fait incolore.

On est alors en présence du bain tel qu'il peut fonctionner, pour recouvrir le cuivre et ses alliages d'une couche de platine. Ce bain s'emploie à chaud et exige un courant assez intense : environ 1,5 ampères par décimètre carré. Le dépôt de platine opéré à l'aide de ce bain est très dur et se polit difficilement ; il est bon d'utiliser alors le gratte-bosse à fils de fer et non à fils de cuivre qui s'usent sans toucher le métal. Nous insistons un peu sur cette partie, car pour servir d'anode insoluble ou d'électrode, il sera préférable que la lame de cuivre platinée présente une surface parfaitement polie plutôt que mate telle qu'elle sort du bain de platinage.

Enfin nous répétons qu'il s'agit dans la circonstance d'un platinage d'une certaine épaisseur comme il est utile de l'avoir pour les usages que nous venons d'indiquer.

En orfèvrerie ou autres spécialités, où l'on a besoin de recourir au platinage, mais à un platinage superficiel, c'est-à-dire qui ne présente qu'une faible pellicule de platine, on peut recourir à l'une des formules suivantes :

1° Chlorure de platine provenant de 10 gr.
    de platine métallique.
    Carbonate de soude. . . . . 400 gram.
    Eau distillée. . . . . 2 litres

2° Chlorure de platine provenant de 10 gr.
    de platine métallique.
    Phosphate ou borate de soude. . . . . . 600 gram.
    Eau distillée. . . . . 1 litre

3° Chlorure de platine provenant de 10 gr.
    de platine métallique.
    Pyrophosphate, ou chlorure, ou iodure de
    sodium . . . . 300 gram.
    Eau distillée. . . . . 1 litre

Nous pourrions encore citer bien d'autres formules aussi bonnes que celles ci-dessus, nous nous bornerons à dire qu'il faut toujours, pour faire un bon bain, que le chlorure de platine ait été dissous dans un sel à réaction alcaline neutre ou même acide, à la condition toutefois que ce ne soient ni des cyanures ni des sulfates.

Disons encore que toutes ces formules donnent des dépôts qui ne se font pas toujours très bien, une partie du métal à déposer manquant d'adhérence et quelquefois même couvrant l'objet d'un dépôt noir ou gris et souvent cristallisé en écailles.

VII. BISMUTHAGE

Le bismuth est un métal d'un prix élevé et assez délicat ne résistant que mal aux acides et aux intempéries de l'atmosphère, il est donc fort peu employé et son utilisation ne saurait être que pour des cas d'une nature exceptionnelle. Nous signalerons néanmoins, à titre documentaire, le procédé de M. Roseleur :

On fait dissoudre le bismuth dans l'acide nitrique et l'on précipite par une lessive de soude caustique. On obtient ainsi un précipité blanc que l'on verse sur un filtre et qu'on lave à plusieurs fois avec de l'eau pure. Ce lavage convenablement effectué, on recueille le précipité lavé qu'on dissout dans du sulfite de soude liquide. Le bain est alors fait et prêt à servir, il s'emploie à froid, à la température ordinaire. Les objets à bismuther préalablement bien décapés, sont plongés dans le bain et reliés au pôle négatif ; le courant dont on doit faire usage sera de faible intensité, pour obtenir un bon résultat.

VIII. CADMIAGE

Le cadmiage est aussi peu employé que le bismuthage ; le cadmium est en effet un métal cher et le dépôt qu'il forme est d'un gris d'étain qui n'a rien de décoratif, aussi ne saurait-on l'appliquer pour rehausser la valeur d'un objet quelconque.

On se sert pour le cadmiage d'un bain de sulfate

de cadmium ammoniacal obtenu en additionnant une dissolution de sulfate de cadmium dans l'eau à 10 0/0 avec de l'ammoniaque liquide jusqu'à dissolution du précipité qui se forme tout d'abord.

Le bain s'emploie à chaud, à la température de 50 degrés, avec un courant assez intense.

IX. ALUMINAGE

L'aluminage a été toujours fort peu utilisé et, sans nous croire grand prophète, nous pouvons dire qu'il le sera de moins en moins en raison du prix toujours décroissant de l'aluminium qui s'obtient aujourd'hui par les moyens électriques avec la plus grande aisance. L'aluminium jouit de propriétés assez spéciales qui pouvaient faire chercher l'application de l'aluminage surtout quand le métal coûtait 300 francs le kilog.; mais depuis sa production par l'électro-métallurgie, son prix est descendu jusqu'à trois francs le kilog., ce qui le remet, à volume égal, à deux fois et demi meilleur marché que le cuivre. Il y a donc tout lieu de croire qu'il sera de plus en plus économique d'employer des objets faits entièrement en aluminium plutôt qu'à recouvrir ces objets d'une couche de ce métal obtenue par galvanoplastie; étant donné surtout que le dépôt galvanique s'obtient très difficilement. Voici quelques formules de bains qui ont été proposées :

    1° Chlorure d'aluminium . . . . . .   750 gram.
       Chlorure de potassium. . . . . .   350 —
       Eau distillée. . . . .   10 litres

  2° Sulfate d'alumine . . . .   1.000 gram.
     Acide sulfurique, de. . . . . . .   0 à 200 .—
     Eau distillée. . . . .   10 litres

On remarquera dans la seconde formule une proportion indéterminée d'acide sulfurique, ce qui provient de ce que le sulfate d'alumine, suivant son mode de préparation ou le fabricant qui l'a préparé, peut être lui-même plus ou moins acide. Ces deux bains se préparent en dissolvant à chaud les produits salins dans l'eau, ils s'emploient à chaud et exigent l'utilisation d'un courant électrique assez énergique.

Signalons encore une autre méthode qui consiste à dissoudre 2 kil. 500 de sulfate d'alumine dans 10 litres d'eau, à en précipiter l'alumine par un excès d'ammoniaque, à bien laver le précipité ainsi obtenu et à le dissoudre dans une lessive de soude contenant par litre 1120 grammes de soude caustique. On sature par un courant de gaz cyanhydrique jusqu'à refus et le bain est prêt. On y plonge les objets à recouvrir d'aluminium, le bain étant maintenu à une température de 25 ou 30°, et l'on a recours à un courant assez intense. Le pôle positif est relié à des anodes (insolubles) faites par des plaques d'aluminium métallique ou même de platine.

Quand on prépare ce bain, il faut prendre les plus grandes précautions pour s'abriter des émanations du gaz cyanhydrique (acide prussique) dont le pouvoir toxique est connu de tout le monde.

M. Hermann Reinbold donne la formule suivante :

Chlorure d'aluminium. . . . . 100 gram.
Alun . . . . 500 —
Cyanure de potassium . . . . 400 —
Eau. . . . . 3 litres

M. Wohle, de Burton (Angleterre), obtient des dépôts d'aluminium par l'électricité d'un bain composé de la façon suivante et employé à chaud : on dissout 2 kilogrammes d'alun dans 3 litres d'eau, on y mêle une dissolution de 2 kilogrammes de carbonate de potasse dans 3 litres d'eau additionnée de 10 grammes de carbonate d'ammoniaque.

Le précipité d'alumine gélatineuse ainsi obtenu est lavé à l'eau tiède, puis à l'eau froide. On le dissout ensuite dans la liqueur suivante maintenue à l'ébullition pendant une demi-heure : eau 10 litres ; alun 4 kilogrammes et cyanure de potassium 2 kilogrammes. Le liquide est mis à reposer pendant quelques minutes et l'on y ajoute la dissolution suivante : eau 10 litres, cyanure de potassium 2 kilogrammes. On filtre, et le liquide forme le bain qu'on utilise en employant comme anodes solubles, des plaques d'aluminium percées de nombreux trous, de manière à offrir une plus grande surface d'attaque. Le dépôt d'aluminium obtenu par ce bain est mat, il n'a plus qu'à être amené au poli par un des procédés que nous connaissons.

X. PALLADIAGE ET IRIDIAGE

Le palladium et l'iridium sont deux métaux de la famille du platine et qu'on extrait généralement des mêmes minerais dans lesquels d'ailleurs ils se trouvent en quantité très faible, c'est dire que ces deux corps constituent de véritables raretés, d'un prix fort élevé et dont l'emploi, de ce seul fait, ne saurait s'étendre énormément. Aussi n'est-ce que pour mémoire que nous signalons le palladiage et l'iridiage, en nous bornant à dire que la similitude des deux métaux en question est tellement grande avec le platine, que c'est sous la même nature de sel et dans les mêmes proportions qu'on les emploie pour former les dépôts.

Nous en avons fini avec les dépôts métalliques sur matières conductrices de l'électricité, et, si nous nous sommes si longuement étendu sur cette partie, que bien des personnes considèrent comme une annexe, une opération dérivée de la galvanoplastie proprement dite, c'est qu'elle a pris une importance très considérable au point de vue industriel et que, pour n'être pas la galvanoplastie proprement dite, elle occupe le rang le plus important dans les applications de l'électro-métallurgie par voie humide. En outre, pour être venue après son aînée, cette partie offre dans son application une simplicité très grande et il nous a paru, en abordant la rédaction de cet ouvrage destiné aux praticiens et aussi aux débutants, qu'il fallait aller du simple au composé pour mieux nous faire comprendre. Enfin, ayant traité cette partie dans tous les détails de ses applications, il nous sera facile par la suite de renvoyer le lecteur à ce qui s'y trouve relaté et à ne lui donner dès lors que les grandes lignes des autres branches de la galvanoplastie dont les opérations finales consistent toujours en dépôts métalliques.

TROISIÈME PARTIE

DÉPOTS MÉTALLIQUES

CHAPITRE XIII

Dépôts métalliques sur matières non conductrices de l'électricité

Nous venons de voir dans le chapitre précédent que les métaux se prêtent merveilleusement à recevoir des dépôts métalliques quelconques, et se voient ainsi transformés, soit en objets précieux (dorure, argenture, platinage, etc.), soit en objets inattaquables aux agents atmosphériques (cuivrage, nickelage, étamage, plombage, etc.). Nous avons vu également que ces objets en métaux communs, tels que fonte, fer, etc., peuvent à bas prix être pourvus d'ornementation formant des creux et des reliefs qui se trouvent fidèlement recouverts par le dépôt métallique donnant l'illusion complète de pièces faites entièrement du métal déposé. Nous avons vu enfin que pour assurer la reproduction exacte des détails de formes des objets soumis au dépôt, il fallait que ceux-ci aient toutes leurs parties à distance aussi égale que possible des anodes, car la partie sous-jacente étant métallique se trouvait bonne conductrice de l'électricité et que le dépôt s'y produisait d'autant plus fort que le chemin à parcourir pour le courant au travers du bain était plus court, ce qui nous a fait même insister sur l'épaisseur plus grande du dépôt aux reliefs.

Tout ceci nous montre que, grâce à la conductibilité électrique du métal sous-jacent, conductibilité se répartissant sur toute sa surface, le transport du métal contenu à l'état de sel dissous dans le liquide du bain, se fait régulièrement sur tout l'objet ; ceci nous montre encore et, conformément aux notions d'électricité que nous avons données au début de cet ouvrage, que ce transport de métal ne peut se faire qu'à la condition que l'objet à recouvrir soit, non seulement conducteur, mais encore bon conducteur de l'électricité.

Par la loi des réciproques, en résulte-t-il qu'un objet non conducteur du courant électrique ne saurait être recouvert d'un dépôt métallique ? C'est absolument exact ! Le galvanoplaste ne pouvant pas rester dans cette fâcheuse situation use de subterfuges et peut, dès lors, recouvrir de dépôts métalliques à peu près toutes les matières qu'il lui plaît de traiter ainsi. Et disons-le de suite, c'est tant mieux, car si l'on peut obtenir à très bon compte de charmants objets en plâtre à modeler, ceux-ci gagneront en valeur intrinsèque et en valeur artistique, s'ils peuvent être revêtus d'une couche de cuivre à laquelle on donnera la patine des plus beaux bronzes ; de même une corbeille tressée en osier prendra un tout autre aspect si elle paraît être de bronze dans lequel tous les détails du bois, creux et reliefs, veinages, vaisseaux, etc., seront reproduits comme faits par la main d'un habile ciseleur. Un ornement quelconque fait d'une branche feuillue cueillie dans un bois, aura de suite tous les caractères d'un objet de l'art le plus fin lorsqu'il sera recouvert d'une couche métallique lui donnant l'aspect d'une pièce en bronze, en argent ou autre métal. Mais tous ces produits qui seront la partie sous-jacente du métal ne sont pas des corps conducteurs de l'électricité et se refuseront donc obstinément à se laisser recouvrir de la parure dont le galvanoplaste voudrait les voir revêtus. Il faut alors vaincre cette résistance et par un procédé ou mieux par une foule de procédés, appliqués judicieusement suivant la nature du corps à revêtir de métal, arriver à transformer les corps les moins conducteurs, les *diélectriques* comme on dit en électricité, en corps bons conducteurs ; c'est ce que la galvanoplastie a trouvé et désigne d'une façon générale sous le nom de *métallisation* des moules ou modèles par suite de l'analogie que présentent avec les métaux, au point de vue de la conductibilité électrique, les objets non conducteurs ainsi traités.

Métallisation

Commençons en disant que par métallisation il ne faut pas entendre que les modèles non conducteurs du courant seront toujours enduits d'un métal, nous pouvons presque dire même que cette condition est plutôt exceptionnelle ; la métallisation, nous le répétons, consiste à rendre le modèle ou tout au moins sa surface, bon conducteur du courant électrique. Une des métallisations les plus usuelles est le plombaginage ou enduit de plombagine dont on recouvre le corps à recouvrir de métal. Or, la plombagine n'est pas un métal, c'est simplement du charbon très fin et même très pur. Mais nous reviendrons un peu plus loin sur cette opération.

Deux cas sont à considérer : la pièce qui devra recevoir le dépôt est imperméable ou ne l'est pas. Dans le premier cas, une simple métallisation suffira ; dans le second il faudra au préalable imperméabiliser notre objet ou modèle. Prenons, en effet, un sujet fait en plâtre : médaille, médaillon ou buste. En sa qualité de corps non conducteur de l'électricité, le plâtre devra être métallisé par une couche de plombagine par exemple ; mais si nous nous bornons à cette simple opération, dans quel état mettrons-nous notre objet, quand nous l'aurons trempé dans le bain de cuivrage par exemple. Outre que le plâtre, essentiellement poreux, absorbera une quantité notable du liquide du bain et tendra à se déliter lorsqu'il en sera sorti et qu'il séchera, le sulfate de cuivre cristallisera dans les pores du plâtre et fera éclater le modèle de toutes parts, absolument comme se brise un vase de verre plein d'eau sous l'action de la gelée. Ce simple exemple prouve l'importance de l'imperméabilisation que nous examinerons en premier lieu.

Ne pouvant prétendre à passer en revue tous les corps perméables et leur appliquer à chacun le traitement qui leur convient, nous nous bornerons à donner quelques exemples auxquels le lecteur se rapportera par analogie, suivant les cas spéciaux qu'il rencontrera dans les applications diverses qu'il est appelé à faire.

S'agit-il, par exemple, d'un objet en plâtre, matière que nous avons déjà signalée comme très poreuse, on l'imperméabilisera avec de la stéarine en opérant de la façon suivante : on prendra d'abord de la stéarine très pure, très propre, qu'on trouve en pains chez les stéariniers et on la fera fondre dans un récipient susceptible d'être lui-même amené à un parfait état de propreté ; on donnera donc la préférence à une bassine en fonte ou en tôle émaillée si l'on doit opérer en grand, à une capsule de porcelaine si l'on opère sur une petite quantité. En tout cas, il faut absolument proscrire l'emploi de récipients en cuivre qui sont attaqués par la stéarine, laquelle devient verte et se détériore. Pour opérer la fusion de la stéarine, point n'est besoin d'une forte température, 80° à 100° constituent de bonnes températures. Aussi, est-il possible d'employer le bain-marie pour cette fusion, ce qui permet, pour de petits objets, d'utiliser des vases en verre. La stéarine une fois fondue et amenée aux degrés ci-dessus, on y plonge l'objet en plâtre qui s'imbibe immédiatement dans toute sa masse, ce dont on est prévenu par l'émission de bulles d'air qui s'échappent du plâtre. Quand les bulles en question ont cessé de se produire, on peut être assuré que l'objet est bien entièrement imbibé de paraffine, il suffit de le retirer du bain, de le laisser bien égoutter au-dessus de celui-ci et, par refroidissement, on aura un tout parfaitement homogène, bien lisse et qui ne se laissera pas pénétrer par le liquide du bain galvanoplastique. Nous avons pris le plâtre comme exemple, mais ce même traitement conviendra bien à l'albâtre, au marbre et autres produits d'une porosité analogue.

Lorsque l'on devra imperméabiliser des objets présentant peu de reliefs, ou tout au moins des reliefs de grandes surfaces, c'est-à-dire offrant des creux et des bosses développées, la manière de procéder ci-dessus sera parfaitement efficace. Mais il n'en sera plus tout à fait de même lorsqu'on sera en présence de pièces munies de creux prononcés, comme profondeur, mais peu étendus. On sait en effet que la stéarine n'est autre chose que de la bougie, et l'on sait également que si la bougie fond avec une très grande facilité, elle se solidifie de même ; de sorte que, lorsqu'on sort la pièce du bain de stéarine, toute la matière dont elle est imbibée se solidifie rapidement par refroidissement, et il en résulte que la stéarine, emprisonnée dans de petites cavités, peut n'avoir pas le temps de s'écouler avant sa solidification, d'où obturation des creux et, par conséquent, dénaturation des formes du modèle. Les moyens pour remédier à cet inconvénient sont nombreux et restent surtout du domaine de l'ingéniosité de l'opérateur et de son adresse.

On peut, par exemple, avant de laisser refroidir l'objet stéariné, le porter dans une enceinte suffisamment chaude, une petite étuve par exemple, ou dans un récipient chauffé au bain-marie, et, dans ce milieu chaud, avec un tampon de ouate également chaud, on peut provoquer l'exode de la stéarine, des creux qu'elle remplit. On peut encore, quand la pièce stéarinée n'offre qu'une face dont il faille respecter l'aspect, amener la pièce à la surface du bain de stéarine, l'endroit au-dessus, l'envers restant encore en contact avec la stéarine chaude; on maintient ainsi la pièce à très peu près à la même température que le bain et l'on peut, avec un tampon d'ouate ou un pinceau, chasser la stéarine des creux qu'elle comblait. Dans ces différentes manipulations, il faut opérer sur la stéarine suffisamment chaude, pour que le pinceau ou l'ouate ne donne pas lieu à des stries qui se trouveraient reproduites sur le dépôt métallique, surtout si celui-ci n'est constitué que par une pellicule très fine. Enfin, il y a des opérateurs habiles qui uniformisent la couche superficielle de stéarine, en s'aidant simplement d'un foyer quelconque (flamme d'un bec de gaz Bunsen ou lampe à alcool), pour maintenir tout ou partie de l'objet à la température nécessaire pour fondre la stéarine aux endroits dont elle doit être retirée.

L'imperméabilisation à la stéarine donne d'excellents résultats, parce que cette matière, une fois froide, présente une dureté suffisante, et surtout n'a aucune élasticité. C'est ainsi que la paraffine, d'un prix moindre que la stéarine, ne donnerait pas les mêmes satisfactions, parce que si elle fond à basse température aussi, lorsqu'elle est solidifiée, sa dureté n'est pas grande, et le doigt appuyé même sans grande force, dans un pain de paraffine y laisse sa trace en creux.

Pour des matières moins poreuses que le plâtre ou ses similaires, que nous avons déjà énoncés, la stéarine offre trop de corps et ne convient pas ou convient mal; le bois, par exemple, qui ne serait pas imperméable à un bain galvanoplastique, n'offre cependant pas une porosité suffisante pour nécessiter l'emploi de la stéarine, et l'on préfère alors se servir simplement d'une huile siccative, telle que l'huile de lin. Ici encore, les moyens d'application diffèrent suivant les opérateurs, et même suivant les essences de bois que l'on traite. Si l'on a affaire à un bois relativement poreux, comme certains bois blancs ou autres essences, il est bon, pour assurer l'imperméabilisation, de faire tremper ces bois dans une huile de lin cuite et chaude. Avec des bois à fibres serrées, on peut se contenter de l'huile de lin crue ordinaire, dans laquelle on les fait tremper assez longtemps. En ce qui nous concerne, nous conseillerons toujours d'employer l'huile chaude vers 80° à 100°; à cette température, en effet, elle perd beaucoup de sa viscosité, devient très fluide et pénètre davantage, plus vite et plus profondément dans les tissus ligneux.

Enfin, on peut avoir à traiter un produit qui, sans être absolument poreux, peut présenter une texture permettant l'absorption sur une petite épaisseur; dans ce cas, le procédé le plus simple consistera à passer sur la surface de la pièce, faite avec ce produit, une couche d'un vernis, couche qui sera d'autant plus faible, que le corps sera moins absorbant.

Nous n'avons cité que trois des matières à imperméabiliser, répondant chacune à des cas spéciaux; mais, comme nous l'avons dit au début, l'opérateur peut à son gré faire choix d'autres matières, pourvu qu'elles participent aux propriétés de celles que nous venons d'indiquer. C'est ainsi que l'on pourrait, au lieu de stéarine, employer judicieusement la paraffine, dans certains cas où le défaut que nous lui avons constaté ne serait pas une gêne pour la suite des opérations, et la bonne réussite du dépôt métallique ; ou bien encore de la cire, ou même du suif. Quelques personnes, habituées à ce genre de travail, et versées dans la connaissance des produits imperméabilisateurs, savent combiner les matières, en faire des mélanges qui, tout en participant aux qualités de chacun des produits constitutifs, n'en ont pas les inconvénients : c'est ainsi que malgré les excellentes qualités de la stéarine pour ce genre d'opération, certains praticiens, et des plus compétents, ne l'emploient jamais seule, mais toujours mélangée à une dose plus ou moins forte de *spermaceti* ou blanc de baleine.

De même pour l'emploi des huiles ; s'il est des opérateurs préconisant l'huile de lin pure, amenée à un degré de viscosité plus ou moins fort, il en est d'autres qui recommandent et qui se trouvent bien de l'emploi de l'huile de lin dite cuite, et qui est généralement alliée à une certaine quantité de litharge ou de manganèse, ce qui lui donne une densité plus forte, une siccativité plus grande et la ramène à très peu de distance de la famille des vernis.

Enfin, en ce qui concerne l'emploi des vernis eux-mêmes, nous devons laisser l'opérateur se guider par ses préférences, et n'appeler son attention que sur le degré d'épaisseur du vernis, qui doit forcément varier, suivant l'épaisseur de la couche même qu'on veut faire pénétrer dans la matière à imperméabiliser, cette couche pouvant même n'être que purement superficielle dans certains cas.

Les matières à recouvrir de métal étant imperméabilisées, si elles en ont besoin, il faut rendre leurs surfaces conductrices de l'électricité; car, comme le lecteur a pu s'en rendre compte, les matières usitées pour l'imperméabilisation, sont toutes mauvaises conductrices, nous abordons par conséquent la métallisation.

Dans cet opération, les formules sont encore très nombreuses, et l'opérateur peut en imaginer lui-même d'excellentes, en prenant pour principe la réalisation des conditions suivantes : la métallisation doit être produite avec un corps aussi bon conducteur que possible du courant; le corps utilisé doit pouvoir s'étendre sur la surface sans y produire ni reliefs ni empâtement des contours de l'objet : enfin il doit être aussi adhérent que possible et recouvrir l'objet à traiter d'une couche continue, ne laissant aucune place nue si petite qu'elle soit.

Le produit métallisant, le plus couramment employé, est à coup sûr la *plombagine*, et nous savons d'après ce que nous avons dit au début du cuivrage, que c'est à Oudry le premier qu'on en doit la découverte. La plombagine, nous l'avons dit et nous le répétons, est du charbon à un très grand état de pureté; son caractère onctueux la rend on ne peut plus propre à s'étaler très convenablement et très uniformément sur les surfaces à métalliser. Cependant, pour s'assurer d'un bon résultat, il faut choisir la bonne plombagine et, à cet effet, nous ne saurions trop recommander aux opérateurs, aux débutants surtout, de n'acheter ce produit que dans des maisons fournissant spécialement les articles de galvanoplastie. A ne la juger que par l'aspect, la plombagine de bonne qualité pour la galvanoplastie, ne se différencie guère de la *mine de plomb*, dont se servent toutes les ménagères pour noircir leurs objets en fer, et cependant, il peut y avoir entre ces deux articles des différences très notables, pour l'usage qu'en veut faire le galvanoplaste. Celui-ci ne doit se servir que de plombagine pure, et proscrire toutes qualités ordinaires, car ces dernières contiennent des impuretés qui sont généralement constituées par des produits siliceux essentiellement mauvais conducteurs de l'électricité, en même temps que par des oxydes de fer particulièrement qui eux, au contraire, sont très conducteurs du courant. On voit dès lors les inconvénients que peut amener le mélange de ces trois produits, formé de plombagine, moyennement conductrice, de silice non conductrice, et d'oxydes très conducteurs. Ceci nous dispense d'entrer dans de plus amples détails sur la valeur de la bonne plombagine, laquelle se prépare d'une façon spéciale, ayant pour but d'en éliminer les matières nuisibles, par des procédés chimiques et physiques, dont nous ne pouvons pas donner ici le processus, assez long et délicat.

Nous avons insisté spécialement sur cette condition de bonne qualité de la plombagine, pour mettre en garde notre lecteur contre des chances d'insuccès dont il pourrait longtemps ignorer les causes.

Possédant la bonne plombagine, comme nous venons de le recommander, comment procède-t-on à son application sur l'objet à métalliser? La manière de procéder variera suivant la nature de l'objet, et supposons d'abord que nous ayons à métalliser une pièce imperméabilisée à la stéarine. Nous prendrons avec un pinceau assez doux de la plombagine de galvanoplaste en poudre très fine et l'étalerons grossièrement sur la surface stéarinée, puis avec le même pinceau, mais débarrassé cette fois de sa plombagine, c'est-à-dire après l'avoir secoué au-dessus du récipient qui contient la plombagine, nous uniformiserons du mieux et rapidement la couche déposée assez grossièrement, ce qui nous permettra d'enlever les paquets de poudre trop volumineux localisés à certains endroits, et particulièrement à les faire sortir des creux qu'ils auront comblés. Mais ce travail terminé, nous remarquerons que la couche est encore assez épaisse et irrégulière, qu'elle présente des grains de poudre faisant saillie et qui, au bain galvanique, donneraient autant de points saillants où s'accumulerait le métal sous forme de petites sphères ou grains. Il faut donc que nous ayons une surface bien unie, ce que nous obtiendrons en brossant la surface, absolument comme s'il s'agissait de faire reluire une chaussure, et la brosse pourra être la même que celle dont on se sert pour ce dernier usage, brosse qui ne doit être ni trop dure, ni trop molle. Lorsque cette opération aura été convenablement faite, l'objet doit se présenter brillant, d'un beau noir, et n'ayant nulle part ni excès, ni manque de plombagine; et il est bon à mettre au bain, sa conductibilité étant uniforme sur toute sa surface.

Si l'objet au lieu d'être imperméabilisé à la stéarine l'avait été à la cire, à la paraffine, ou au suif, on ne pourrait pas passer la brosse comme nous venons de le faire. Ces matières, en effet, beaucoup moins dures que la stéarine se laisseraient marquer par les soies et présenteraient autant de stries qui se trouveraient reproduites et renforcées par la pellicule de métal déposée. Dans un cas semblable, toute l'opération du plombaginage doit être faite au pinceau doux ou blaireau, en faisant travailler celui-ci de la pointe pour pouvoir entrer dans tous les détails du modèle. L'opération dans ce cas est plus longue et plus délicate, mais le résultat qu'on doit chercher à obtenir est toujours le même, à savoir une pièce bien unie sans granules de poudre faisant saillie et bien brillante.

On ne saurait mieux comparer une pièce bien plombaginée qu'à un fourneau bien entretenu à la mine de plomb.

Lorsque l'imperméabilisation a été effectuée au vernis, il ne faut pas attendre que celui-ci soit complètement sec, mais choisir le moment où il est encore très légèrement humide pour donner une adhérence suffisante à la plombagine. Cette dernière s'applique absolument comme nous venons de le voir. Si la matière dont est faite l'objet est suffisamment dure et résistante, on pourra se servir de la brosse surtout si le vernis est suffisamment sec, sinon il faudra se servir du pinceau doux ou blaireau ; et toujours en surveillant la surface pour qu'elle se présente bien noire et bien unie et en dégageant les creux qu'elle comporte.

Si l'on a fait usage de l'huile cuite ou crue pour

imperméabiliser le modèle, on agira comme avec le vernis, c'est-à-dire qu'on choisira, pour mettre la plombagine, le moment où l'enduit oléagineux est presque sec.

La bonne plombagine offre un toucher gras et onctueux qui la rend très facile à s'étaler et à faire couche sous une épaisseur infinitésimale et l'on doit toujours y arriver à force d'un frottement plus ou moins énergique suivant la nature de l'objet à traiter. Il faut donc tenir compte de cette propriété fort précieuse pour ne pas commettre l'erreur, coutumière aux débutants, de mettre la plombagine en trop grande quantité au début, car c'est autant de travail supplémentaire qu'on se réserve pour la suite. D'ailleurs, en très peu de temps, on se rend compte de la dose approximative à utiliser.

Si, enfin, la pièce à traiter n'a pas eu besoin d'être préalablement imperméabilisée, le plombaginage s'effectue comme nous l'avons vu dans l'application du procédé Oudry; on fait, avec de la plombagine et de l'eau, une bouillie épaisse dont on recouvre l'objet à métalliser puis, suivant la nature de ce dernier, on traite comme nous venons de le voir plus haut.

De tous les moyens de métallisation le plombaginage est certainement le plus employé à cause de sa simplicité, de son efficacité et de son bas prix. Nous nous sommes toujours servi du terme *plombagine* qui est scientifiquement faux, car c'est *graphite* que nous devrions dire, mais nous ne faisons pas de science dans cet ouvrage que nous cherchons à rendre surtout pratique et nous avons cru préférable d'adopter, malgré son irrégularité, un mot connu de tout le monde et qui, du reste, nous le disons pour nous excuser, a pris son droit de cité dans le monde de la galvanoplastie.

Partant du principe que la métallisation doit avoir pour but de rendre la surface d'un corps diélectrique aussi conductrice que possible, les spécialistes ont cherché à remplacer la plombagine par des poudres métalliques évidemment plus conductrices encore que le graphite. Des essais nombreux ont été tentés avec le bronze, le bismuth, l'antimoine, l'argent et même l'or réduits en poudres impalpables; sans vouloir décourager les chercheurs dans cette voie, il nous faut cependant dire que ces essais n'ont pas toujours fourni des résultats bien concluants, car si certains opérateurs se trouvaient bien de poudres de ce genre préparées spécialement par eux, d'autres, au contraire, n'ont subi que des échecs; enfin, ajoutons que le prix de revient de ces poudres métalliques, même en dehors de celles d'argent et d'or, est toujours fort élevé. Ajoutons que quelques praticiens se sont créé des poudres formées d'un mélange de plombagine et de métaux réduits en poudre dont ils disent tirer un excellent parti, alors que d'autres les trouvent parfaitement impropres à l'usage pour lequel elles ont été faites. C'est dire que les avis sont trop différents pour être tranchés dans un sens favorable ou défavorable. En ce qui nous concerne et par la logique même, il nous est difficile d'admettre qu'un mélange de deux produits de nature aussi différente que le graphite et le métal, avec leurs propriétés spéciales au point de vue électrique, puisse donner un enduit aussi homogène que l'exige la métallisation, et il doit forcément se produire sur l'objet à métalliser des endroits où l'un des corps dominant, il exerce sur le dépôt métallique ses effets propres.

Quand l'objet à métalliser doit être cuivré par la suite, on peut employer le moyen suivant fort en usage dans certaines spécialités galvanoplastiques. On fait la métallisation avec de la poudre très fine obtenue par de la limaille de fer, et pour cela faire, on humecte l'objet avec le liquide du bain de cuivre et on le saupoudre de cette poudre de fer. Par suite d'une réaction chimique connue, la poudre de fer remplace dans le liquide le cuivre qu'il contenait et ce dernier se porte sur l'objet à l'état d'une pellicule très mince; il se produit en somme un véritable dépôt métallique sans le concours du courant électrique. Quand ce dépôt est effectué on nettoie bien l'objet avec un pinceau de manière à enlever toute la poudre de fer en excédent et l'objet est métallisé, bon à mettre au bain. Aujourd'hui que la préparation du *fer réduit* est devenue courante et que ce produit peut s'obtenir à un prix relativement bas, il vaut mieux s'en servir de préférence à la poudre de fer. Disons néanmoins que cette dernière coûte tout de même meilleur marché que le fer réduit et qu'il sera bon de réserver celui-ci pour les travaux d'un certain prix.

Enfin il est un autre procédé de métallisation qui donne des résultats excellents sur des objets d'une finesse telle que tout enduit de poudre, si fine soit-elle, risquerait de les empâter, nous voulons parler de la métallisation par l'argent réduit qu'on désigne aussi sous le nom de métallisation par voie humide. Ce procédé repose sur la propriété suivante des sels d'argent : ceux-ci, exposés à la lumière du soleil, noircissent; ce noircissement provient de ce que le sel est réduit, c'est-à-dire qu'il se recouvre d'une couche plus ou moins profonde d'argent métallique très divisé, qui n'est autre chose que de la poudre d'argent. Donc, mettant cette propriété spéciale à profit, on dissout 10 grammes de nitrate d'argent dans 250 grammes d'eau distillée, puis, avec cette solution, on badigeonne la pièce à métalliser, à l'aide d'un pinceau. Cela fait, il n'y a qu'à exposer la pièce au soleil et elle deviendra rapidement noire, toute sa surface étant couverte d'un enduit infinitésimal de poudre d'argent.

Ce procédé de métallisation est relativement coûteux en tant que matière première utilisée, mais, d'après les proportions que nous donnons ci-dessus, on voit qu'il faut bien peu du produit cher qu'est le nitrate d'argent. Il convient du reste pour les travaux de certain prix et permet la métallisation de reliefs ou de creux les plus délicats, le liquide pouvant pénétrer là où même une poudre impalpable n'arriverait qu'à boucher des creux. Le nitrate d'argent dissous dans l'eau ne saurait convenir à des surfaces grasses comme celles provenant de l'imperméabilisation par la stéarine, la cire ou la paraffine, que l'eau ne mouillerait pas. On emploie alors le même sel d'argent dissous dans l'ammoniaque. Si enfin on avait affaire à des objets particulièrement fins, on pourrait se servir d'une solution de nitrate d'argent dans l'alcool.

Pour obtenir la réduction de l'argent, on peut recourir à d'autres agents que la lumière solaire, tels que : l'hydrogène, l'hydrogène sulfuré ou l'hydrogène phosphoré, dont il suffit de faire passer un courant sur l'objet préalablement badigeonné d'un des liquides ci-dessus. Enfin il est un autre procédé de réduction, très usité, mais dont l'emploi exige de grandes précautions; c'est la réduction par le phosphore dissous dans le sulfure de carbone. Pour préparer ce réducteur on opère comme suit : dans un récipient quelconque, mais de préférence un bocal à large col et, bouchant à l'émeri, on met du sulfure de carbone, puis dans ce liquide on introduit par petits morceaux du phosphore blanc en bâtons que l'on tient noyé dans une grande masse d'eau. Le sulfure de carbone dissout très bien le phosphore et l'on ajoute de ce dernier jusqu'à ce qu'une dernière addition ne soit plus dissoute. Toute cette manipulation doit se faire au grand air, d'abord pour ne pas être incommodé ni par les vapeurs de sulfure de carbone, corps très volatil, ni par celles qui se dégagent du phosphore dans son seul passage du baquet d'eau où il est immergé, au flacon dans lequel il doit être dissous; et aussi pour éviter les inconvénients graves d'incendie, car ces deux produits : sulfure de carbone et phosphore, sont éminemment inflammables.

Dans cette préparation il faut avoir soin de ne manier le phosphore que sous l'eau; c'est sous l'eau qu'on le cassera par petits fragments et qu'on portera chacun de ces fragments dans le ballon. A ce propos nous signalerons la précaution suivante qu'il faut toujours prendre : bien que le phosphore se coupe ou se casse facilement sous l'eau il arrive fréquemment que dans ce concassage il se produit des très petits morceaux qui restent adhérents aux mains de l'opérateur sans qu'il s'en aperçoive. S'il sort alors les mains de l'eau et qu'il les laisse quelque temps à l'air, le petit grain de phosphore prend feu et cause des brûlures aussi profondes que douloureuses. Il faut donc, toutes les fois qu'on a concassé du phosphore, ne pas sortir les mains de l'eau sans s'être bien assuré de les avoir bien nettes de ce corps dangereux.

Lorsque la solution de phosphore dans le sulfure de carbone est faite, voici comment on s'en sert : dans le fond d'une caisse étanche on place une petite capsule en porcelaine ou simplement une assiette dans laquelle on verse un peu de la dissolution, puis au-dessus de l'ouverture de la caisse on place l'objet à métalliser enduit de la solution de nitrate d'argent séchée. Les vapeurs qui se dégagent du fond de la boîte réduisent le nitrate d'argent et donnent un objet parfaitement noir et brillant si l'opération a été bien conduite.

Suivant les objets qu'on traite, suivant l'habileté ou l'habitude du praticien, suivant encore l'épaisseur d'argent réduit que l'on veut avoir, avant d'opérer la réduction de l'argent, on passe sur l'objet une, deux ou même trois couches de la solution d'argent, en ne les passant, bien entendu, que quand la précédente est bien sèche. Il en est de même au moment de la réduction, la couche de nitrate doit être bien sèche.

Tous les procédés que nous venons d'indiquer pour métalliser des objets destinés à recevoir un dépôt métallique ne peuvent guère s'appliquer qu'à des pièces dont la texture n'est pas particulièrement délicate. Mais la galvanoplastie doit être capable de traiter des objets d'une extrême fragilité, tels que les feuilles très déliées de certains végétaux, fleurs, insectes, etc. ; pour réaliser ce genre de travail particulièrement délicat, maintes recherches ont été faites et de nombreux brevets ont été pris. On conçoit en effet que la nature nous offre, à profusion, des motifs de décoration aussi variés que gracieux et artistiques, et qu'une feuille véritable, convenablement recouverte d'un métal dont la couche respectera tous les détails, constituera une œuvre bien plus artistique, bien plus vraie, bien plus nature que ce que pourra enfanter le burin du meilleur ciseleur. Mais ici nous entrons dans la partie la plus difficile de la galvanoplastie et tout en ne voulant pas décourager le lecteur d'essayer la reproduction métallique d'objets aussi délicats que ceux énumérés plus haut, nous devons le prévenir que les difficultés sont très grandes et qu'il n'est possible de les vaincre qu'à force de patience, d'observations, d'expériences et d'insuccès.

Nous nous bornerons donc à donner une seule formule pour la métallisation des pièces telles que fleurs, feuilles, insectes, etc. Pour en obtenir d'abord la métallisation, c'est encore à la réduction de l'argent qu'on aura recours et à cet effet il faut se procurer un liquide albumineux qu'on peut préparer facilement en lavant dans l'eau pure des colimaçons et des limaces pour les débarrasser de toutes les matières terreuses et calcaires et, les plaçant ensuite dans un vase rempli, d'eau distillée ; ces animaux, au bout de quelque temps, ont abandonné toute leur matière albumineuse. Le liquide ainsi chargé d'albumine est filtré et porté à l'ébullition pendant une heure. On ajoute, après refroidissement, assez d'eau distillée pour remplacer l'eau perdue par l'ébullition et l'on y ajoute environ 3 0/0 de nitrate d'argent. Le liquide est mis dans des bouteilles hermétiquement bouchées et tenues dans l'obscurité.

Pour employer cette préparation sur les objets, on en prend 30 grammes environ et on les dissout dans 100 grammes d'eau distillée. On y plonge les objets pendant quelques instants, avant de les porter dans un bain formé d'eau distillée contenant 20 0/0 de son poids de nitrate d'argent. On réduit par le gaz hydrogène sulfuré le nitrate d'argent adhérent à la pellicule albumineuse et l'objet est métallisé, il n'a plus qu'à être porté au bain pour recevoir le dépôt du métal dont on veut le recouvrir.

Enfin il est des produits tout à fait spéciaux dont la métallisation peut paraître à première vue sinon impossible, du moins très difficile, tels seront la porcelaine, le verre, la faïence, etc. Cependant l'opération n'offre rien de particulièrement difficile, et rentre dans les procédés que nous avons indiqués ; il suffira en effet de passer une couche de vernis et de badigeonner à la plombagine. Dans certains cas on préfère opérer comme suit : on passe au vernis comme d'habitude et sur ce vernis on applique une lame très mince de plomb. En raison de sa malléabilité, le plomb en couche mince peut épouser très exactement tous les contours ou sinuosités du modèle, en outre il présente une limite bien précise sur les bords, ce que ne saurait donner aussi parfaitement le plombaginage, si soigneusement qu'il soit fait. Le plomb sert alors de conducteur. Ce procédé s'applique surtout lorsqu'on ne doit métalliser qu'une partie d'un objet.

Il est encore un procédé que nous donnons sous toutes réserves car nous ne l'avons pas encore essayé et nous ne le croyons pas appliqué, mais il nous paraît très rationnel pour métalliser le verre; ce procédé repose sur la propriété très remarquable que possède l'aluminium d'adhérer au verre. Si l'on prend, en effet, une tige d'aluminium taillée en pointe comme un crayon et qu'on en appuie la pointe sur une glace ou sur un morceau de verre, après avoir embué ce dernier en souffant dessus, le crayon d'aluminium marquera des traits qui disparaîtront quand la buée elle-même aura disparu. Mais si l'on vient à embuer de nouveau la plaque vitreuse, on y verra réapparaître les traits qu'on aura tracés. C'est par ce procédé du reste que l'on fait ces glaces à surprise qui sont de véritables miroirs réfléchissant votre image, mais vient-on à souffler dessus, la buée fait apparaître une image très nette, caricature ou portrait d'homme célèbre. Cet effet est dû simplement à une couche excessivement mince d'aluminium métallique qui a adhéré au verre tout comme la mine de plomb dépose sur le papier une couche infinitésimale de graphite. En repassant plusieurs fois la pointe d'aluminium sur les mêmes traits, on doit certainement obtenir une couche assez épaisse de métal pour métalliser suffisamment l'objet.

Encore une fois nous ne donnons pas ce procédé comme certain, mais nous le suggérons aux amateurs chercheurs de nouveautés et si, comme nous avons tout lieu de le croire, il est à même de métalliser convenablement une surface de verre, on aura là, pour former les dépôts métalliques sur verre, un procédé d'ornementation se prêtant à toutes les fantaisies de l'art.

Nous n'aurions pas eu l'idée de ce moyen et encore moins celle de le publier, si nous n'avions vu, tout récemment, présenter à la Société Internationale des Electriciens, des appareils électriques (résistances), dans lesquels était mise à profit cette propriété particulière de l'aluminium, application qui correspondait en somme, bien que pour un autre but, absolument à ce que le galvanoplaste réclame de la métallisation.

CHAPITRE XIV

Dépôts métalliques sur pièces métallisées

Les dépôts métalliques sur des pièces métallisées comme nous l'avons montré dans le chapitre précédent, s'exécutent suivant les mêmes principes, les mêmes appareils, les mêmes formules de bains que nous avons indiqués dans la seconde partie de cet ouvrage. Il y a cependant quelques observations à faire qui sont indispensables, et à donner le résumé de dispositions qui se trouvent ici un peu spéciales, car si les dépôts se font sans aucune difficulté sur les objets métalliques, parce que ceux-ci sont bons conducteurs de l'électricité, il n'en est plus de même dans le cas qui nous occupe actuellement, et dans lequel la surface seule de l'objet est conductrice, c'est-à-dire la surface métallisée. Aussi dans ce cas ne suffit-il pas, si l'on veut obtenir un bon dépôt, de suspendre l'objet à recouvrir de métal par un simple crochet de fil conducteur, comme nous avons appris à le faire dans le cuivrage, l'argenture, le nickelage, etc., sur objets en métal. Dans le cas qui nous occupe, la surface seule étant conductrice, il faut prendre des dispositions pour que celle-ci soit reliée le mieux possible au pôle négatif.

Nous allons donner quelques exemples pour des objets assez différents de forme, ce qui fera mieux ressortir l'importance des dispositions dont nous parlons, et qui suggéreront à nos lecteurs les principes qu'ils doivent mettre en application. Possesseurs de ces principes, il leur sera facile d'imaginer toutes sortes de dispositifs répondant à leurs travaux particuliers.

Le cas le plus simple sera celui d'un objet à peu près plan, c'est-à-dire n'offrant que des reliefs restreints et une forme régulière; soit par exemple une médaille en plâtre, dûment imperméabilisée et métallisée, que nous voulons recouvrir d'une couche de cuivre. C'est un exemple pratique en ce sens que beaucoup de médailles de grandes dimensions que l'on voit figurer sur les enseignes des industriels, et rappelant les récompenses qu'ils ont obtenues aux expositions, sont faites par ce procédé. Donc, étant donnée cette médaille prête à recevoir le dépôt métallique, si nous la mettons au bain de cuivrage en la suspendant par un simple crochet, voici ce que nous verrons se produire. Dès que passera le courant (dès que le circuit sera fermé, comme on dit en électricité), le dépôt de cuivre se manifestera, mais il sera localisé, pour commencer, au point où le crochet de suspension touche la surface métallisée du plâtre; puis au fur et à mesure du passage du courant, le dépôt de cuivre s'étendra tout autour du point d'attache, décrivant une surface allant constamment en empiétant sur l'objet jusqu'à le recouvrir complètement, point final qui est précisément ce que nous cherchions à obtenir.

Discutons maintenant la série de ces faits : la première conclusion qu'on en tire, c'est que le dépôt se fait d'autant plus vite que la surface métallisée est plus près du conducteur ; la seconde, qui découle pour ainsi dire de la première, c'est qu'il se déposera une quantité plus grande de métal au fur et à mesure que la surface de la pièce sera plus près de l'attache du conducteur. Cette dernière conclusion nous amène donc à reconnaître que si notre surface métallisée n'a qu'un point de contact avec le conducteur, le dépôt ne sera pas uniforme sur toute la surface, d'où mauvais travail. La première conclusion nous montre que pour augmenter la rapidité du dépôt, il faut multiplier les points de contact du conducteur avec l'objet. Par conséquent, dans le cas d'une médaille qui est l'exemple que nous avons choisi, nous suspendrons celle-ci dans le bain de la façon suivante : la médaille bien métallisée, nous en entourerons la tranche entière par un fil conducteur dont nous relierons les deux extrémités en les tortillant ensemble et en faisant communiquer ce tortillon avec le pôle négatif de la pile. De cette façon, nous aurons pris toute la tranche comme point de contact, c'est-à-dire que nous aurons relié la surface entière de l'objet au pôle négatif. En opérant comme nous venons de l'indiquer, on aura un dépôt métallique qui se fera avec la rapidité désirable, et dont l'épaisseur sera aussi uniforme que possible. Il reste bien entendu que toutes les autres observations que nous avons faites sur la conduite du dépôt métallique subsistent ici ; telles sont, en particulier, celles qui concernent l'alimentation du bain lorsqu'on opérera avec des appareils simples, la distance et la surface des anodes solubles quand on utilisera l'appareil composé, enfin l'intensité du courant suivant le métal à déposer.

Mais les cas qui se présentent en pratique n'ont pas toujours la même simplicité, et l'on peut être appelé à recouvrir d'un dépôt métallique des pièces aux contours plus sinueux qu'une médaille ou autre bas-relief. S'agit-il d'un buste par exemple, le cas est plus complexe. Nous donnons, figure 48, la disposition qu'on pourra adopter, et nous avons pris son application à un appareil simple que nous avons supposé être la vieille pile Daniell, dans laquelle le zinc est immergé dans la solution de sulfate de cuivre. A gauche du dessin, nous représentons l'appareil tout monté, qui comprend un vase

A en verre, contenant la solution de sulfate de
cuivre dont la saturation est entretenue par des
cristaux enfermés dans un petit sac en crin E. Le
support qui porte le buste à recouvrir de métal a
la forme que nous donnons à droite du dessin et
qui comprend un plateau C en cuivre sur lequel
repose le buste ; à ce plateau est fixé un fil ou une

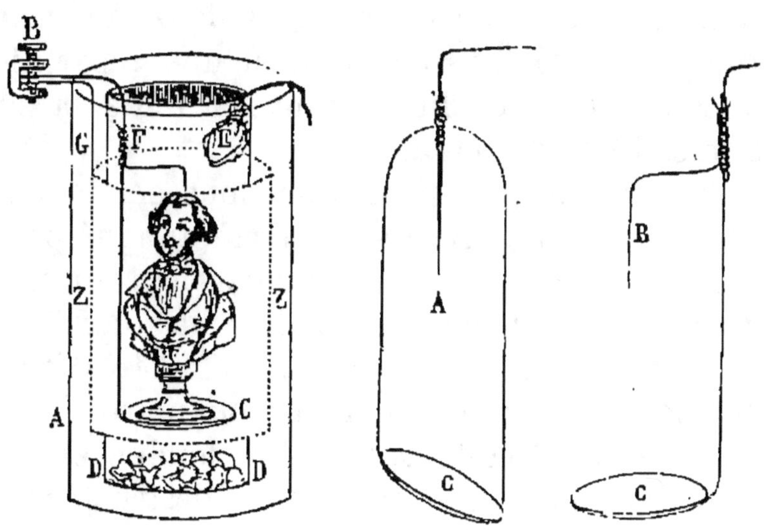

Fig. 48.   Dispositif pour dépôt métallique sur buste
en plâtre métallisé.

tige également en cuivre qui monte verticalement,
et en haut duquel est entortillé un autre fil se terminant en B. Si nous nous reportons à l'appareil
monté, nous voyons que le buste se trouve en contact sur toute la surface de sa base avec le conducteur C, tandis qu'à son sommet il est en contact
avec le conducteur F ; ces deux conducteurs aboutissent à une pince B, qui elle-même communique
au zinc Z, pôle négatif de notre appareil simple,

23.

par l'intermédiaire du conducteur G. Nous aurions pu faire encore un support meilleur au point de vue de la conductibilité, en lui donnant la forme indiquée au milieu de notre dessin, forme dans laquelle au lieu d'avoir un fil vertical nous en avons deux, ces deux fils présentant un écartement égal à la partie la plus large du buste, aux épaules par exemple; en ce point les deux fils toucheraient le buste, ce qui nous fournirait deux nouveaux points de contact, assurant ainsi une répartition beaucoup meilleure du courant sur toute la surface métallisée du buste.

Quel que soit le support que nous employions, celui-ci étant en cuivre, se trouvera attaqué par la solution cuivrique décomposée par le courant et jouera le rôle d'anode soluble; il faudra donc s'opposer à cette éventualité, ce qui se fait très facilement. Pour cela, nous trempons tout notre support dans de la cire ou de la paraffine fondue et nous l'isolerons ainsi de tout contact destructeur du liquide; mais comme de cette façon nous isolerons aussi électriquement ce support de l'objet avec lequel il doit être en contact électrique, au moment où nous poserons ce dernier sur le support, nous aurons soin d'aviver toutes les surfaces de contact, de façon à rétablir le libre passage du courant entre le support et l'objet qui reposera dessus et que nous devons couvrir d'un dépôt métallique.

Prenons maintenant un exemple encore plus complexe, celui d'une statuette entière. Dans ce cas, nous pourrons organiser notre support comme l'indiquent les figures 49 et 50. Il comporte deux tiges en cuivre taraudées *a a*, munies de rondelles ou collets à leurs extrémités, d'une traverse B également en cuivre, percée de deux trous dans les-

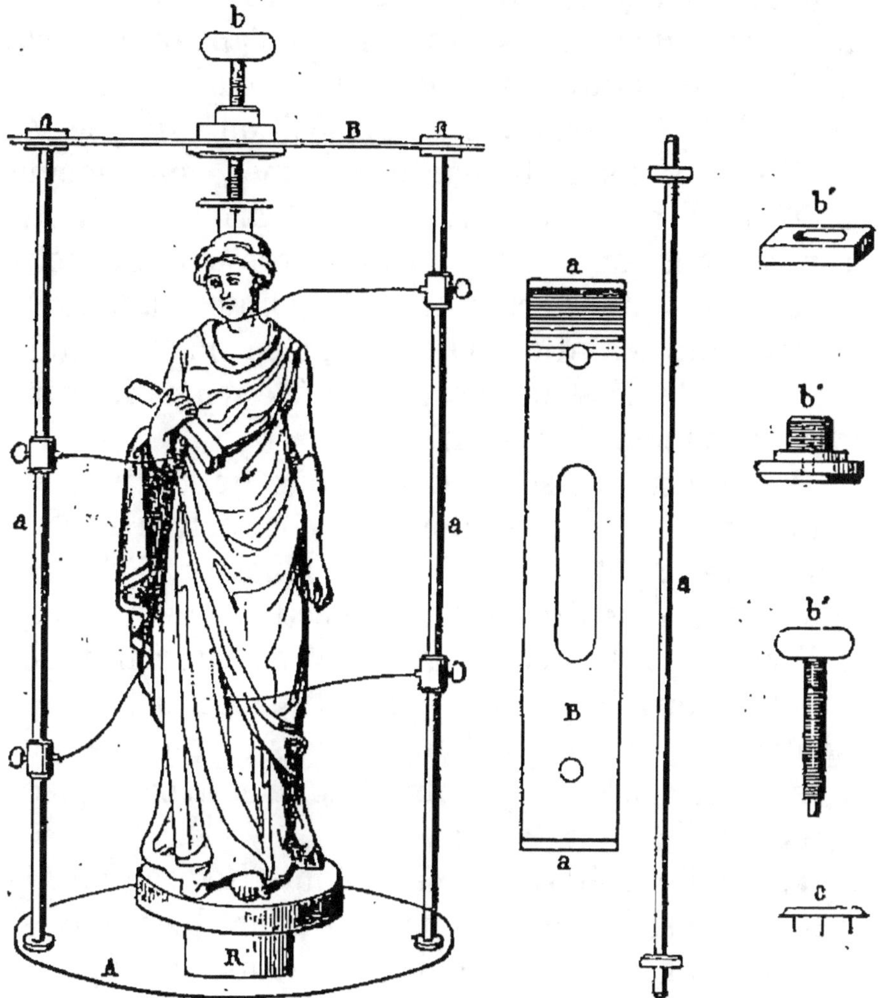

Fig. 49 et 50. Dispositif pour dépôt métallique sur statuette en plâtre métallisé.

quels viennent s'engager les bouts de tiges, tandis qu'elles sont d'autre part fixées au plateau métallique A. C'est sur ce plateau que l'on placera la statuette à recouvrir de métal et préalablement imperméabilisée s'il y a lieu, et métallisée.

Les pièces b' b' b' auxquelles nous avons donné les mêmes lettres indicatrices, attendu que réunies, elles constituent un des organes de l'appareil, c'est-à-dire une douille mobile dans l'ouverture longitudinale de la traverse B, disposition qui permet de fixer la statuette par le sommet, lors même qu'elle ne pourrait être placée parfaitement au centre. Enfin en c, nous avons représenté un petit plateau en cuivre armé de trois pointes aiguës. Ce plateau qui maintient la statuette en place à l'aide de la vis de pression b est en même temps le principal conducteur du courant.

On engage sous un des écrous qui relient les tringles à la traverse, une lame conductrice qui va rejoindre le pôle négatif du producteur d'électricité ; il va sans dire que toute cette armature métallique doit être recouverte de cire ou de paraffine, comme nous l'avons déjà dit, jusqu'aux points extrêmes où les conducteurs doivent rester à nu, c'est-à-dire près des points de contact avec la pièce préparée.

La statuette étant en place, toutes les communications établies, les points de contact bien avivés, le tout est porté au bain, soit dans un appareil simple, soit dans un appareil composé.

Notre dessin (fig. 49) montre, en outre de ce que nous avons signalé comme faisant partie du support, des pointes de contact mobiles sur les tiges a, de façon à pouvoir les diriger sur différents points du sujet pour faciliter le passage du courant sur toute la surface métallisée de notre objet. A ce point de vue, il est certain que nôtre appareil n'eût été que meilleur, si au lieu de deux tiges *a* il en avait eu trois, voire même quatre, de manière à nous permettre de prendre de plus nombreux points de contact. Mais nous n'avons voulu indiquer ici qu'une forme de principe, qu'il est facile d'améliorer et de perfectionner. Dans les ateliers importants et bien outillés, ce genre de supports varie à l'infini, ou pour mieux dire, ils se résument à un nombre relativement restreint de types, mais peut être monté de façons différentes suivant les objets à traiter. Le plateau A peut être par exemple muni de huit, dix et même douze trous permettant d'y fixer un nombre égal de tiges *a* ; les traverses B peuvent être faites de façon à être mises en croix perpendiculairement l'une à l'autre. Enfin, les tiges *a* sont taraudées sur une grande hauteur, de manière à ce que le support dans son ensemble puisse être monté suivant la hauteur de l'objet qu'il portera. Quant aux tiges mobiles sur les tiges *a*, l'opérateur les fait lui-même dans des fils conducteurs et pourvu qu'il ait suffisamment de coulisseaux il pourra, suivant le genre de travail qu'il veut faire, multiplier plus ou moins les points de contact sur toute la surface métallisée de l'objet qui doit recevoir le dépôt métallique.

Nous répéterons ici encore, que le reste du travail s'effectue exactement comme nous l'avons spécifié avec tous les détails pratiques, dans les dépôts métalliques sur métaux ou matières bonnes conductrices du courant. On peut utiliser soit l'appareil simple, soit l'appareil composé.

Une dernière observation s'impose dans l'usage

des supports que nous venons d'indiquer, c'est qu'il est indispensable, de temps à autre, de changer de place les pointes mobiles, ainsi que celles du plateau C, car leur contact trop prolongé avec la surface métallisée laisse une trace qui disparaît lorsque le contact est rompu et porté ailleurs.

Enfin nous dirons que pour des objets d'une forme compliquée, comme bustes ou statuettes, il sera toujours préférable de se servir d'appareils composés qui fournissent des dépôts métalliques beaucoup plus homogènes et plus compacts. Il n'est pas rare, en effet, de voir les appareils simples laisser déposer un métal un peu mou et strié. L'inconvénient que nous signalons ne sera pas très grave si, s'agissant d'un dépôt de cuivre, celui-ci n'est mis que comme première couche pour être argenté, nickelé, doré, etc., en second lieu.

Dans tout ce que nous venons de dire des dépôts métalliques sur matières non conductrices de l'électricité, on obtient bien une enveloppe métallique de l'objet sous-jacent, mais on ne produit pas un dépôt adhérent comme nous l'avons vu faire dans les chapitres VII, VIII et suivants de la seconde partie de ce Manuel. Cette remarque était presque superflue, et notre lecteur l'a certainement déjà faite, car il a compris qu'il ne pouvait pas exister d'adhérence entre deux surfaces séparées entre elles par une couche pulvérulente de plombagine ou de métal déposée sur une matière telle que la stéarine ou du vernis. Ceci constitue évidemment un inconvénient, qui n'a quelque gravité que lorsqu'une partie seulement d'un objet a reçu le dépôt métallique, alors que le reste est laissé nu. A la jonction, le dépôt fait forcément une surépaisseur qui, si elle est heurtée ou accrochée, tend à séparer la couche métallique de l'objet sous-jacent ; il se produit, en résumé, exactement le même fait que celui que nous signalions dans le procédé Oudry pour le cuivrage de la fonte décapée avant de recevoir le dépôt de cuivre. L'inconvénient est moins grave si l'objet est entièrement enrobé du dépôt métallique, celui-ci enserrant suffisamment le premier pour que la séparation ne se produise qu'à la suite d'un accident.

Mais comme le dit sagement le proverbe : « à quelque chose malheur est bon », ce défaut d'adhérence peut être mis à profit, et la galvanoplastie anglaise ne s'en fait pas faute. Voici, en effet, un procédé fort ingénieux des galvanoplastes anglais qui veulent reproduire des statues ou autres monuments de très grandes dimensions : le modèle est fait en argile moulée par les moyens ordinaires, et après avoir été convenablement stéariné ou paraffiné puis métallisé, on le met au bain de cuivre ordinaire et l'on procède au dépôt cuivrique à l'aide d'un courant de faible intensité. On obtient alors une pellicule de cuivre très mince et parfaitement régulière, qui épouse avec la plus grande exactitude les moindres détails du modèle, en un mot, transforme celui-ci en véritable objet en cuivre. Dès que l'objet a pris une couche de cuivre d'épaisseur suffisante, épaisseur qui doit être d'autant plus grande que l'objet est lui-même plus volumineux, mais qui ne dépasse jamais quelques millimètres, on soumet le tout à un feu assez vif pour amener le cuivre au rouge sombre, perceptible seulement dans l'obscurité. Ce traitement calcine l'argile, qui perd sa consistance et sa propriété plastique, et peut être alors retiré à l'état pulvérulent de l'intérieur de l'enveloppe formée par le dépôt cuivrique, par un orifice ménagé à cet effet et placé généralement à la base du monument, à l'endroit par lequel il reposera sur le sol ou sur un socle.

Ceci fait, on nettoie aussi bien que possible l'intérieur de la pièce, on passe l'extérieur à une couche de vernis ou à la cire fondue, et l'on porte au bain de cuivrage ordinaire en agissant avec un courant d'intensité plus forte que le premier. Le dépôt se fait alors à l'intérieur de la pièce, et augmente son épaisseur pour la porter au degré voulu de solidité, Peu importe dans cette opération que le dépôt se fasse uniformément ou non, car on ne recherche dans ce cas qu'à donner de l'épaisseur, du poids et de la solidité, la partie artistique ayant été traitée en premier lieu. Lorsque l'épaisseur du dépôt est suffisante, on retire le sujet du bain de cuivrage, on le lave et il ne reste plus qu'à le débarrasser à l'extérieur de sa couche de vernis ou de cire, ce qu'on obtiendra en le lavant à l'essence de térébenthine ou à la benzine. Ce nettoyage fait, on donne au cuivre la patine que l'on désire, et l'objet est fini.

Ce procédé permet d'obtenir industriellement la reproduction d'œuvres d'art du plus haut mérite, et à des prix relativement fort bas. Il est évident que pour que le procédé soit très réellement économique, il faut qu'on ait à faire un nombre suffisant de reproductions du même objet pour payer et amortir le moule qui servira à faire le modèle d'argile ; ce moule, en effet, surtout s'il est appelé à faire des reproductions sincères et parfaitement exactes de l'original, constituera toujours une dépense assez forte.

Au lieu d'argile, on pourrait prendre, pour faire le modèle, une matière fusible telle que de la cire, par exemple, ou un mélange de cire et de résine, qui est moins coûteux. On opère comme ci-dessus, mais on fait chauffer l'objet à une température juste suffisante pour fondre le modèle ; on recueille la matière fondue qui servira à une opération ultérieure. Enfin, Rauscher, de Berlin, prend, pour faire ses modèles, des alliages suffisamment fusibles pour être sortis des pièces par l'action d'une température relativement modérée. D'autres spécialistes conseillent l'emploi de métaux facilement attaquables par des acides sans action sur le cuivre, que l'on dissout ainsi pour les régénérer ensuite.

Au point de vue du fini artistique de l'œuvre, il est indubitable qu'un modèle fait en métal donnera toujours de meilleurs résultats, car lui-même reproduira mieux toutes les finesses du moule que la cire, par exemple, qui, en raison de sa mollesse naturelle, présente difficilement des arêtes vives et fournit toujours des contours un peu flous. C'est d'ailleurs pour parer à ce défaut, en même temps que pour obtenir un prix plus réduit, que l'on mélange souvent à la cire une certaine quantité de résine, cette dernière lui communiquant une partie de sa dureté tout en restant fusible à basse température. L'argile est meilleure sous ce rapport que la cire, surtout si l'on emploie l'argile à modeler dont se servent les sculpteurs ; cette argile est très fine, très serrée et capable de fournir les reproductions les plus fines. De plus, c'est une matière d'un bas prix extrême et dont la perte par le procédé que nous venons d'indiquer n'entraîne pas par conséquent à une forte dépense et ne majore pas sensiblement l'œuvre terminée.

Mais ceci est de la grande industrie, et son application exige un matériel de grandes dimensions, néanmoins les amateurs peuvent on appliquer le principe utilement et le ramener à l'échelle des petites applications qu'ils pourraient avoir à faire. Nous en citerons deux exemples, qui suffiront, croyons-nous, à donner d'utiles indications à notre lecteur, qui pourra d'après elles combiner les différents procédés pour les plier à ses exigences.

Supposons d'abord une pièce de dimensions moyennes, tel qu'un buste par exemple ; celui-ci étant en plâtre bien moulé, on l'imperméabilisera à la stéarine, on le métallisera, puis on le mettra au bain de cuivrage avec un courant faible, étant bien entendu que le dessous de la base sera laissé intact, c'est-à-dire en plâtre stéariné mais non métallisé. Dès que la pellicule de cuivre sera jugée d'épaisseur suffisante, on enlèvera l'objet du bain et, après l'avoir lavé et séché, on le portera sur un feu de charbon de bois bien en ignition et ne formant pas flamme. Cette opération a pour but de calciner le plâtre qui s'effrite alors facilement et que l'on peut retirer par le bas de l'objet, à l'endroit où celui-ci n'a pas été métallisé ; mais pour qu'elle soit bien faite, il faut porter l'objet à une température telle que dans l'obscurité il soit rouge sombre. Pour enlever le plâtre dans certains endroits rentrants d'où il ne tomberait pas de lui-même, ne jamais employer d'outils pointus en fer ou autre métal, il ne faut s'aider que de tiges de bois juste assez pointues pour accéder dans les creux. Il faut aussi se bien garder du mouvement très instinctif, qui consiste à frapper même légèrement sur l'extérieur de la pièce. L'épaisseur très faible de la pellicule cuivreuse ne résisterait pas au choc et serait déformée à cet endroit. Tout le plâtre bien enlevé, comme nous venons de le dire, on brosse bien l'intérieur avec un pinceau de soie de porc très dur et de grosseur approprié. On peut ainsi, avec de la patience, procéder à un nettoyage de l'intérieur qui sera parfait. Il n'y a plus qu'à augmenter l'épaisseur du dépôt en portant au bain de cuivrage.

Mais ici, l'amateur peut encore substituer au bain une méthode plus simple ; il retourne l'objet de façon à mettre l'orifice en haut et le pose sur un support, mauvais conducteur de l'électricité, un simple support en bois suffira, puis il emplit l'objet ainsi disposé d'une solution saturée de sulfate de cuivre, au centre de laquelle il place un vase poreux contenant un bâton de zinc amalgamé et une solution de sel marin. En un mot, il forme une pile Daniell dans laquelle le vase extérieur est constitué par l'objet à charger de métal. Il met en communication ce dernier par quatre tiges en cuivre, avec le zinc, le courant passe et le métal se dépose sur la paroi intérieure. La solution cuivrique est maintenue à saturation par un ou plusieurs sachets contenant des cristaux de sulfate de cuivre.

Le dépôt ne sera forcément pas très régulier et se trouvera plus épais dans le bas de ce vase improvisé, c'est-à-dire vers le haut de la pièce finie, mais ici la régularité d'épaisseur n'a plus une importance très grande, puisqu'elle ne constitue en somme qu'une surcharge. En outre cette propriété peut être elle-même mise à profit si, pour une raison quelconque, on désire un dépôt plus épais, par suite plus résistant à cet endroit.

Ce petit artifice dont nous avons déjà donné l'application dans les dépôts adhérents, peut éviter à l'amateur d'enduire l'extérieur du sujet d'une couche de vernis ou de cire, et par conséquent de lui éviter aussi la seconde opération consistant à dissoudre cette couche et à nettoyer l'objet. Cependant nous devons faire remarquer que ce dispositif ne sera applicable qu'à des objets dans lesquels la surcharge en cuivre pourra ne pas être faite jusqu'au haut, car nous le savons, le dépôt de métal ne se fera que jusqu'au niveau supérieur du liquide. Enfin il faudra que l'opérateur prenne quelques précautions pour ne pas renverser de la solution cuivrique sur l'extérieur de la pièce, de façon à ne pas la tacher ou la corroder, effet qui pourrait se voir même la pièce tout à fait terminée. Si ces deux conditions ne peuvent pas être remplies, il faut passer par le bain de cuivrage ordinaire en prenant les dispositions que nous avons données plus haut en vue de protéger la surface extérieure du sujet.

Si nous avons tenu à indiquer cet artifice, qui n'a rien d'une opération d'ordre général, c'est que la galvanoplastie, comme toutes les manipulations, comporte, à côté de principes fixes, théoriques et immuables, de nombreux tours de mains; or, nous voulons signaler tous ceux qui se présentent à notre esprit. Ils peuvent être utiles à nos lecteurs, d'abord par leur application pure et simple, ensuite en leur suggérant d'autres idées souvent meilleures que celles que nous émettons.

Prenons maintenant un sujet aux formes plus complètes et plus complexes, qui sera la statuette dont nous donnons la reproduction sur notre dessin, figure 51, et dont les dimensions seront supposées supérieures à celles qu'un opérateur peut traiter dans ses appareils et avec son outillage. Pourra-t-il réaliser l'œuvre complète malgré ces conditions particulièrement défavorables? Oui, mais il aura ici à faire preuve, non seulement de bon galvanoplaste, mais aussi d'adroit ajusteur, car il lui faudra débiter son modèle en morceaux et traiter chacun d'eux isolément; puis à réajuster ces morceaux de manière à constituer le tout comme s'il avait été fait d'une pièce. On commencera par couper le bras gauche de C en C'. On enlèvera le tambour de basque, et l'on coupera les masses qui forment la coiffure X; le bras droit sera tranché de D en D'. On séparera le buste de la jupe en B, juste au-dessus du cordon qui attache le tablier. On rapportera des appendices en plâtre A aux bras et au buste; ils serviront par la suite de guide pour le remontage et de points d'appui.

Toutes ces coupures doivent se faire avec une scie très fine et l'on doit choisir les endroits des sections de telle sorte qu'au réajustage, ils se trouvent le mieux dissimulés possible, par les plis du vêtement, par des rentrants, etc. Il est impossible, sous ce rapport, de donner des indications très précises, celles-ci variant avec les modèles d'une

Fig. 51. Statuette à exécuter en plusieurs pièces.

part, et avec la plus ou moins grande habileté de l'opérateur, pour faire les sections ou pour faire les soudures au moment du réajustage.

Les appendices dont nous avons parlé, doivent être tenus à un diamètre tel, qu'une fois recouverts de la couche définitive de cuivre, ils entrent à frottement un peu dur dans les cavités auxquelles ils sont destinés. Toutes ces opérations préliminaires une fois faites, on procède, pour chacune des pièces, comme nous savons le faire ; on imperméabilise le plâtre, on le métallise et on le passe au premier bain de cuivrage, et ici l'on doit bien noter l'intensité du courant, la densité de la solution cuivrique, le temps durant lequel la pièce restera au bain et même la température de ce dernier, afin de mettre toutes les autres pièces dans les conditions identiques de cuivrage. La première pellicule déposée, on fera le renforcement intérieur de celle-ci comme nous savons le faire, et nous aurons une pièce achevée. Nous procéderons de la même façon pour les autres, en ayant bien soin, comme nous l'avons fait remarquer, de nous placer pour toutes, identiquement dans les mêmes conditions, afin d'avoir la plus grande uniformité dans nos couches de cuivre, surtout dans celle déposée la première fois et qui forme la partie visible du sujet, celle qu'il importe de réaliser avec le plus grand degré de perfectionnement.

Maintenant que nous avons toutes les pièces de notre édifice, il s'agit de les superposer, et cela avec une perfection presque absolue. Pour le faire, nous procéderons dans l'ordre inverse de celui que nous avons adopté pour disséquer, en quelque sorte, notre modèle. Nous ajusterons donc le buste sur la taille ; l'appendice A, ménagé dans la première pièce et qui sera cylindrique, alors que le creux présenté par la taille aura le contour irrégulier des plis de la robe, n'entrera pas dans cette cavité puisque, comme nous l'avons recommandé, nous l'aurons tenu un peu fort. Nous aurons donc recours à la lime, lime assez fine pour l'entamer et l'amener à entrer dans la cavité, à frottement un peu dur, de manière à ce que les deux pièces puissent tenir ensemble sans autre secours. On fera alors coïncider très exactement les affleurements des deux pièces, et pour cela, on sera peut-être obligé d'en aviver les sections, ce qui devra s'effectuer avec une petite lime douce et fine, et en ayant soin de ne pas faire de bavures sur les bords. On ajustera de la même manière les bras, la masse formant la coiffure, on replacera le tambour de basque, qui aura été fait, lui aussi, à part. Tout l'ajustage, ainsi détaillé, bien exactement fait, on procédera à la soudure des pièces entre elles, soudure qui se fera par la tranche de contact des pièces. A cet effet, les tranches seront bien étamées, puis reposées en contact parfait ; enfin, avec un fer à souder bien chaud, qu'on promènera sur la ligne de jonction, on provoquera la fonte de l'étain déposé sur la tranche, et les deux pièces seront soudées ensemble. Ce travail terminé, avec une lime douce et très fine on enlèvera les gouttelettes d'étain qui auront pu sortir au dehors, ou même le très léger bourrelet qui se sera formé sur tout le pourtour de la ligne de jonction.

Nous le répétons, le genre de travail que nous venons d'indiquer est très délicat, demande énormément de soin et réclame un talent d'adresse tout particulier de l'opérateur. Celui-ci devra, en effet, mettre son ingéniosité en éveil dès le début, de façon à faire les coupures du modèle, non seulement de manière à enlever le moins de matière possible, c'est-à-dire à faire le trait de scie aussi mince que possible, mais encore en choisissant les places où la jonction des pièces rapportées sera la moins visible, tout en fournissant des parties dont le travail au cuivrage se fasse bien et facilement. Plus loin, au dépôt métallique, le galvanoplaste devra se révéler opérateur consommé, pour faire de tous ces morceaux disparates des pellicules de cuivre présentant la même épaisseur, pour que la perfection des détails soit la même sur tout l'objet. Enfin, à l'ajustage, il devra faire œuvre d'adresse et d'extrême patience, car ce n'est qu'en se reprenant plusieurs fois, en donnant les coups de lime presque un à un, que l'opérateur pourra prétendre à un résultat reproduisant intégralement l'harmonie artistique du modèle. Mais, disons-le aussi, il trouvera la juste récompense de ses efforts persévérants dans la possession d'un objet capable de rivaliser avec des bronzes fondus et de très haute valeur.

Comme en tout, ce n'est pas le premier objet ainsi entrepris, qui amènera le débutant à l'effet désiré, mais s'il a soin de s'exercer graduellement en commençant par la confection de modèles assez simples, en s'attachant surtout à perfectionner continuellement son travail, il arrivera à pouvoir entreprendre la reproduction de pièces très complexes dans leurs formes. Ajoutons que, dans bien des cas, il faudra savoir se créer à soi-même l'outillage nécessaire, en tant que scies à découper les modèles, qu'en fers à souder, lesquels devront souvent avoir des formes tout à fait particulières pour pouvoir se faufiler en quelque sorte dans les interstices d'ornements plus ou moins compliqués, dans lesquels il faut chercher à dissimuler les lignes de jonction.

Nous arrêterons ici nos exemples de reproduction par la méthode de dépôt sur matières non conductrices de l'électricité, en disant que toute la valeur de ce genre de reproduction dépend uniquement de la tenacité de la première pellicule métallique. On comprend, en effet, sans que nous ayons besoin d'insister longuement, que cette méthode constitue en résumé un véritable surmoulage, et que plus la pellicule métallique en question sera épaisse, plus elle déformera, en les épaississant, les lignes du modèle. Aussi, devons-nous dire que ce procédé de surmoulage ne saurait convenir pour tous les modèles en général, et que ceux qui présenteront des détails trop fins donneront lieu à des reproductions grossières. C'est donc à l'amateur de faire un choix judicieux des reproductions qu'il veut obtenir, et de s'arrêter sur les modèles qui n'auront rien à craindre de l'épaississement forcé des traits.

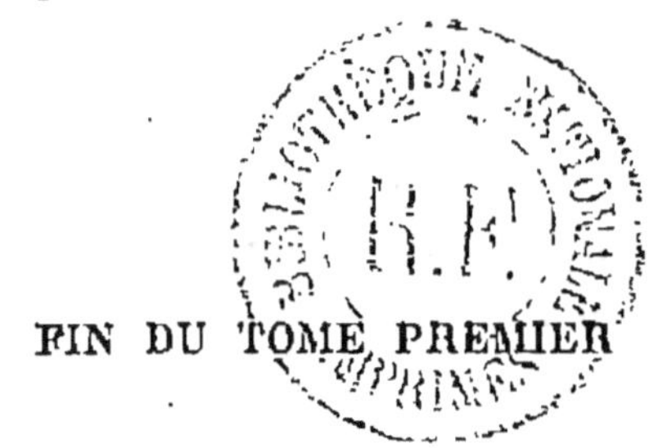

FIN DU TOME PREMIER

TABLE DES MATIÈRES

DU TOME PREMIER

DEUXIÈME PARTIE

Cuivrage, Nickelage, Argenture, Laitonage, Dorure

TROISIÈME PARTIE

Dépôts métalliques

FIN DE LA TABLE DU TOME PREMIER

BAR-SUR-SEINE. — IMP. Vᵉ C. SAILLARD.

ENCYCLOPÉDIE-RORET

COLLECTION

DES

MANUELS-RORET

FORMANT UNE

ENCYCLOPÉDIE DES SCIENCES & DES ARTS

FORMAT IN-18

Par une réunion de Savants et d'Industriels

Tous les Traités se vendent séparément.

La plupart des volumes, de 300 à 400 pages, renferment des planches parfaitement dessinées et gravées, et des vignettes intercalées dans le texte.

Les Manuels épuisés sont revus avec soin et mis au niveau de la Science à chaque édition. Aucun Manuel n'est cliché, afin de permettre d'y introduire les modifications et les additions indispensables.

Cette mesure, qui met l'Éditeur dans la nécessité de renouveler à chaque édition les frais de composition typographique, doit empêcher le Public de comparer le prix des *Manuels-Roret* avec celui des autres ouvrages, tirés sur cliché à chaque édition, et ne bénéficiant d'aucune amélioration.

Pour recevoir chaque volume franc de port, on joindra, à la lettre de demande, un mandat sur la poste (de préférence aux timbres-poste) équivalant au prix porté au Catalogue.

Cette franchise de port ne concerne que la **Collection des Manuels-Roret** et n'est applicable qu'à la France et à l'Algérie. Les volumes expédiés à l'Étranger seront grevés des frais de poste établis d'après les conventions internationales.

Bar-sur-Seine. — Imp. Vᵉ C. SAILLARD.

www.ingramcontent.com/pod-product-compliance
Lightning Source LLC
LaVergne TN
LVHW010831060726
842526LV00002B/246